平法钢筋

识图方法与实例

藏耀帅 / 主编

化学工业出版社
·北京·

内容简介

本书分为9章，内容包括：平法钢筋识图基础知识、独立基础识图、条形基础识图、筏形基础识图、柱构件识图方法与实例、剪力墙构件识图方法与实例、梁构件识图方法与实例、板构件识图方法与实例、楼梯识图方法与实例。本书以22G101系列图集为基础进行精心编纂，并通过大量三维图、三维动画和三维模型的演示来加强理论与实践的结合，帮助读者快速理解和掌握平法钢筋识图的技巧。

本书内容详尽且全面，旨在为读者学习、应用22G101系列图集提供参考。本书不仅适用于设计人员、施工技术人员、工程造价人员等专业人士，也可作为相关专业大、中专院校师生的学习参考资料。

图书在版编目（CIP）数据

平法钢筋识图方法与实例 / 藏耀帅主编. -- 北京 ：化学工业出版社，2025.1. -- ISBN 978-7-122-46620-4

Ⅰ. TU375

中国国家版本馆CIP数据核字第2024VP2573号

责任编辑：彭明兰　　　文字编辑：邹　宁
责任校对：王鹏飞　　　装帧设计：刘丽华

出版发行：化学工业出版社
（北京市东城区青年湖南街13号　邮政编码100011）
印　　装：大厂回族自治县聚鑫印刷有限责任公司
787mm×1092mm　1/16　印张13　字数304千字
2025年1月北京第1版第1次印刷

购书咨询：010-64518888　　　售后服务：010-64518899
网　　址：http://www.cip.com.cn
凡购买本书，如有缺损质量问题，本社销售中心负责调换。

定　　价：59.80元

前言

在建筑工程的浩瀚海洋中，钢筋图纸无疑是解读结构之美的关键密码。对于每一位工程师、技术人员以及建筑专业的学生来说，掌握钢筋图纸的识图方法不仅是基础技能，更是保障工程质量和安全的重要前提。为了使读者更好地掌握钢筋平法识图技能，我们精心编写了本书。

本书立足于工程实际，力求为读者提供一套系统、实用的钢筋识图方法。我们深知，钢筋图纸的识读并非一蹴而就的易事，需要深厚的专业知识、丰富的实践经验以及不断的学习与探索。因此，在编写过程中，我们注重理论与实践相结合，精选了一些典型的识图实例，通过对实际工程图纸的识读分析，期望帮助读者更好地理解和应用平法钢筋识图方法。

同时，为了帮助读者形象而准确地了解各类平法钢筋构造，我们还针对建筑基础、柱、墙、梁、板、楼梯等构件的各类钢筋构造，进行了二百余个1∶1的三维建模，通过大量的三维图和三维动画的演示，大大降低了读者学习平法钢筋识图的门槛，帮助读者快速掌握平法钢筋识图方法。

本书所附的三维模型均采用SketchUp（草图大师）绘制，分别和书中识图部分的同名三维图、三维动画相对应，可360°地演示相关构造。如本书所附三维图和三维动画尚有未展示的细节，读者可扫描本页下方二维码下载相关三维模型自助查看。

本书旨在为读者提供一套系统、实用的钢筋识图方法。我们希望通过本书的学习与实践，读者能够更好地掌握钢筋图纸的识读技巧，为建筑工程的安全与稳定贡献自己的力量。同时，我们也期待读者在使用过程中提出宝贵的意见和建议，以便我们不断完善和提高本书的质量。

本书由藏耀帅主编，梁燕、高海静参与编写。在编写本书的过程中，我们得到了许多同行和专家的支持和帮助。他们的宝贵意见和建议使本书得以不断完善和提高。在此，我们向他们表示衷心的感谢！同时，由于编者水平有限，书中难免存在不足之处，恳请广大读者朋友予以批评指正。

扫码下载相关
三维模型文件

目录

1 平法钢筋识图基础知识

1.1 平法识图基础知识

1.1.1 平法的概念、原理及实用效果

1.1.1.1 平法的概念

平法，即“建筑结构施工图平面整体表示方法”，是将结构构件的尺寸和配筋等，按照平面整体表示方法的制图规则，整体直接将各类构件表达在结构平面布置图上，再与标准构造详图配合，即构成一套新型完整的结构设计。

平法是对结构设计技术方法的理论化、系统化，是对传统设计方法的一次深化变革，是一种科学合理、简洁高效的结构设计方法，具体体现在：图纸数量少、层次清晰；识图、记忆、查找、核对、审核、验收较方便；图纸与施工顺序一致；对结构易形成整体概念。

平法将结构设计分为创造性设计内容和重复性（非创意性）设计内容两部分。设计者采用制图规则中标准符号、数字来体现其设计内容，属于创造性内容；传统设计中大量重复表达的内容，如节点详图，搭接、锚固值，加密范围等，属于重复性、通用性设计内容。重复性设计内容部分（主要是节点构造和构件构造）以“广义标准化方式”编制成国家建筑标准构造设计有其现实合理性，符合现阶段的中国国情。不准确的构造设计缺乏结构安全的必要条件：结构分析结果不包括节点内的应力；以节点边界内力进行节点设计的理论依据不充分；节点设计缺少足够的试验数据。之前构造设计缺少试验依据是普遍现象，现阶段由国家建筑标准设计将其统一起来，这是一种理性的设计。

1.1.1.2 平法的原理

平法的系统科学原理在于：平法视全部设计过程与施工过程为一个完整的主系统，主系统由多个子系统构成，主要包括以下几个子系统：基础结构、柱墙结构、梁结构、板结构，各子系统有明确的层次性、关联性、相对完整性。

（1）层次性。基础、柱墙、梁、板，均为完整的子系统。

（2）关联性。柱、墙以基础为支座←→柱、墙与基础关联；梁以柱为支座←→梁与柱关联；板以梁为支座梁←→板与梁关联。

（3）相对完整性。对于基础自成体系，仅有自身的设计内容而无柱或墙的设计内容；对于柱、墙自成体系，仅有自身的设计内容（包括在支座内的锚固纵筋）而无梁的设计内容；对于梁自成体系，仅有自身的设计内容（包括锚固在支座内的纵筋）而无板的设计内容；对于板自成体系，仅有板自身的设计内容（包括锚固在支座内的纵筋）。在设计出图的表现形式上它们都是独立的板块。

1.1.1.3　平法的实用效果

（1）平法采用标准化的设计制图规则，结构施工图表达数字化、符号化，单张图纸的信息量多而且集中；构件分类明确，层次清晰，表达准确，设计速度快，效率成倍提高；平法使设计者易掌握全局，易进行平衡调整、易修改、易校审，改图可不牵动其他构件，易控制设计质量；平法既能适应业主分阶段分层提图施工的要求，也可适应在主体结构开始施工后又进行大幅度调整的特殊情况。平法分结构层设计的图纸和水平逐层施工的顺序完全一致，对标准层可实现单张图纸施工，施工工程师对结构比较容易形成整体概念，有利于施工质量管理。

（2）平法采用标准化的构造设计，形象、直观，施工易懂、易操作。标准构造详图集国内较成熟、可靠的常规节点构造之大成，集中分类归纳整理后编制成国家建筑标准设计图集供设计选用，可避免构造做法反复抄袭以及由此产生的设计失误，保证节点构造在设计与施工两个方面均达到高质量。此外，对节点构造的研究、设计和施工实现专门化提出了更高的要求，已初步形成结构设计与施工的部分技术规则。

（3）平法大幅度降低设计成本，降低设计消耗，节约自然资源。平法施工图是有序化、定量化的设计图纸，与其配套使用的标准设计图集可以重复使用，与传统方法相比，图纸量减少了70%以上，减少了综合设计工日，降低了设计成本，在节约人力资源的同时也节约了自然资源，为保护自然环境间接做出了突出贡献。

1.1.2　平法制图与传统图示方法的不同

平法施工图把结构构件的尺寸和配筋等，按照平面整体表示方法的制图规则，整体直接地表示在各类构件的结构布置平面图上，再与标准构造详图配合，结合成一套新型完整的结构设计。它改变了传统的那种将构件（柱、剪力墙、梁）从结构平面设计图中索引出来，再逐个绘制模板详图和配筋详图的烦琐方法。

（1）如框架图中的梁和柱，在“平法制图”中的钢筋图示方法，施工图中只绘制梁、柱平面图，不绘制梁、柱中配置钢筋的立面图（梁不画截面图；而柱在其平面图上，只按编号不同各取一个在原位放大画出带有钢筋配置的柱截面图）。

（2）传统的框架图中的梁和柱，既画梁、柱平面图，同时也绘制梁、柱中配置钢筋的立面图及其截面图；但在“平法制图”中的钢筋配置，省略不画这些图，而是去查阅《混凝土结构施工图平面整体表示方法制图规则和构造详图》。

（3）传统的混凝土结构施工图，可以直接从其绘制的详图中读取钢筋配置尺寸，而“平法制图”则需要查找相应的详图——《混凝土结构施工图平面整体表示方法制图规则和构造详图》中相应的详图，而且，钢筋的大小尺寸和配置尺寸，均用以“相关尺寸”（跨度、钢筋直径、搭接长度、锚固长度等）为变量的函数来表达，而不是具体数字。

借此用来实现其标准图的通用性。概括地说，“平法制图”使混凝土结构施工图的内容简化了。

（4）柱与剪力墙的“平法制图”，均以施工图列表注写方式，表达其相关规格与尺寸。

（5）“平法制图”的突出特点，表现在梁的“原位标注”和“集中标注”上。“原位标注”概括地说分两种：一种是标注在柱子附近处，且在梁上方，标注的是承受负弯矩的箍筋直径和根数，其钢筋布置在梁的上部；另一种是标注在梁中间且下方的钢筋，是承受正弯矩的钢筋，布置在梁的下部。“集中标注”是从梁平面图的梁处引铅垂线至图的上方，注写梁的编号、挑梁类型、跨数、截面尺寸、箍筋直径、箍筋肢数、箍筋间距、梁侧面纵向构造钢筋或受扭钢筋的直径和根数、通长筋的直径和根数等。如果“集中标注”中有通长筋时，则“原位标注”中的负筋数包含通长筋的数。

（6）在传统混凝土结构施工图中，计算斜截面的抗剪强度时，在梁中配置45°或60°的弯起钢筋。而在“平法制图”中，梁不配置这种弯起钢筋，而是由加密的箍筋来承受其斜截面的抗剪强度。

1.1.3 平法的适用范围

平法系列图集包括：《混凝土结构施工图平面整体表示方法制图规则和构造详图（现浇混凝土框架、剪力墙、梁、板）》(22G101-1)、《混凝土结构施工图平面整体表示方法制图规则和构造详图（现浇混凝土板式楼梯）》(22G101-2)、《混凝土结构施工图平面整体表示方法制图规则和构造详图（独立基础、条形基础、筏形基础及桩基承台）》(22G101-3)。

《混凝土结构施工图平面整体表示方法制图规则和构造详图（现浇混凝土框架、剪力墙、梁、板）》(22G101-1）适用于非抗震和抗震设防烈度为6～9度地区的现浇混凝土框架、剪力墙、框架-剪力墙和部分框支剪力墙等主体结构施工图的设计。

《混凝土结构施工图平面整体表示方法制图规则和构造详图（现浇混凝土板式楼梯）》(22G101-2）适用于抗震设防烈度为6～9度地区的现浇钢筋混凝土板式楼梯结构施工图的设计。

《混凝土结构施工图平面整体表示方法制图规则和构造详图（独立基础、条形基础、筏形基础及桩基承台）》(22G101-3）适用于现浇混凝土独立基础、条形基础、筏形基础（分梁板式和平板式）及桩基础施工图的设计。

1.1.4 22G101平法图集学习方法

1.1.4.1 G101平法图集的构成

G101平法图集共3册，每册均包含两大核心内容：“平法制图规则”与“标准构造详图”。

（1）平法制图规则对设计人员来说，是绘制平法施工图的制图规则；对使用平法施工图的人员来说，是阅读平法施工图的语言。

（2）标准构造详图包括标准构造做法、钢筋算量的计算规则。

1.1.4.2 22G101平法图集

22G101平法图集主要通过学习制图规则来识图，通过学习构造详图来了解钢筋的构造及计算。制图规则可以总结为以下三方面的内容。

（1）平法表达方式，指该构件按平法制图的表达方式，比如独立基础有平面注写、截面注写和列表注写。

（2）数据项，指该构件要标注的数据项，比如编号、配筋等。

（3）数据标注方式，指数据项的标注方式，比如集中标注和原位标注。

1.1.4.3 22G101 平法图集的学习方法

本书将平法图集中的学习方法总结为：知识归纳和重点比较。

（1）知识归纳

① 以基础构件或主体构件为基础，围绕钢筋，对各构件平法表达方式、数据项、数据注写方式等进行归纳。比如：独立基础平法制图知识体系如图 1-1 所示。

② 对同一构件的不同种类钢筋进行整理。比如：条形基础的钢筋种类知识体系，如图 1-2 所示。

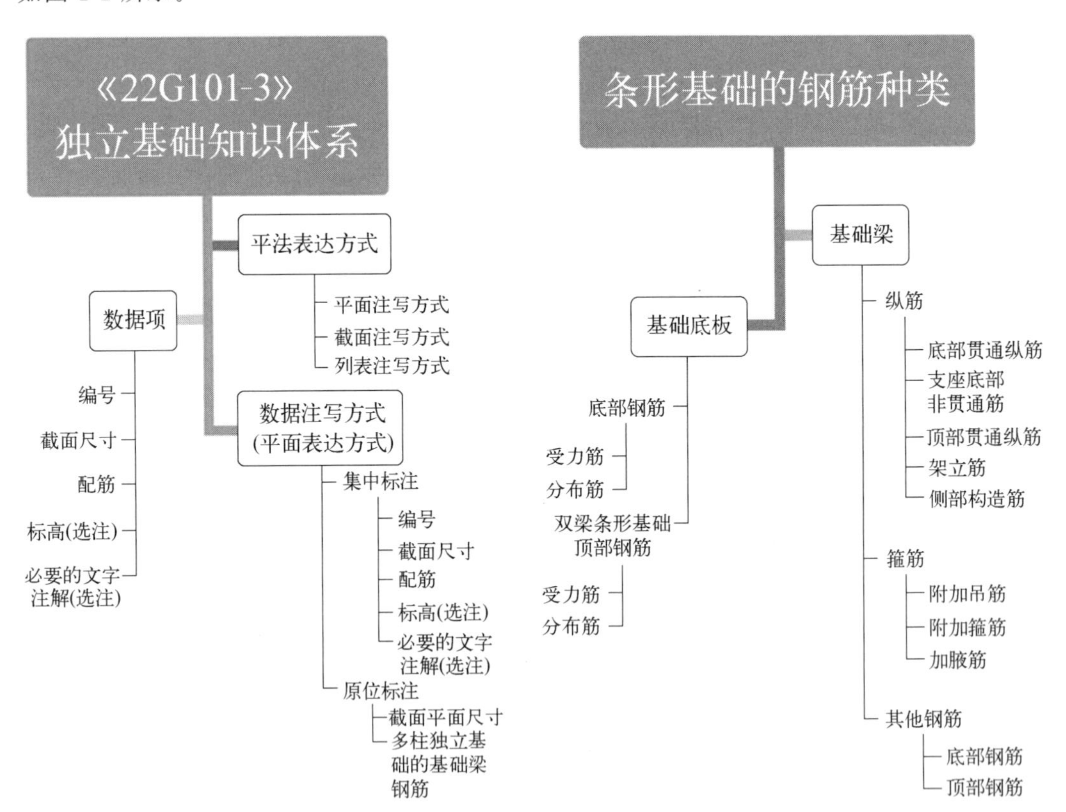

图 1-1 独立基础平法制图知识体系　　图 1-2 条形基础的钢筋种类知识体系

（2）重点比较

① 同类构件中，楼层与屋面、地下与地上等的重点比较。比如，不同基础主梁底部贯通纵筋在端部无外伸的构造就有差别，通过比较这种差别可以帮助我们对照理解不同构件的钢筋构造，如图 1-3 所示。

② 不同类构件，但同类钢筋的重点比较。比如，条形基础底板受力筋的分布筋，与现浇楼板屋面板的支座负筋分布筋可以重点比较。

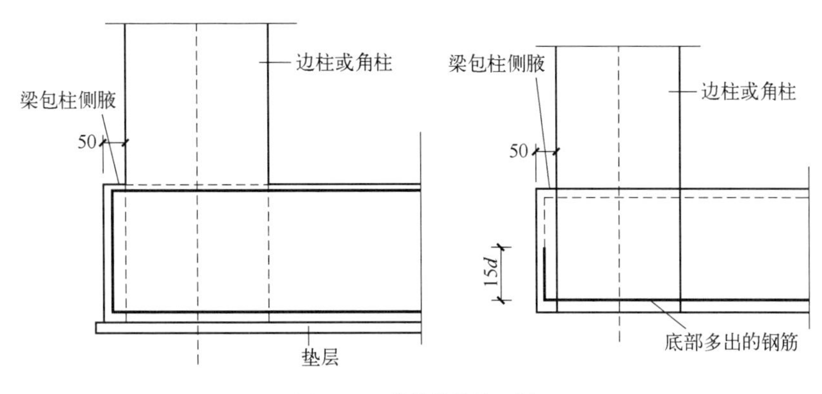

图 1-3 同类构件比较示例

1.2 钢筋基础知识

1.2.1 钢筋的一般表示方法

1.2.1.1 普通钢筋的表示方法

普通钢筋的表示方法见表 1-1。

表 1-1 普通钢筋的表示方法

序号	名称	图例	说明
1	钢筋断面		—
2	钢筋端部截断		表示长、短钢筋投影重叠时,短钢筋的端部用 45°斜划线表示
3	钢筋搭接连接		—
4	钢筋焊接		—
5	带半圆形弯钩的钢筋端部		—
6	带直钩的钢筋端部		—
7	带丝扣的钢筋端部		—
8	端部带锚固板的钢筋		—
9	花篮螺丝的钢筋接头		—
10	机械连接的钢筋接头		用文字说明机械连接的方式(如冷挤压或直螺纹等)
11	钢筋机械连接		—

1.2.1.2 预应力钢筋的表示方法

预应力钢筋的表示方法见表1-2。

表1-2 预应力钢筋的表示方法

序号	名称	图例
1	预应力钢筋或钢绞线	
2	后张法预应力钢筋断面 无黏结预应力钢筋断面	
3	预应力钢筋断面	
4	张拉端锚具	
5	固定端锚具	
6	锚具的端视图	
7	可动连接件	
8	固定连接件	

1.2.1.3 钢筋网片的表示方法

钢筋网片的表示方法见表1-3。

表1-3 钢筋网片的表示方法

名称	图例
一片钢筋网平面图	W-1
一行相同的钢筋网平面图	3W-1

1.2.1.4 钢筋的焊接接头的表示方法

钢筋的焊接接头的表示方法见表1-4。

表1-4 钢筋的焊接接头的表示方法

名称	接头形式	标注方法
单面焊接的钢筋接头		
双面焊接的钢筋接头		

续表

名称	接头形式	标注方法
用帮条单面焊接的钢筋接头	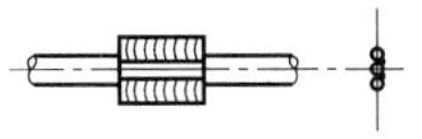	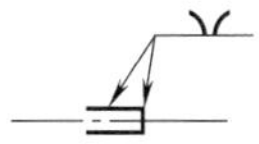
用帮条双面焊接的钢筋接头	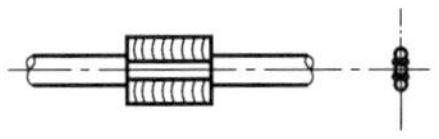	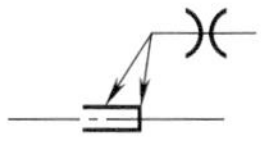
接触对焊的钢筋焊头(闪灯焊、压力焊)		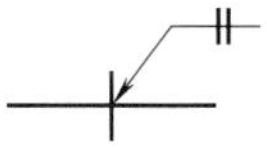
坡口平焊的钢筋接头	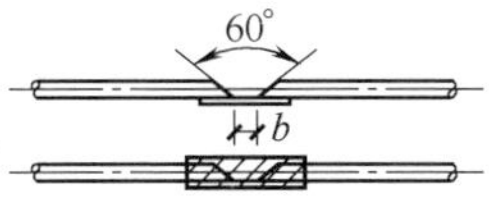 60° b	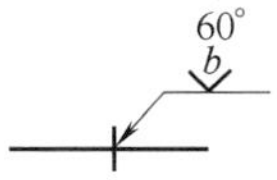 60° b
坡口立焊的钢筋接头	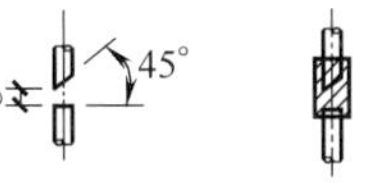 b 45°	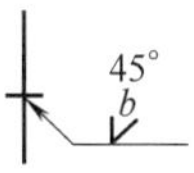 45° b
用角钢或扁钢做连接板焊接的钢筋接头	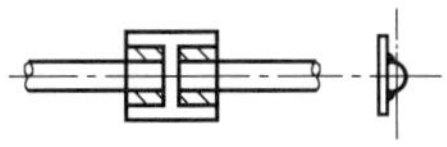	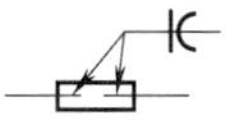
钢筋或螺(锚)栓与钢板穿孔塞焊的接头	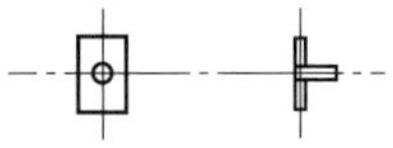	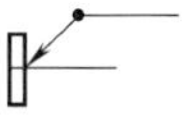

1.2.1.5 钢筋的画法

钢筋的画法见表1-5。

表1-5 钢筋的画法

序号	图例	说明
1	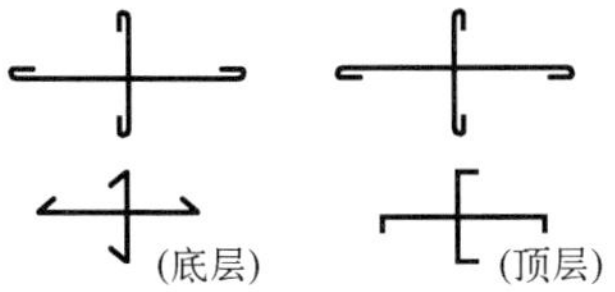 (底层) (顶层)	在结构楼板中配置双层钢筋时，底层钢筋的弯钩应向上或向左，顶层钢筋的弯钩则应向下或向右
2	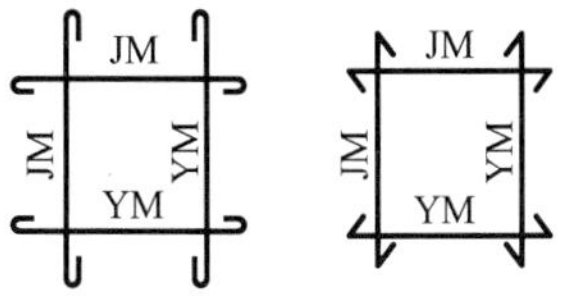 JM JM YM YM JM JM YM YM	钢筋混凝土墙体配双层钢筋时，在配筋立面图中，远面钢筋的弯钩应向上或向左，而近面钢筋的弯钩应向下或向右(JM：近面，YM：远面)
3	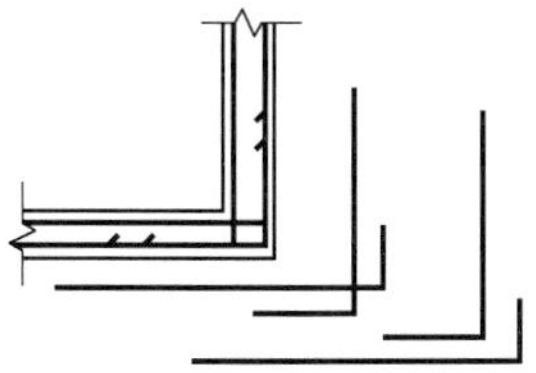	若在断面图中不能表达清楚钢筋布置，应在断面图外增加钢筋大样图(如钢筋混凝土墙、楼梯等)

续表

序号	图例	说明
4		若图中所表示的箍筋、环筋等布置复杂时，可加画钢筋大样及说明
5		每组相同的钢筋、箍筋或环筋，可用一根粗实线表示，同时用一根带斜短画线的横穿细线，表示其钢筋及起止范围

1.2.2 钢筋的锚固和搭接长度

1.2.2.1 受拉钢筋的基本锚固长度

受拉钢筋的基本锚固长度见表1-6。

表1-6 受拉钢筋基本锚固长度 l_{ab}

钢筋种类	混凝土强度等级							
	C25	C30	C35	C40	C45	C50	C55	≥C60
HPB300	34*d*	30*d*	28*d*	25*d*	24*d*	23*d*	22*d*	21*d*
HRB400 HRBF400 RRB400	40*d*	35*d*	32*d*	29*d*	28*d*	27*d*	26*d*	25*d*
HRB500 HRBF500	48*d*	43*d*	39*d*	36*d*	34*d*	32*d*	31*d*	30*d*

抗震设计时受拉钢筋基本锚固长度见表1-7。

表1-7 抗震设计时受拉钢筋基本锚固长度 l_{abE}

钢筋种类		混凝土强度等级							
		C25	C30	C35	C40	C45	C50	C55	≥C60
HPB300	一、二级	39*d*	35*d*	32*d*	29*d*	28*d*	26*d*	25*d*	24*d*
	三级	36*d*	32*d*	29*d*	26*d*	25*d*	24*d*	23*d*	22*d*
HRB400 HRBF400	一、二级	46*d*	40*d*	37*d*	33*d*	32*d*	31*d*	30*d*	29*d*
	三级	42*d*	37*d*	34*d*	30*d*	29*d*	28*d*	27*d*	26*d*
HRB500 HRBF500	一、二级	55*d*	49*d*	45*d*	41*d*	39*d*	37*d*	36*d*	35*d*
	三级	50*d*	45*d*	41*d*	38*d*	36*d*	34*d*	33*d*	32*d*

注：1. 四级抗震时，$l_{abE}=l_{ab}$。

2. 混凝土强度等级应取锚固区的混凝土强度等级。

3. 当锚固钢筋的保护层厚度不大于5*d*时，锚固钢筋长度范围内应设置横向构造钢筋，其直径不应小于*d*/4（*d*为锚固钢筋的最大直径）；对梁、柱等构件间距不应大于5*d*，对板、墙等构件间距不应大于10*d*，且均不应大于100mm（*d*为锚固钢筋的最小直径）。

1.2.2.2　受拉钢筋的锚固长度

受拉钢筋锚固长度见表 1-8。

表 1-8　受拉钢筋锚固长度 l_a

钢筋种类	混凝土强度等级															
	C25		C30		C35		C40		C45		C50		C55		≥C60	
	d≤25	d>25	d≤25	d>25	d≤25	d>25	d≤25	d>25	d≤25	d>25	d≤25	d>25	d≤25	d>25	d≤25	d>25
HPB300	34d	—	30d	—	28d	—	25d	—	24d	—	23d	—	22d	—	21d	—
HRR400 HRBF400 RRB400	40d	44d	35d	39d	32d	35d	29d	32d	28d	31d	27d	30d	26d	29d	25d	28d
HRB500 HRBF500	48d	53d	43d	47d	39d	43d	36d	40d	34d	37d	32d	35d	31d	34d	30d	33d

受拉钢筋抗震锚固长度见表 1-9。

表 1-9　受拉钢筋抗震锚固长度 l_{aE}

钢筋种类及抗震等级		混凝土强度等级															
		C25		C30		C35		C40		C45		C50		C55		≥C60	
		d≤25	d>25	d≤25	d>25	d≤25	d>25	d≤25	d>25	d≤25	d>25	d≤25	d>25	d≤25	d>25	d≤25	d>25
HPB300	一、二级	39d	—	35d	—	32d	—	29d	—	28d	—	26d	—	25d	—	24d	—
	三级	36d	—	32d	—	29d	—	26d	—	25d	—	24d	—	23d	—	22d	—
HRB400 HRBF400	一、二级	46d	51d	40d	45d	37d	40d	33d	37d	32d	36d	31d	35d	30d	33d	29d	32d
	三级	42d	46d	37d	41d	34d	37d	30d	34d	29d	33d	28d	32d	27d	30d	26d	29d
HRB500 HRBF500	一、二级	55d	61d	49d	54d	45d	49d	41d	46d	39d	43d	37d	40d	36d	39d	35d	38d
	三级	50d	56d	45d	49d	41d	45d	38d	42d	36d	39d	34d	37d	33d	36d	32d	35d

注：1. 当为环氧树脂涂层带肋钢筋时，表中数据尚应乘以 1.25。

2. 当纵向受拉钢筋在施工过程中易受扰动时，表中数据尚应乘以 1.1。

3. 当锚固长度范围内纵向受力钢筋周边保护层厚度为 3d、5d（d 为锚固钢筋的直径，单位 mm）时，表中数据可分别乘以 0.8、0.7；中间厚度时按内插值计算。

4. 当纵向受拉普通钢筋锚固长度修正系数（注 1～注 3）多于一项时，可连乘计算。

5. 受拉钢筋的锚固长度 l_a、l_{aE} 计算值不应小于 200mm。

6. 四级抗震等级时，$l_{aE}=l_a$。

7. 当锚固钢筋的保护层厚度不大于 5d 时，锚固钢筋长度范围内应设置横向构造钢筋，其直径不应小于 $d/4$（d 为锚固钢筋的最大直径）；对梁、柱等构件间距不应大于 5d，对板、墙等构件间距不应大于 10d，且均不应大于 100mm（d 为锚固钢筋的最小直径）。

1.2.2.3　纵向受拉钢筋搭接长度

纵向受拉钢筋搭接长度见表 1-10。

表 1-10　纵向受拉钢筋搭接长度 l_l

钢筋种类及同一区段内搭接钢筋面积百分率		混凝土强度等级															
		C25		C30		C35		C40		C45		C50		C55		≥C60	
		d≤25	d>25	d≤25	d>25	d≤25	d>25	d≤25	d>25	d≤25	d>25	d≤25	d>25	d≤25	d>25	d≤25	d>25
HPB300	≤25%	41d	—	36d	—	34d	—	30d	—	29d	—	28d	—	26d	—	25d	—
	50%	48d	—	42d	—	39d	—	35d	—	34d	—	32d	—	31d	—	29d	—
	100%	54d	—	48d	—	45d	—	40d	—	38d	—	37d	—	35d	—	34d	—

续表

钢筋种类及同一区段内搭接钢筋面积百分率		混凝土强度等级															
		C25		C30		C35		C40		C45		C50		C55		≥C60	
		d≤25	d>25	d≤25	d>25	d≤25	d>25	d≤25	d>25	d≤25	d>25	d≤25	d>25	d≤25	d>25	d≤25	d>25
HRB400 HRBF400 RRB400	≤25%	48*d*	53*d*	42*d*	47*d*	38*d*	42*d*	35*d*	38*d*	34*d*	37*d*	32*d*	36*d*	31*d*	35*d*	30*d*	34*d*
	50%	56*d*	62*d*	49*d*	55*d*	45*d*	49*d*	41*d*	45*d*	39*d*	43*d*	38*d*	42*d*	36*d*	41*d*	35*d*	39*d*
	100%	64*d*	70*d*	56*d*	52*d*	51*d*	56*d*	46*d*	51*d*	45*d*	50*d*	43*d*	48*d*	42*d*	46*d*	40*d*	45*d*
HRB500 HRBF500	≤25%	58*d*	64*d*	52*d*	56*d*	47*d*	52*d*	43*d*	48*d*	41*d*	44*d*	38*d*	42*d*	37*d*	41*d*	36*d*	40*d*
	50%	67*d*	74*d*	60*d*	66*d*	55*d*	60*d*	50*d*	56*d*	48*d*	52*d*	45*d*	49*d*	43*d*	48*d*	42*d*	46*d*
	100%	77*d*	85*d*	69*d*	75*d*	62*d*	69*d*	58*d*	64*d*	54*d*	59*d*	51*d*	56*d*	50*d*	54*d*	48*d*	53*d*

注：1. 表中数值为纵向受拉钢筋绑扎搭接接头的搭接长度。

2. 两根不同直径钢筋搭接时，表中 *d* 取较小钢筋的直径。

3. 当为环氧树脂涂层带肋钢筋时，表中数据尚应乘以 1.25。

4. 当纵向受拉钢筋在施工过程中易受扰动时，表中数据尚应乘以 1.1。

5. 当搭接长度范围内纵向受力钢筋周边保护层厚度为 3*d*、5*d*（*d* 为搭接钢筋的直径）时，表中数据可分别乘以 0.8、0.7；中间厚度时按内插值计算。

6. 当上述修正系数（注 3～注 5）多于一项时，可连乘计算。

7. 当位于同一连接区段内的钢筋搭接接头面积百分率为表中数据中间值时，搭接长度可按内插取值。

8. 任何情况下，搭接长度不应小于 300mm。

9. HPB300 级钢筋末端应做 180°弯钩，做法如图 1-4 所示。

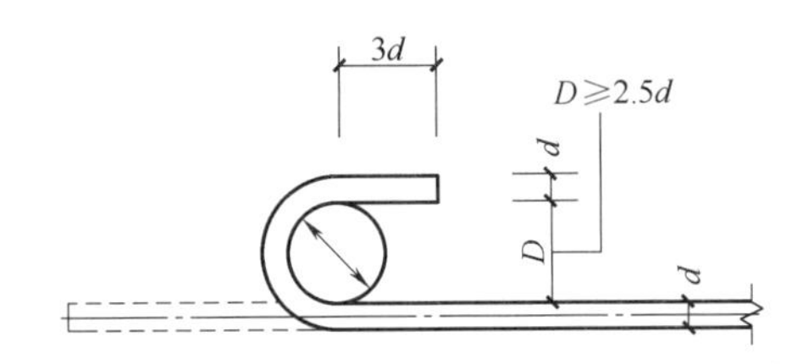

图 1-4　HPB300 级钢筋末端应做 180° 弯钩

纵向受拉钢筋抗震搭接长度见表 1-11。

表 1-11　纵向受拉钢筋抗震搭接长度 l_{lE}

钢筋种类及同一区段内搭接钢筋面积百分率			混凝土强度等级															
			C25		C30		C35		C40		C45		C50		C55		≥C60	
			d≤25	d>25	d≤25	d>25	d≤25	d>25	d≤25	d>25	d≤25	d>25	d≤25	d>25	d≤25	d>25	d≤25	d>25
一级和二级抗震等级	HPB300	≤25%	47*d*	—	42*d*	—	38*d*	—	35*d*	—	34*d*	—	31*d*	—	30*d*	—	29*d*	—
		50%	55*d*	—	49*d*	—	45*d*	—	41*d*	—	39*d*	—	36*d*	—	35*d*	—	34*d*	—
	HRB400 HRBF400	≤25%	55*d*	61*d*	48*d*	54*d*	44*d*	48*d*	40*d*	44*d*	38*d*	43*d*	37*d*	42*d*	36*d*	40*d*	35*d*	38*d*
		50%	64*d*	71*d*	56*d*	63*d*	52*d*	56*d*	46*d*	52*d*	45*d*	50*d*	43*d*	49*d*	42*d*	46*d*	41*d*	45*d*
	HRB500 HRBF500	≤25%	66*d*	73*d*	59*d*	65*d*	54*d*	59*d*	49*d*	55*d*	47*d*	52*d*	44*d*	48*d*	43*d*	47*d*	42*d*	46*d*
		50%	77*d*	85*d*	69*d*	76*d*	63*d*	69*d*	57*d*	64*d*	55*d*	60*d*	52*d*	56*d*	50*d*	55*d*	49*d*	53*d*
三级抗震等级	HPB300	≤25%	43*d*	—	38*d*	—	35*d*	—	31*d*	—	30*d*	—	29*d*	—	28*d*	—	26*d*	—
		50%	50*d*	—	45*d*	—	41*d*	—	36*d*	—	35*d*	—	34*d*	—	32*d*	—	31*d*	—
	HRB400 HRBF400	≤25%	50*d*	55*d*	44*d*	49*d*	41*d*	44*d*	36*d*	41*d*	35*d*	40*d*	34*d*	38*d*	32*d*	36*d*	31*d*	35*d*
		50%	59*d*	64*d*	52*d*	57*d*	48*d*	52*d*	42*d*	48*d*	41*d*	46*d*	39*d*	45*d*	38*d*	42*d*	36*d*	41*d*

续表

钢筋种类及同一区段内搭接钢筋面积百分率			混凝土强度等级															
			C25		C30		C35		C40		C45		C50		C55		≥C60	
			d≤25	d>25	d≤25	d>25	d≤25	d>25	d≤25	d>25	d≤25	d>25	d≤25	d>25	d≤25	d>25	d≤25	d>25
三级抗震等级	HRB500 HRBF500	≤25%	60d	67d	54d	59d	49d	54d	46d	50d	43d	47d	41d	44d	40d	43d	38d	42d
		50%	70d	78d	63d	69d	57d	63d	53d	59d	50d	55d	48d	52d	46d	50d	45d	49d

注：1. 表中数值为纵向受拉钢筋绑扎搭接接头的搭接长度。

2. 两根不同直径钢筋搭接时，表中 d 取较小钢筋的直径。

3. 当为环氧树脂涂层带肋钢筋时，表中数据尚应乘以 1.25。

4. 当纵向受拉钢筋在施工过程中易受扰动时，表中数据尚应乘以 1.1。

5. 当搭接长度范围内纵向受力钢筋周边保护层厚度为 $3d$、$5d$（d 为搭接钢筋的直径）时，表中数据可分别乘以 0.8、0.7；中间厚度时按内插值计算。

6. 当上述修正系数（注 3～注 5）多于一项时，可连乘计算。

7. 当位于同一连接区段内的钢筋搭接接头面积百分率为 100%时，$l_{lE}=1.6l_{aE}$。

8. 当位于同一连接区段内的钢筋搭接接头面积百分率为表中数据中间值时，搭接长度可按内插取值。

9. 任何情况下，搭接长度不应小于 300mm。

10. 四级抗震等级时，$l_{lE}=l_l$，见表 1-10。

11. HPB300 级钢筋末端应做 180°弯钩，做法如图 1-4 所示。

1.2.3 箍筋及拉筋弯钩构造

梁、柱、剪力墙的箍筋和拉筋的主要内容有：弯钩角度为 135°；水平段长度抗震设计时取 max（$10d$，75）（单位：mm），非抗震设计时不应小于 $5d$（d 为箍筋直径）。

通常，箍筋应做成封闭式，拉筋要求应紧靠纵向钢筋并同时钩住外封闭箍筋。当拉筋用于剪力墙分布钢筋的拉结时，宜同时勾住外侧水平及竖向分布钢筋。封闭箍筋及拉筋弯钩构造如图 1-5 所示。

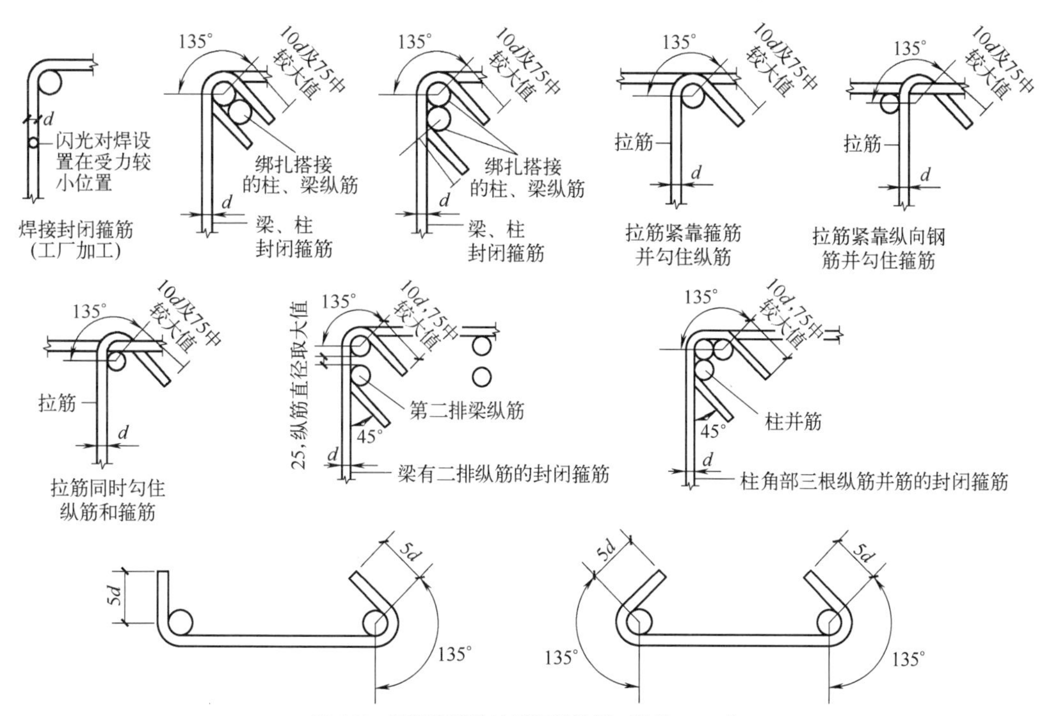

图 1-5 封闭箍筋及拉筋弯钩构造（单位：mm）

螺旋箍筋构造如图 1-6 所示。

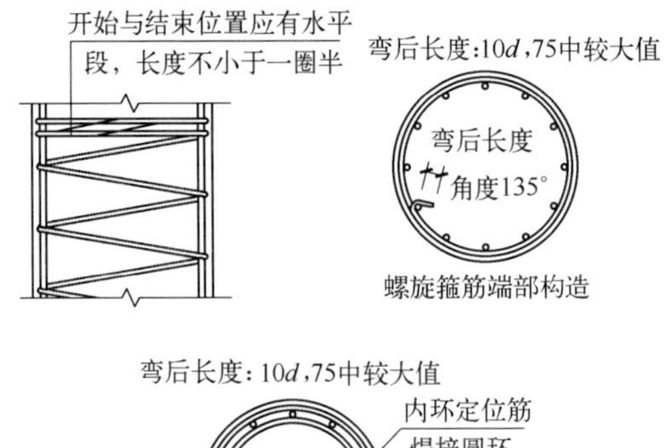

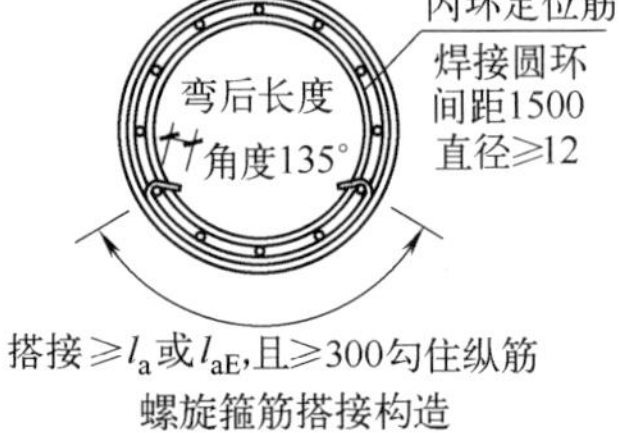

图 1-6　螺旋箍筋构造（单位：mm）

螺旋箍筋端部构造：开始与结束位置应有水平段，长度不小于一圈半；弯钩角度 135°；弯后长度为非抗震 5d；抗震（10d，75）（单位：mm）中较大值。

螺旋箍筋搭接构造：搭接不小于 l_a 或 l_{aE}，且不小于 300mm，两头弯钩要勾住纵筋。

内环定位筋：焊接圆环，间距 1.5m，直径不小于 12mm。

圆柱环状箍筋搭接构造同螺旋箍筋。

2 独立基础识图

2.1 独立基础平法制图规则

2.1.1 独立基础平法施工图的表示方法

（1）独立基础平法施工图，有平面注写、截面注写和列表注写三种表达方式，设计者可根据具体工程情况选择一种，或将两种方式相结合进行独立基础的施工图设计。

（2）当绘制独立基础平面布置图时，应将独立基础平面与基础所支承的柱一起绘制。当设置基础连系梁时，可根据图面的疏密情况，将基础连系梁与基础平面布置图一起绘制或将基础连系梁布置图单独绘制。

（3）在独立基础平面布置图上应标注基础定位尺寸；当独立基础的柱中心线或杯口中心线与建筑轴线不重合时，应标注其定位尺寸。编号相同且定位尺寸相同的基础，可仅选择一个进行标注。

2.1.2 独立基础编号

各种独立基础编号见表2-1。

表2-1 独立基础编号

类型	基础底板截面形状	代号	序号
普通独立基础	阶形	DJj	××
	锥形	DJz	××
杯口独立基础	阶形	BJj	××
	锥形	BJz	××

2.1.3 独立基础的平面注写方式

2.1.3.1 集中标注

普通独立基础和杯口独立基础的集中标注，系在基础平面图上集中引注：基础编号、截面竖向尺寸、配筋三项必注内容，以及基础底面标高（与基础底面基准标高不同时）和必要的文字注解两项选注内容。

素混凝土普通独立基础的集中标注，除无基础配筋内容外均与钢筋混凝土普通独立基础相同。

独立基础集中标注的具体内容规定如下。

（1）注写独立基础编号（必注内容），编号由代号和序号组成，应符合表 2-1 的规定。

（2）注写独立基础截面竖向尺寸（必注内容）。

① 普通独立基础如图 2-1 所示。注写为：$h_1/h_2/\cdots\cdots$，当为更多阶时，各阶尺寸自下而上用“/”分隔顺写。当基础为单阶时，其竖向尺寸仅为一个，即为基础总高度。

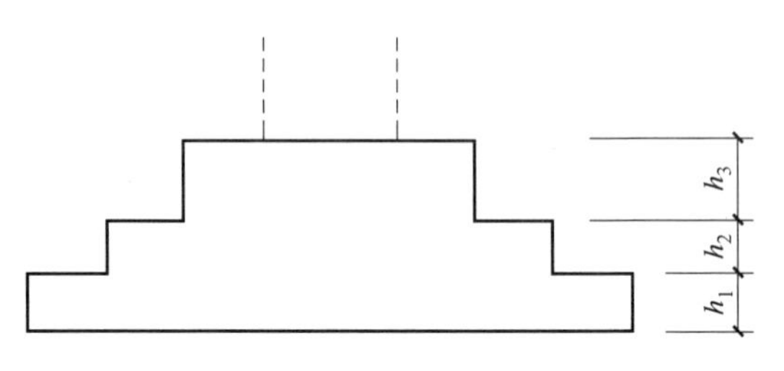

图 2-1 阶形截面普通独立基础竖向尺寸

举例说明

当阶形截面普通独立基础 DJj××的竖向尺寸注写为 400/300/300 时，表示 h_1= 400mm、h_2= 300mm、h_3= 300mm，基础底板总高度为 1000mm。

② 杯口独立基础如图 2-2 所示，其竖向尺寸分两组，一组表达杯口内，另一组表达杯口外，两组尺寸以“,”分隔，注写为：a_0/a_1，$h_1/h_2/h_3\cdots\cdots$，其中 a_0 为杯口深度。

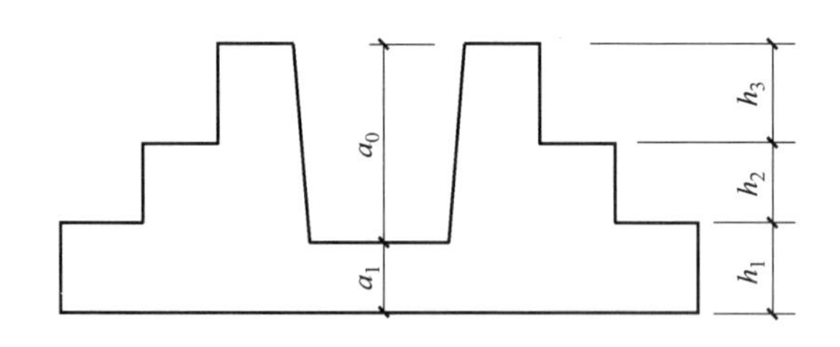

图 2-2 阶形截面杯口独立基础竖向尺寸

（3）注写独立基础配筋（必注内容）的方法如下。

① 注写独立基础底板配筋：以 B 代表各种独立基础底板的底部配筋；x 向配筋以 X 打头、y 向配筋以 Y 打头注写，当两向配筋相同时，则以 X&Y 打头注写。

举例说明

当独立基础底板配筋标注为：B：X⌀16@150，Y⌀16@200，表示基础底板底部配置 HRB400 钢筋，x 向钢筋直径为 16mm，间距为 150mm；y 向钢筋直径为 16mm，间距为 200mm，如图 2-3 所示。

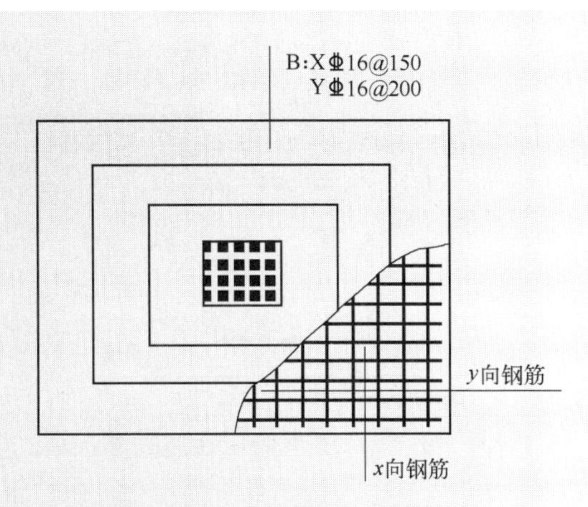

图 2-3 独立基础底板底部双向配筋示意

② 注写杯口独立基础顶部焊接钢筋网。以 Sn 打头引注杯口顶部焊接钢筋网的各边钢筋。

举例说明

当单杯口独立基础顶部焊接钢筋网标注为：Sn 2⏀14，表示杯口顶部每边配置 2 根 HRB400 级直径为 14mm 的焊接钢筋网，如图 2-4 所示。

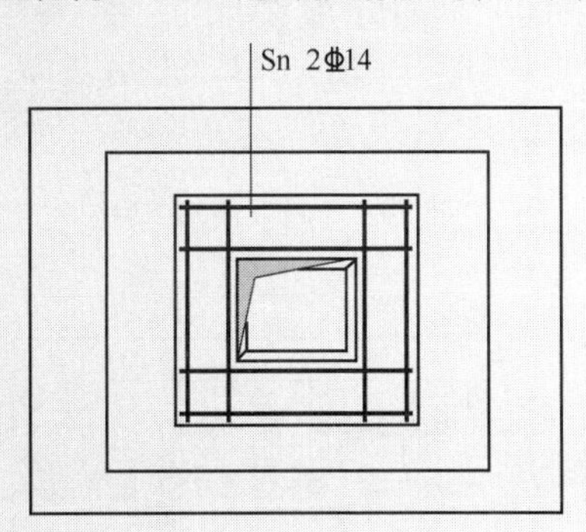

图 2-4 单杯口独立基础顶部焊接钢筋网示意

③ 注写高杯口独立基础的短柱配筋（亦适用于杯口独立基础杯壁有配筋的情况，双高杯口独立基础的短柱配筋，注写形式与单高杯口相同）：以 O 代表短柱配筋，先注写短柱纵筋，再注写箍筋。注写为：角筋/x 边中部筋/y 边中部筋，箍筋（两种间距，短柱杯口壁内箍筋间距/短柱其他部位箍筋间距）。

举例说明

当高杯口独立基础的短柱配筋标注为：O 4⏀20/5⏀16/5⏀16，Φ10@150/300，表示高杯口独立基础的短柱配置 HRB400 竖向纵筋和 HPB300 箍筋。其竖向纵筋为：角筋 4⏀20、x 边中部筋 5⏀16、y 边中部筋 5⏀16；其箍筋直径为 10mm，短柱杯口壁内间距 150mm，短柱其他部位间距 300mm，如图 2-5 所示。

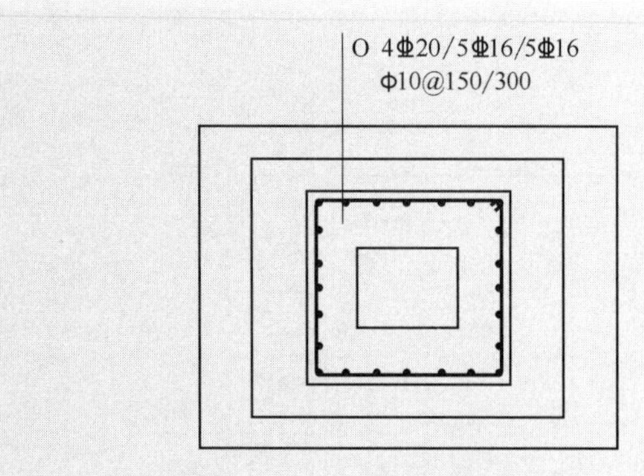

图 2-5 高杯口独立基础短柱配筋示意

④ 注写普通独立基础带短柱竖向尺寸及钢筋：以 DZ 代表普通独立基础短柱，先注写短柱纵筋，再注写箍筋，最后注写短柱标高范围。当独立基础埋深较大，设置短柱时，短柱配筋应注写在独立基础中。

注写为：角筋/x 边中部筋/y 边中部筋，箍筋，短柱标高范围。

举例说明

当短柱配筋标注为：DZ 4Φ20/5Φ18/5Φ18，Φ10@100，-2.500～-0.050，表示独立基础的短柱设置在-2.500～-0.050m 高度范围内，配置 HRB400 竖向纵筋和 HPB300 箍筋。其竖向纵筋为：角筋 4Φ20、x 边中部筋 5Φ18、y 边中部筋 5Φ18；其箍筋直径为 10mm，间距 100mm。如图 2-6 所示。

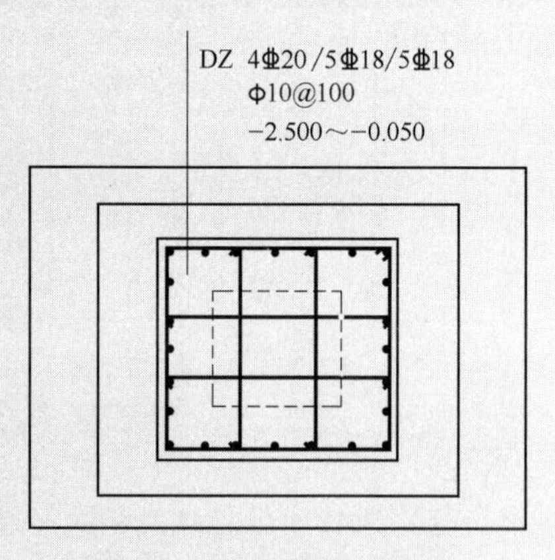

图 2-6 独立基础短柱配筋示意

（4）注写基础底面标高（选注内容）：当独立基础的底面标高与基础底面基准标高不同时，应将独立基础底面标高直接注写在“（ ）”内。

（5）必要的文字注解（选注内容）：当独立基础的设计有特殊要求时，宜增加必要的文字注解。例如，基础底板配筋长度是否采用减短方式等，可在该项内注明。

2.1.3.2 原位标注

钢筋混凝土和素混凝土独立基础的原位标注，系在基础平面布置图上标注独立基础的平面尺寸。对相同编号的基础，可选择一个进行原位标注；当平面图形较小时，可将所选定进行原位标注的基础按比例适当放大；其他相同编号者仅注编号。

原位标注的具体规定如下。

(1) 普通独立基础。原位标注 x、y，x_i、y_i，$i=1$，2，3……。其中，x、y 为普通独立基础两向边长，x_i、y_i 为阶宽或锥形平面尺寸（当设置短柱时，尚应标注短柱对轴线的定位情况，用 x_{DZi} 表示），如图 2-7 所示。

(2) 杯口独立基础。原位标注 x、y，x_u、y_u，x_{ui}、y_{ui}，t_i，x_i、y_i，$i=1$，2，3……。其中，x、y 为杯口独立基础两向边长，x_u、y_u 为杯口上口尺寸，x_{ui}、y_{ui} 为杯口上口边到轴线的尺寸，t_i 为杯壁上口厚度，下口厚度为 t_i+25mm，x_i、y_i 为阶宽或锥形截面尺寸。

杯口上口尺寸 x_u、y_u，按柱截面边长两侧双向各加 75mm；杯口下口尺寸按标准构造详图（为插入杯口的相应柱截面边长尺寸，每边各加 50mm），设计不注。阶形截面杯口独立基础的原位标注如图 2-8 所示。高杯口独立基础的原位标注与杯口独立基础完全相同。

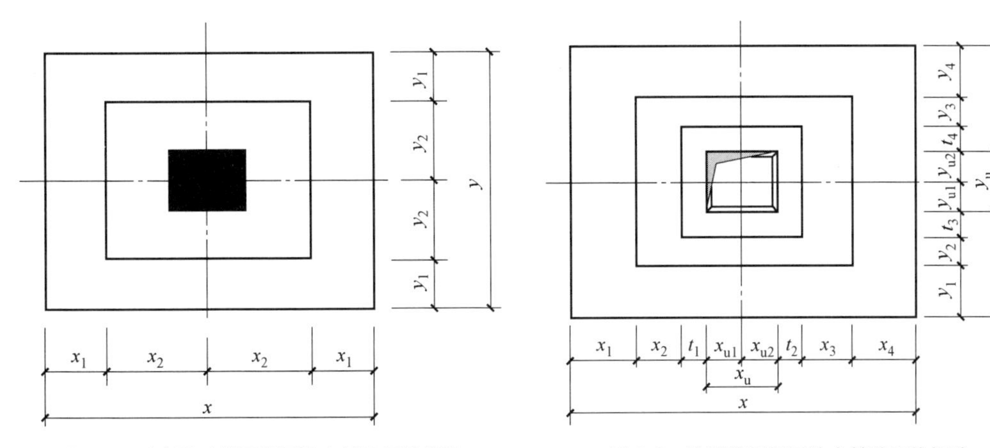

图 2-7 对称阶形截面普通独立基础原位标注

图 2-8 阶形截面杯口独立基础原位标注

2.1.3.3 集中标注和原位标注综合设计

普通独立基础可采用平面注写方式的集中标注和原位标注综合设计表达示意，如图 2-9 所示。

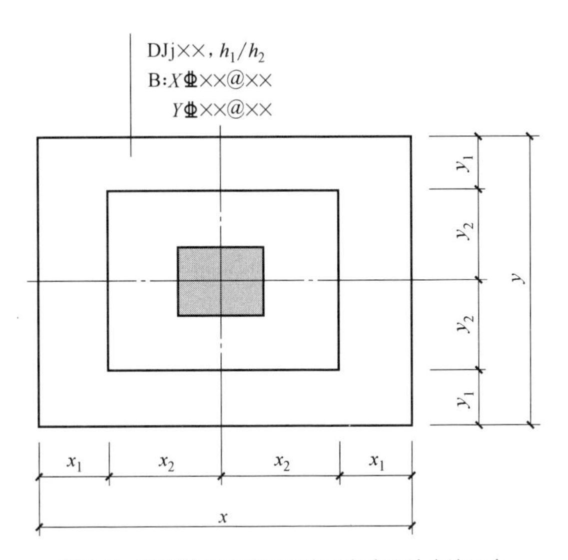

图 2-9 普通独立基础平面注写方式设计表达示意

带短柱独立基础采用平面注写方式的集中标注和原位标注综合设计表达示意，如图 2-10 所示。

杯口独立基础采用平面注写方式的集中标注和原位标注综合设计表达示意，如图 2-11 所示。

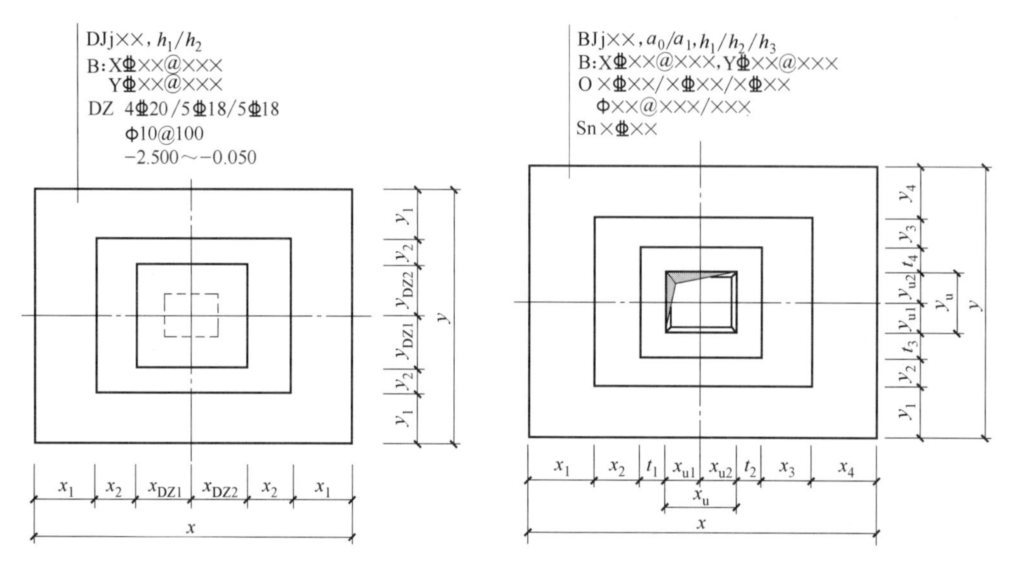

图 2-10 带短柱独立基础平面注写方式设计表达示意

图 2-11 杯口独立基础平面注写方式设计表达示意

在图 2-11 中，集中标注的第三、第四行内容，系表达高杯口独立基础短柱的竖向纵筋和横向箍筋；当为杯口独立基础时，集中标注通常为第一、二、五行的内容。

2.1.4 独立基础的截面注写方式

独立基础采用截面注写方式，应在基础平面布置图上对所有基础进行编号，标注独立基础的平面尺寸，并用剖面号引出对应的截面图；对相同编号的基础，可选择一个进行标注，见表 2-1。

对单个基础进行截面标注的内容和形式，与传统“单构件正投影表示方法”基本相同。对于已在基础平面布置图上原位标注清楚的该基础的平面几何尺寸，在截面图上可不再重复表达。

2.1.5 独立基础的列表注写方式

独立基础采用列表注写方式，应在基础平面布置图上对所有基础进行编号，见表 2-1。

对多个同类基础，可采用列表注写（结合平面和截面示意图）的方式进行集中表达。表中内容为基础截面的几何数据和配筋等，在平面和截面示意图上应标注与表中栏目相对应的代号。

2.1.5.1 普通独立基础

普通独立基础列表集中注写栏目所包括的内容如下。

（1）编号：应符合表 2-1 的规定。

（2）几何尺寸：水平尺寸 x、y，x_i、y_i，$i=1$，2，3……；竖向尺寸 $h_1/h_2/$……。

（3）配筋：B：XΦ××@×××，YΦ××@×××。

普通独立基础列表格式见表 2-2。

表 2-2 普通独立基础几何尺寸和配筋表

基础编号/截面号	截面几何尺寸						底部配筋(B)	
	x	y	x_i	y_i	h_1	h_2	x 向	y 向

2.1.5.2 杯口独立基础

杯口独立基础列表集中注写栏目的内容如下。

(1) 编号：应符合表 2-1 的规定。

(2) 几何尺寸：水平尺寸 x、y，x_u、y_u，x_{ui}、y_{ui}，t_i，x_i、y_i，$i=1$，2，3……；竖向尺寸 a_0、a_i，$h_1/h_2/h_3$……。

(3) 配筋：

B：X ⌽××@×××，Y ⌽××@×××，Sn×⌽××；

O：×⌽××/×⌽××/×⌽××，Φ××@×××/×××。

杯口独立基础列表格式见表 2-3。

表 2-3 杯口独立基础几何尺寸和配筋表

基础编号/截面号	截面几何尺寸								底部配筋(B)		杯口顶部钢筋网(Sn)	短柱配筋(O)	
	x	y	x_i	y_i	a_0	a_1	h_1	h_2	x 向	y 向		角筋/x 边中部筋/y 边中部筋	杯口壁箍筋/其他部位箍筋

注：短柱配筋适用于高杯口独立基础，并适用于杯口独立基础杯壁有配筋的情况。

2.2 独立基础标准构造识图

2.2.1 独立基础 DJj、DJz、BJj、BJz 底板配筋构造

独立基础底板配筋构造适用于普通独立基础和杯口独立基础，双向交叉钢筋长向设置在下，短向设置在上。独立基础 DJj、DJz、BJj、BJz 底板配筋构造图如图 2-12～图 2-15 所示。

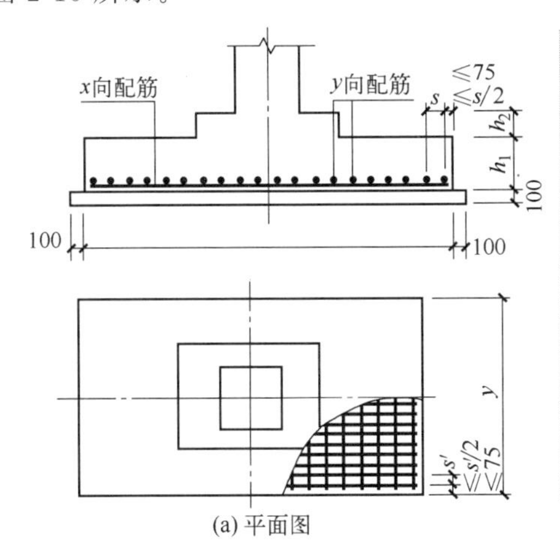

(a) 平面图

y向配筋
x向配筋
s
≤75
≤s/2

(b) 三维图

扫码观看三维动画

图2-12三维动画

图 2-12 独立基础 DJj 底板配筋构造图

扫码观看三维动画

图2-13三维动画

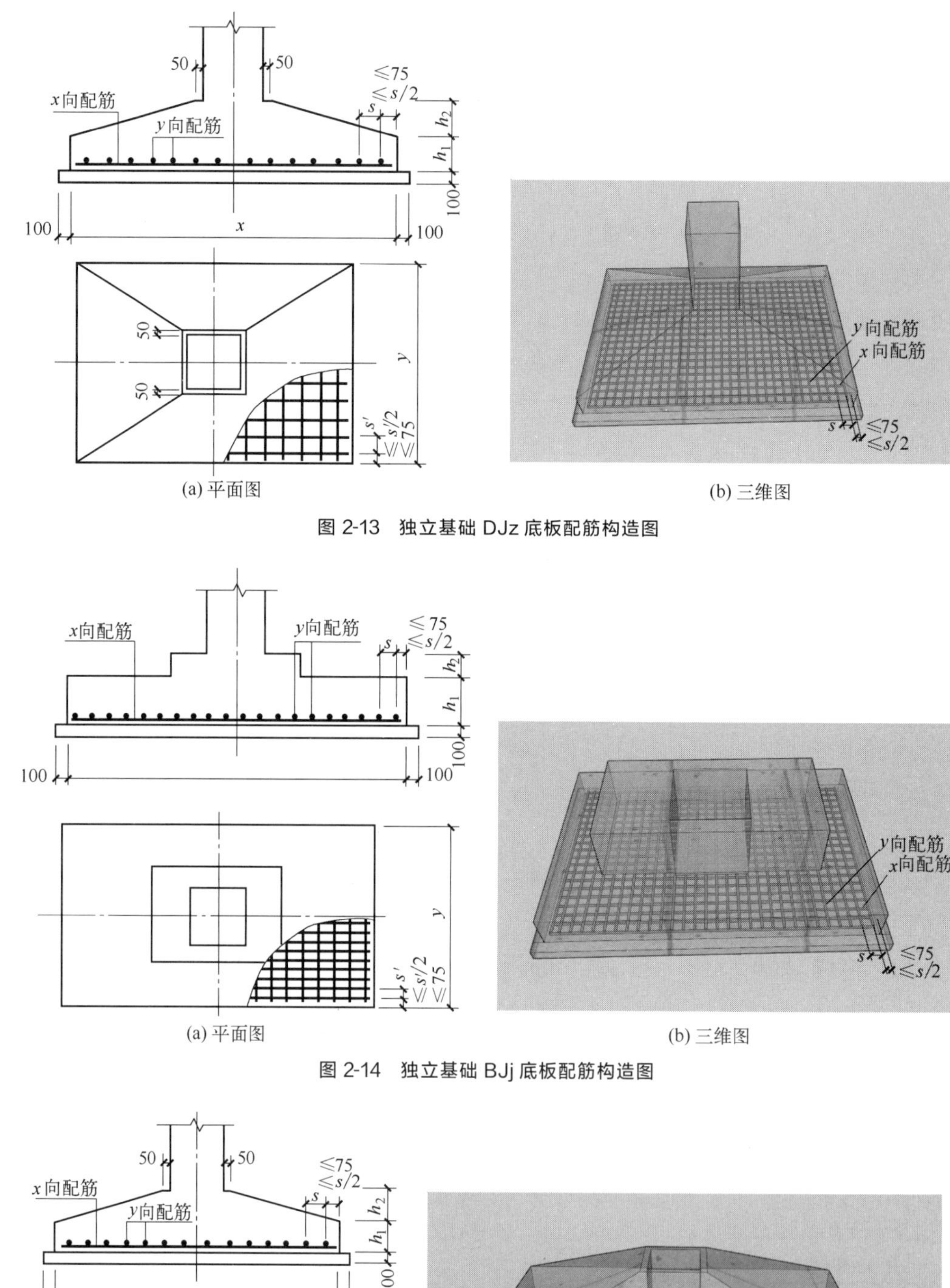

(a) 平面图　(b) 三维图

图 2-13　独立基础 DJz 底板配筋构造图

扫码观看三维动画

图2-14三维动画

(a) 平面图　(b) 三维图

图 2-14　独立基础 BJj 底板配筋构造图

扫码观看三维动画

图2-15三维动画

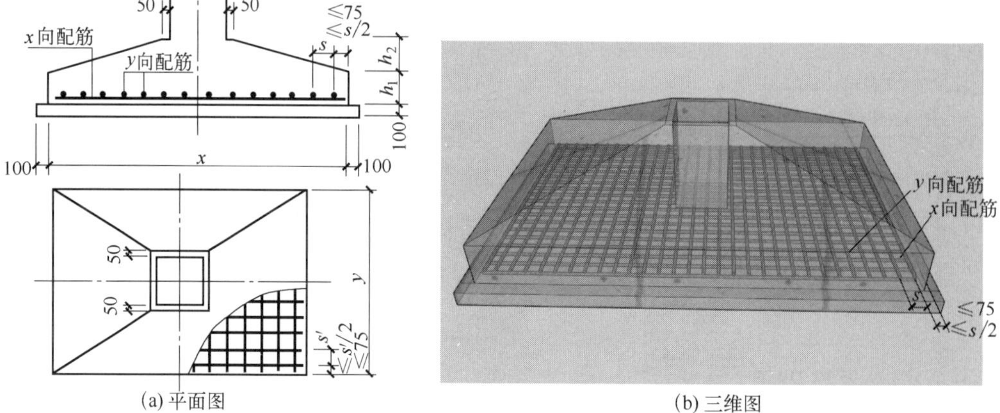

(a) 平面图　(b) 三维图

图 2-15　独立基础 BJz 底板配筋构造图

小贴士

（1）独立基础底板配筋构造适用于普通独立基础和杯口独立基础。

（2）独立基础底板双向交叉钢筋长向设置在下，短向设置在上。

2.2.2 双柱普通独立基础 DJj、DJz 底部与顶部配筋构造

双柱普通独立基础 DJj、DJz 底部与顶部配筋构造图如图 2-16 所示。

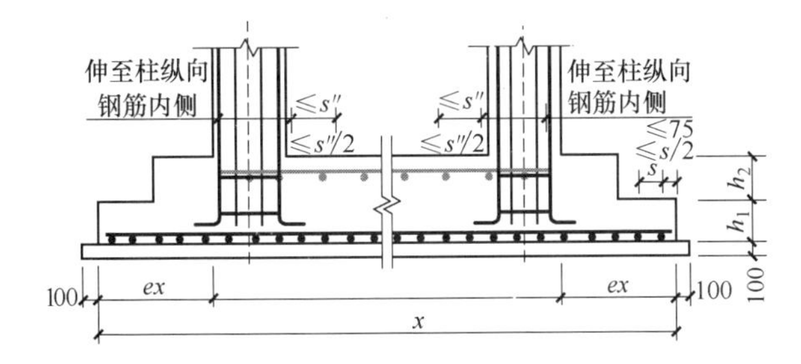

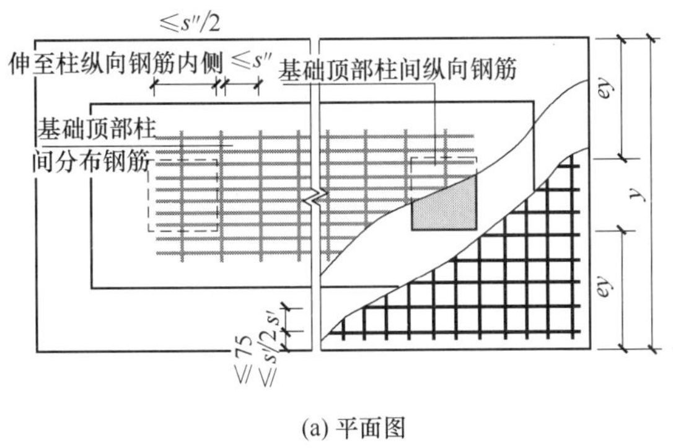

(a) 平面图

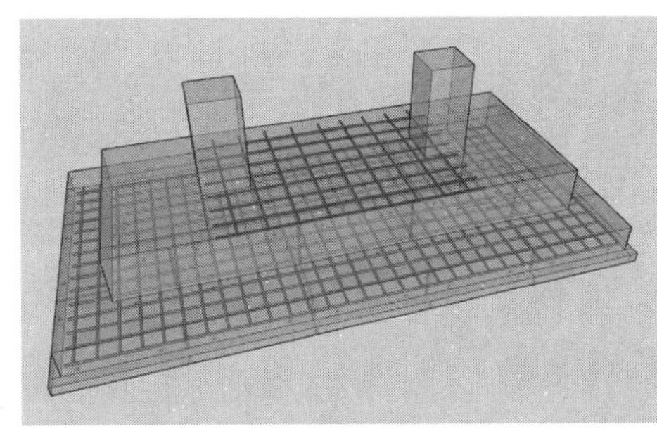

(b) 三维图

扫码观看三维动画

图2-16三维动画

图 2-16 双柱普通独立基础 DJj、DJz 配筋构造图

小贴士

（1）双柱普通独立基础底板的截面形状，可为阶形截面 DJj 或锥形截面 DJz。

（2）双柱普通独立基础底部双向交叉钢筋，根据基础两个方向从柱外缘至基础外缘的伸出长度 ex 和 ey 的大小，较大者方向的钢筋设置在下，较小者方向的钢筋设置在上。

2.2.3 设置基础梁的双柱普通独立基础 DJj、DJz 配筋构造

设置基础梁的双柱普通独立基础 DJj、DJz 配筋构造图如图 2-17 所示。

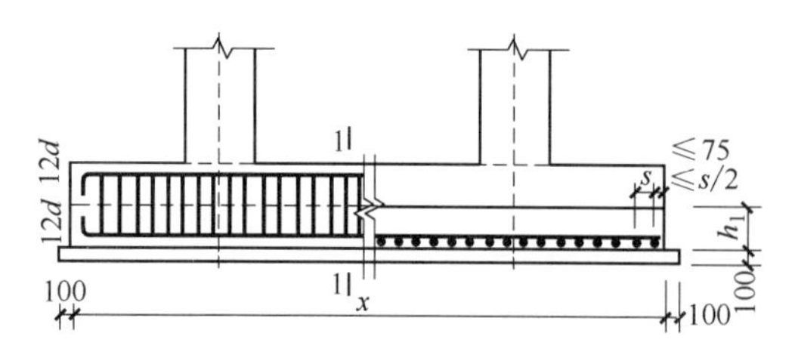

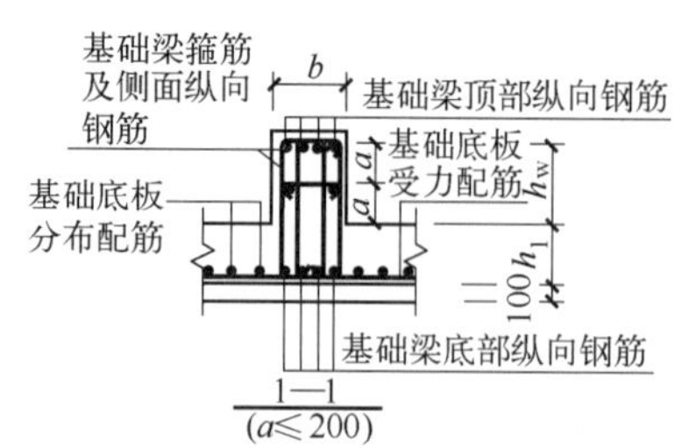

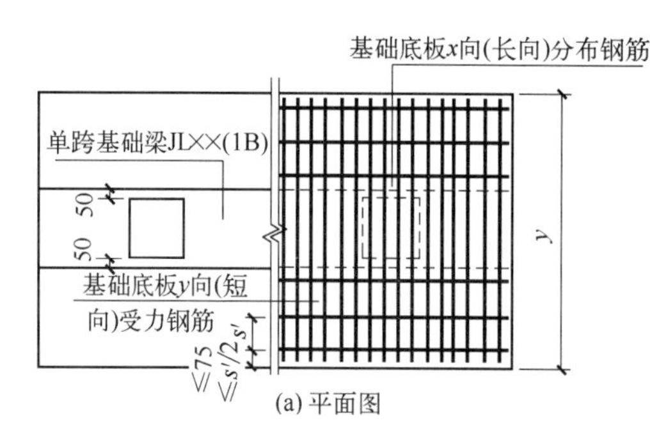

(a) 平面图

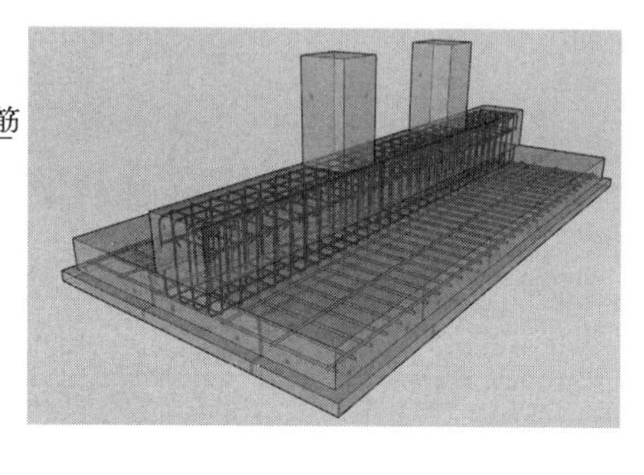

(b) 三维图

扫码观看三维动画

图2-17三维动画

图 2-17　设置基础梁的双柱普通独立基础 DJj、 DJz 配筋构造图

小贴士

（1）双柱独立基础底板的截面形状，可为阶形截面 DJj 或锥形截面 DJz。

（2）双柱独立基础底部短向受力钢筋设置在基础梁纵筋之下，与基础梁箍筋的下水平段位于同一层面。

（3）双柱独立基础所设置的基础梁宽度，宜比柱截面宽度不小于 100mm（每边不小于 50mm）。若具体设计的基础梁宽度小于柱截面宽度，施工时应增设梁包柱侧腋。

2.2.4　独立基础底板配筋长度减短 10%构造

对称独立基础底板配筋长度减短 10%构造图如图 2-18 所示。

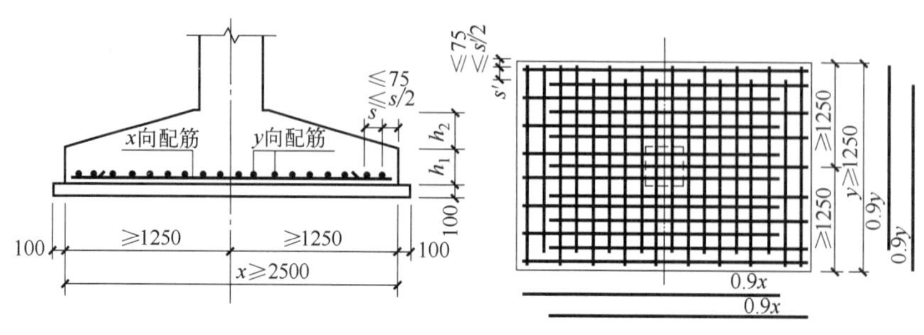

(a) 平面图

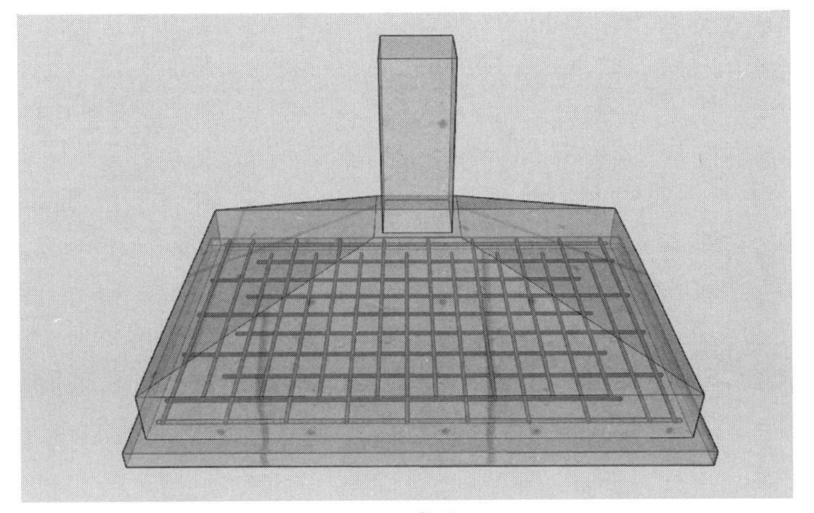

(b) 三维图

扫码观看三维动画

图2-18三维动画

图 2-18 对称独立基础底板配筋长度减短 10%构造图

非对称独立基础底板配筋长度减短 10%构造图如图 2-19 所示。

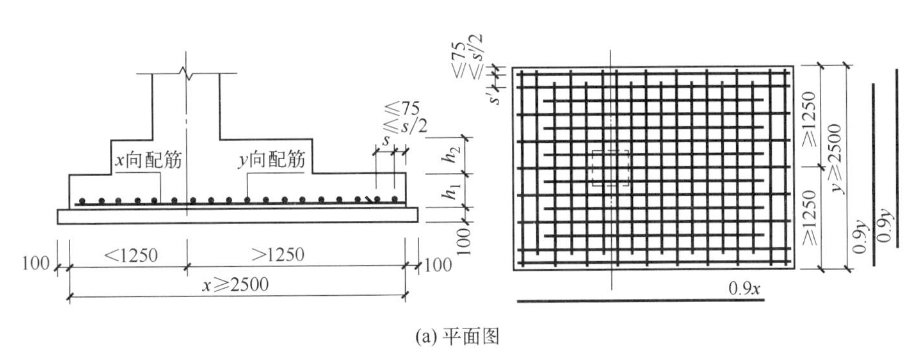

(a) 平面图

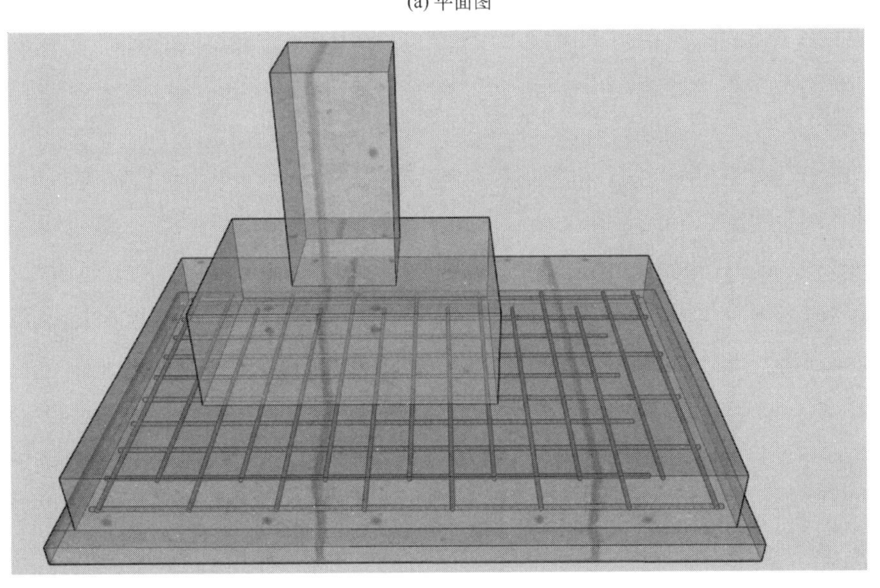

(b) 三维图

扫码观看三维动画

图2-19三维动画

图 2-19 非对称独立基础底板配筋长度减短 10%构造图

小贴士

（1）当独立基础底板长度≥2500mm时，除外侧钢筋外，底板配筋长度可取相应方向底板长度的90%，交错放置，四边最外侧钢筋不缩短。

（2）当非对称独立基础底板长度≥2500mm，但该基础某侧从柱中心至基础底板边缘的距离<1250mm时，钢筋在该侧不应减短。

2.2.5　杯口和双杯口独立基础BJj、BJz配筋构造

杯口独立基础BJj、BJz配筋构造图如图2-20所示。

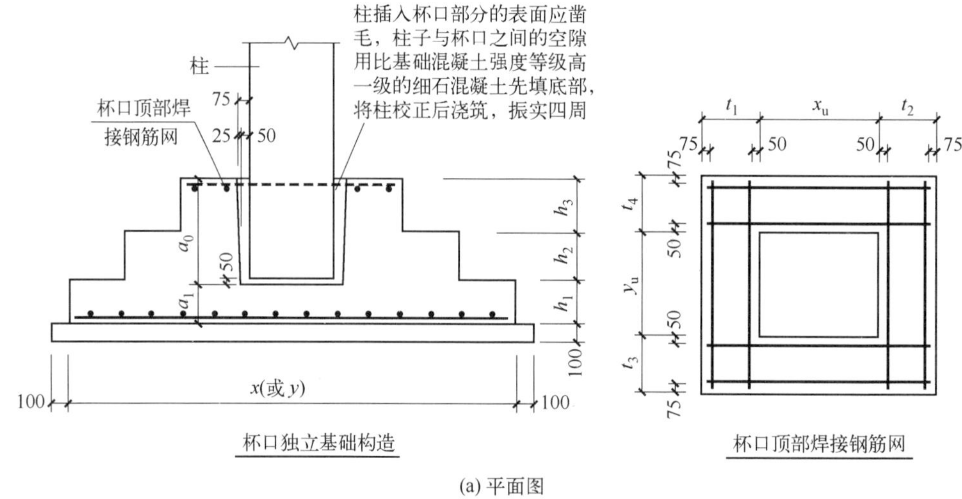

(a) 平面图

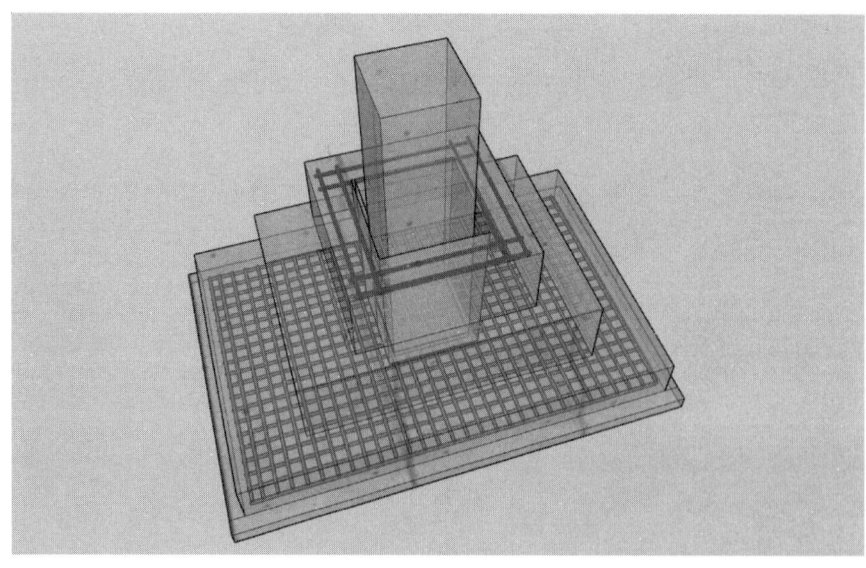

(b) 三维图

扫码观看三维动画

图2-20三维动画

图2-20　杯口独立基础BJj、BJz配筋构造图

双杯口独立基础 BJj、BJz 配筋构造图如图 2-21 所示。

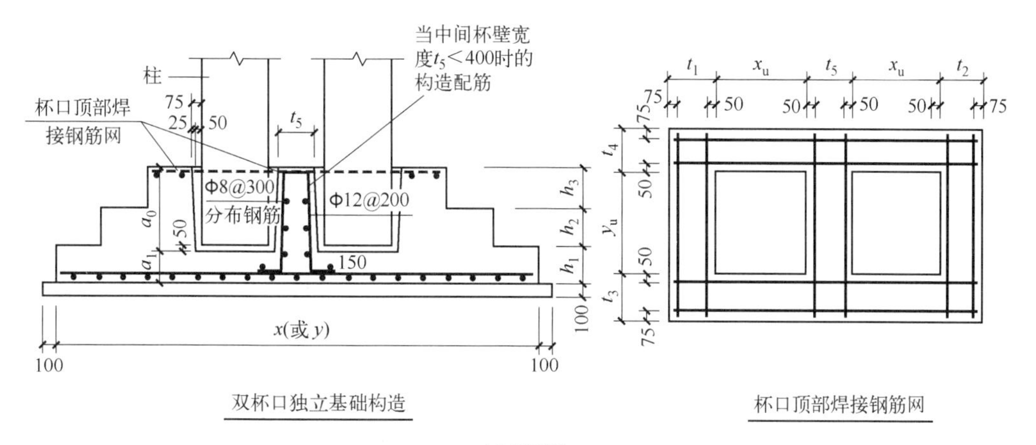

(a) 平面图

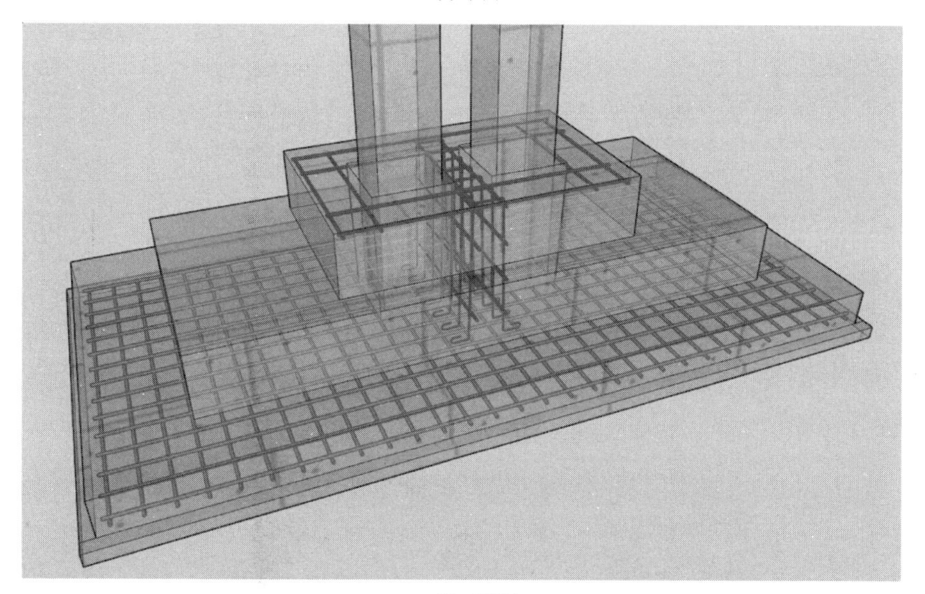

(b) 三维图

扫码观看三维动画

图2-21三维动画

图 2-21 双杯口独立基础 BJj、 BJz 配筋构造图

小贴士

（1）杯口独立基础底板的截面形状可为阶形截面 BJj 和锥形截面 BJz。 当为锥形截面且坡度较大时，应在坡面上安装顶部模板，以确保混凝土能够浇筑成型、振捣密实。

（2）当双杯口的中间杯壁宽度 t_5< 400mm 时，中间杯壁中配置的构造钢筋按图 2-21（a）所示施工。

2.2.6 高杯口独立基础 BJj、 BJz 配筋构造

高杯口独立基础 BJj、BJz 配筋构造图如图 2-22 所示。

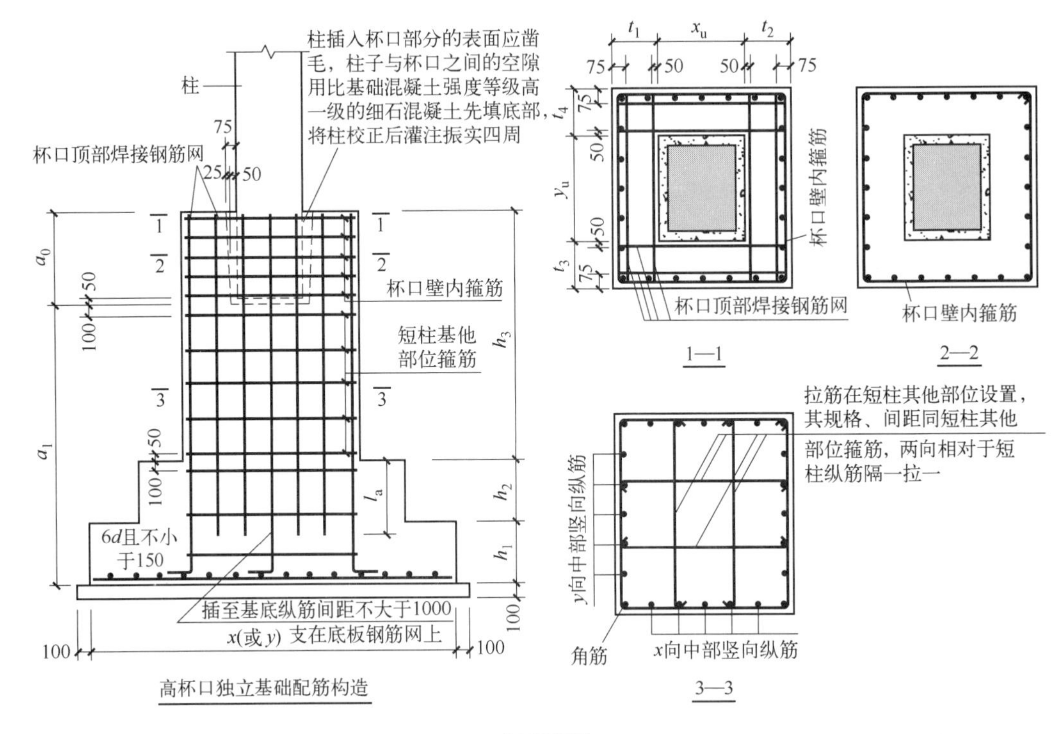

(a) 平面图

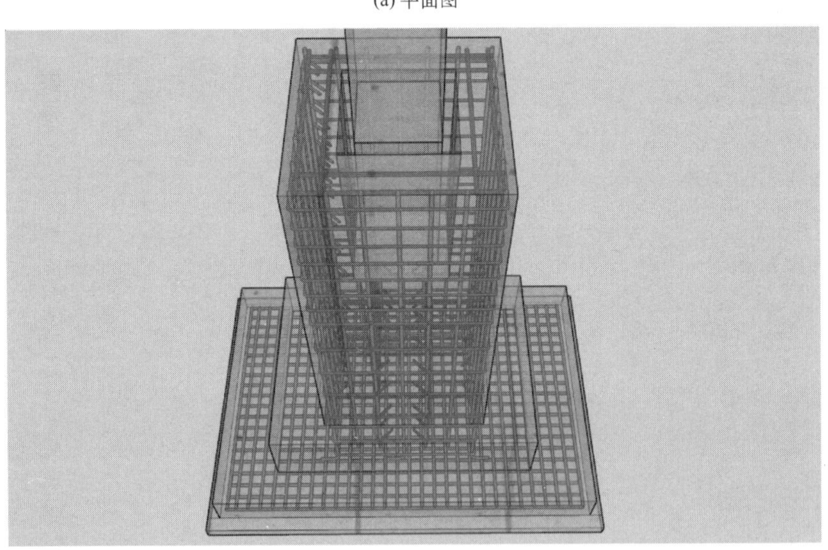

(b) 三维图

扫码观看三维动画

图2-22三维动画

图 2-22 高杯口独立基础 BJj、 BJz 配筋构造图

小贴士

高杯口独立基础底板的截面形状可为阶形截面 BJj 或锥形截面 BJz。 当为锥形截面且坡度较大时，应在坡面上安装顶部模板，以确保混凝土能够浇筑成型、振捣密实。

2.2.7 双高杯口独立基础 BJj、 BJz 配筋构造

双高杯口独立基础配筋构造如图 2-23 所示。当双杯口的中间杯壁宽度 t_s<400mm 时，设置中间杯壁构造配筋。

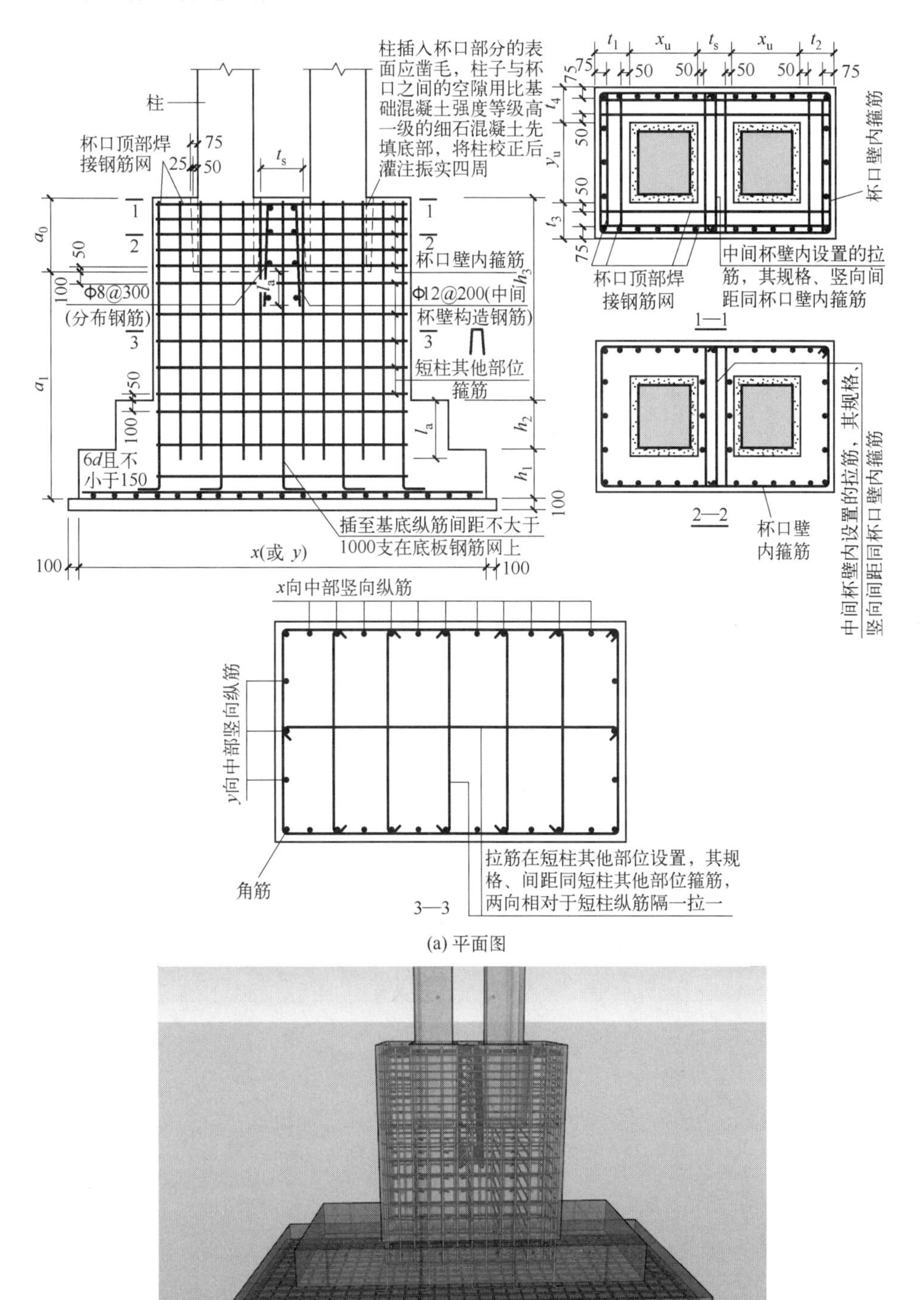

(a) 平面图

(b) 三维图

扫码观看三维动画

图2-23三维动画

图 2-23 双高杯口独立基础 BJj、 BJz 配筋构造图

小贴士

当双杯口的中间杯壁宽度 t_s< 400mm 时，中间杯壁按图 2-23(a)设置构造配筋。

2.2.8 单柱带短柱独立基础 DJj、 DJz 配筋构造

单柱带短柱独立基础 DJj、DJz 配筋构造图如图 2-24 所示。

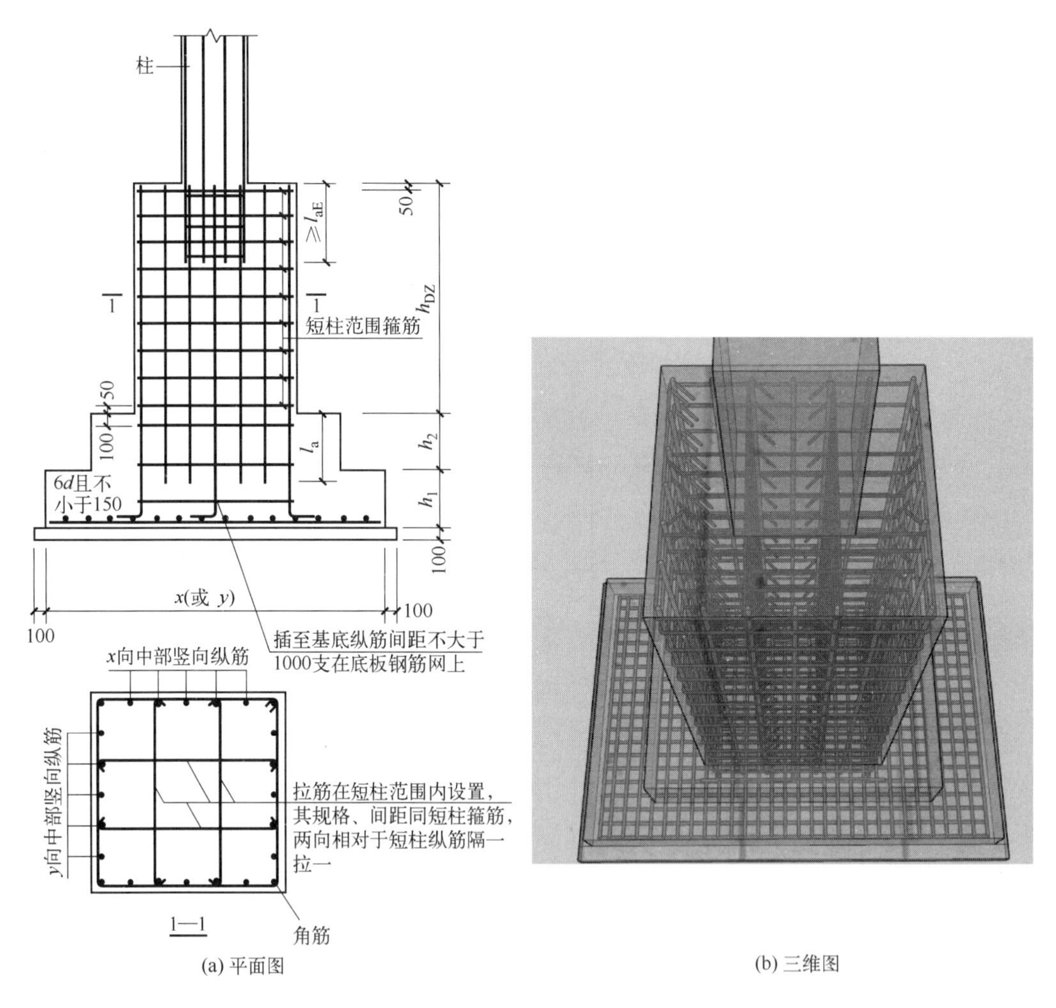

图 2-24 单柱带短柱独立基础 DJj、 DJz 配筋构造图

小贴士

带短柱独立基础底板的截面形式可为阶形截面 DJj 或锥形截面 DJz。 当为锥形截面且坡度较大时，应在坡面上安装顶部模板，以确保混凝土能够浇筑成型、振捣密实。

2.2.9 双柱带短柱独立基础 DJj、 DJz 配筋构造

双柱带短柱独立基础配筋构造如图 2-25 所示。

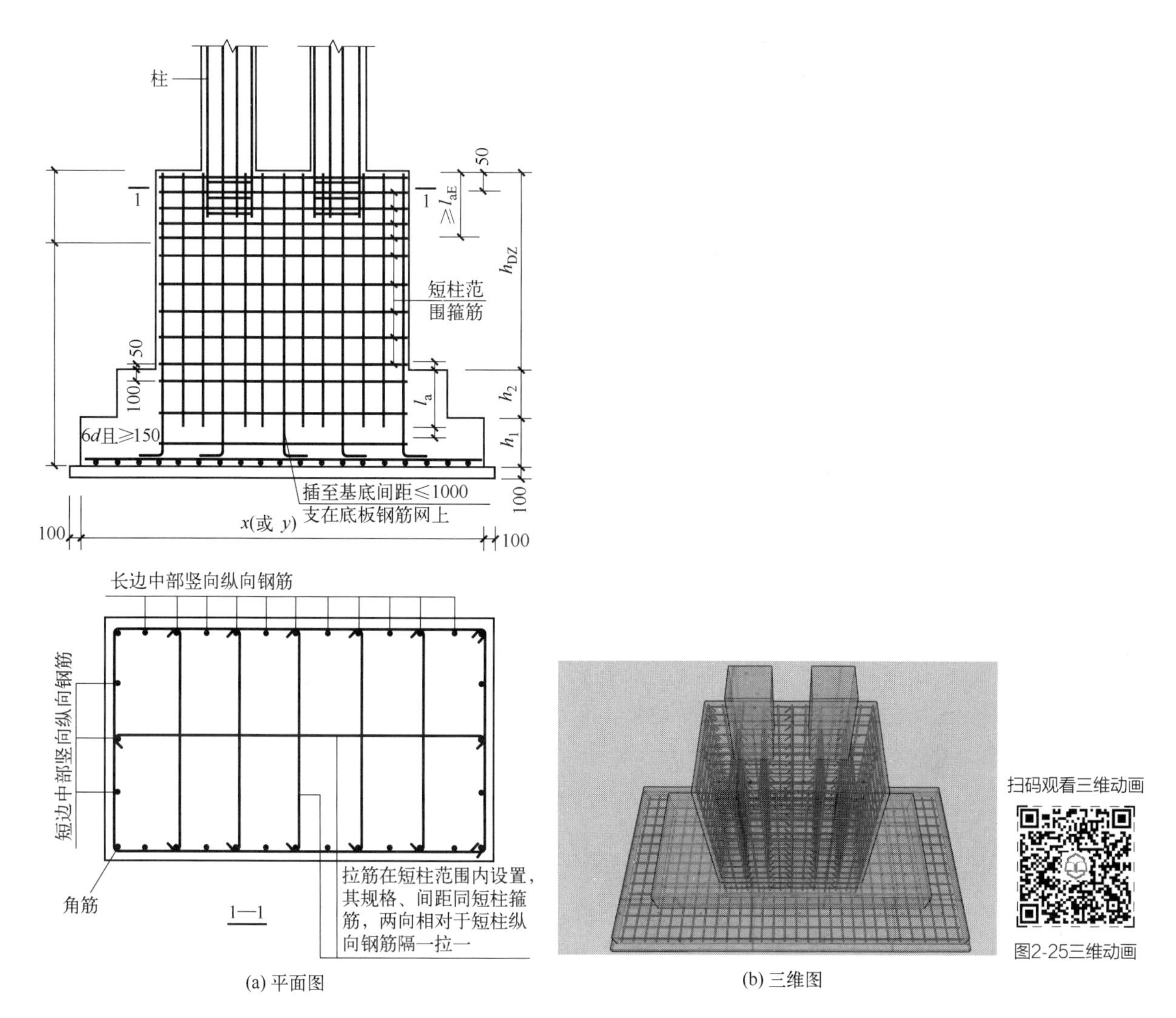

(a) 平面图

(b) 三维图

图 2-25 双柱带短柱独立基础 DJj、 DJz 配筋构造图

小贴士

带短柱独立基础底板的截面形式可为阶形截面 DJj 和锥形截面 DJz。 当为锥形截面且坡度较大时，应在坡面上安装顶部模板，以确保混凝土能够浇筑成型、振捣密实。

3 条形基础识图

3.1 条形基础平法制图规则

3.1.1 条形基础平法施工图的表示方法

（1）条形基础平法施工图，有平面注写和列表注写两种表达方式，设计者可根据具体工程情况选择一种，或将两种方式相结合进行条形基础的施工图设计。

（2）当绘制条形基础平面布置图时，应将条形基础平面与基础所支承的上部结构的柱、墙一起绘制。当基础底面标高不同时，需注明与基础底面基准标高不同之处的范围和标高。

（3）当梁板式基础梁中心或板式条形基础板中心与建筑定位轴线不重合时，应标注其定位尺寸；对于编号相同的条形基础，可仅选择一个进行标注。

（4）条形基础整体上可分为以下两类。

① 梁板式条形基础。该类条形基础适用于钢筋混凝土框架结构、框架-剪力墙结构、部分框支剪力墙结构和钢结构。平法施工图将梁板式条形基础分解为基础梁和条形基础底板分别进行表达。

② 板式条形基础。该类条形基础适用于钢筋混凝土剪力墙结构和砌体结构。平法施工图仅表达条形基础底板。

3.1.2 条形基础编号

条形基础编号分为基础梁编号和条形基础底板编号，应符合表 3-1 的规定。

表 3-1 条形基础梁及底板编号

类型		代号	序号	跨数及有无外伸
基础梁		JL	××	(××)端部无外伸
条形基础底板	坡形	TJBp	××	(××A)一端有外伸 (××B)两端有外伸
	阶形	TJBj	××	

注：条形基础通常采用锥形截面或单阶形截面。

3.1.3 基础梁的平面注写方式

基础梁JL的平面注写方式，分集中标注和原位标注两部分内容，当集中标注的某项数值不适用于基础梁的某部位时，则将该项数值采用原位标注，施工时，原位标注优先。

3.1.3.1 集中标注

基础梁的集中标注内容为：基础梁编号、截面尺寸、配筋三项必注内容，以及基础梁底面标高（与基础底面基准标高不同时）和必要的文字注解两项选注内容。具体规定如下。

（1）注写基础梁编号（必注内容）见表3-1。

（2）注写基础梁截面尺寸（必注内容）。注写 $b \times h$，表示梁截面宽度与高度。当为竖向加腋梁时，用 $b \times h$　$Yc_1 \times c_2$ 表示，其中 c_1 为腋长，c_2 为腋高，如图3-1所示。

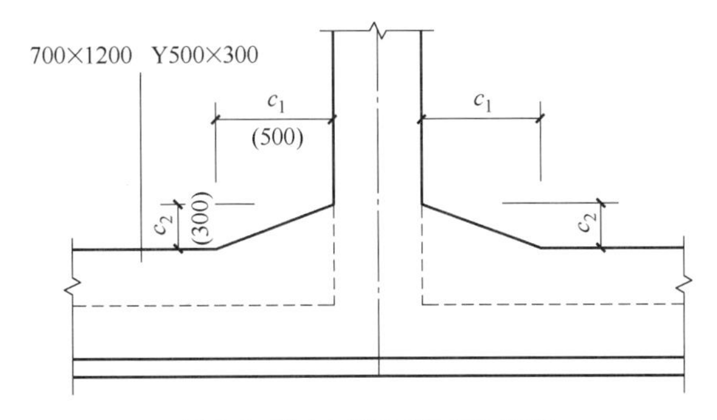

图3-1 竖向加腋梁截面注写示意

（3）注写基础梁配筋（必注内容）。

① 注写基础梁箍筋：当具体设计仅采用一种箍筋间距时，注写钢筋种类、直径、间距与肢数（箍筋肢数写在括号内，下同）；当具体设计采用两种箍筋时，用“/”分隔不同箍筋：按照从基础梁两端向跨中的顺序注写。先注写第一段箍筋（在前面加注箍筋道数），在斜线后再注写第二段箍筋（不再加注箍筋道数）。

举例说明

9⌽16@100/⌽16@200（6），表示配置两种间距的HRB400箍筋，直径为16mm，从梁两端起向跨内按箍筋间距100mm每端各设置9道，梁其余部位的箍筋间距为200mm，均为6肢箍。

② 注写基础梁底部、顶部及侧面纵向钢筋：以B打头，注写梁底部贯通纵筋（不应少于梁底部受力钢筋总截面面积的1/3），当跨中所注根数少于箍筋肢数时，需要在跨中增设梁底部架立筋以固定箍筋，采用“+”将贯通纵筋与架立筋相连，架立筋注写在加号后面的括号内；以T打头，注写梁顶部贯通纵筋，注写时用分号“;”将底部与顶部贯通纵筋分隔开，如有个别跨与其他不同者按原位注写的规定处理；当梁底部或顶部贯通纵筋多于一排时，用“/”将各排纵筋自上而下分开；以大写字母G打头注写梁两侧面对称设置的纵向构造钢筋的总配筋值（当梁腹板高度 $h_w \geqslant 450$mm时，根据需要配置）。当需要配置抗扭纵向钢筋时，梁两个侧面设置的抗扭纵向钢筋以N打头。

举例说明

B: 4⏀25; T: 12⏀25 7/5，表示梁底部配置贯通纵筋为4⏀25；梁顶部配置贯通纵筋上一排为7⏀25，下一排为5⏀25，共12⏀25。

G8⏀14，表示梁每个侧面配置纵向构造钢筋4⏀14，共配置8⏀14。

N8⏀16，表示梁的两个侧面共配置8⏀16的纵向抗扭钢筋，沿截面周边均匀对称设置。

（4）注写基础梁底面标高（选注内容）。当条形基础的底面标高与基础底面基准标高不同时，将条形基础底面标高注写在“（ ）”内。

（5）必要的文字注解（选注内容）。当基础梁的设计有特殊要求时，宜增加必要的文字注解。

3.1.3.2 原位标注

基础梁JL的原位标注规定如下。

（1）基础梁支座的底部纵筋，系指包含贯通纵筋与非贯通纵筋在内的所有纵筋。

① 当底部纵筋多于一排时，用“/”将各排纵筋自上而下分开。

② 当同排纵筋有两种直径时，用“+”将两种直径的纵筋相连，注写时角筋写在前面。

举例说明

在基础梁支座处原位注写2⏀25+ 2⏀22，表示基础梁支座底部有4根纵筋，2⏀25分别放在角部，2⏀22放在中部。

③ 当梁支座两边的底部纵筋配置不同时，需在支座两边分别标注；当梁支座两边的底部纵筋相同时，可仅在支座的一边标注。

④ 当梁支座底部全部纵筋与集中注写过的底部贯通纵筋相同时，可不再重复做原位标注。

⑤ 竖向加腋梁加腋部位钢筋，需在设置加腋的支座处以“Y”打头注写在括号内。

举例说明

竖向加腋梁端（支座）处注写Y4⏀25，表示竖向加腋部位斜纵筋为4⏀25。

（2）原位注写基础梁的附加箍筋或（反扣）吊筋。当两向基础梁十字交叉，但交叉位置无柱时，应根据需要设置附加箍筋或（反扣）吊筋。

将附加箍筋或（反扣）吊筋直接画在平面图中条形基础主梁上，原位直接引注总配筋值（附加箍筋的肢数注在括号内）。当多数附加箍筋或（反扣）吊筋相同时，可在条形基础平法施工图上统一注明。少数与统一注明值不同时，在原位直接引注。

（3）原位注写基础梁外伸部位的变截面高度尺寸。当基础梁外伸部位采用变截面高度时，在该部位原位注写$b \times h/h_2$，h为根部截面高度，h_2为尽端截面高度，如图3-2所示。

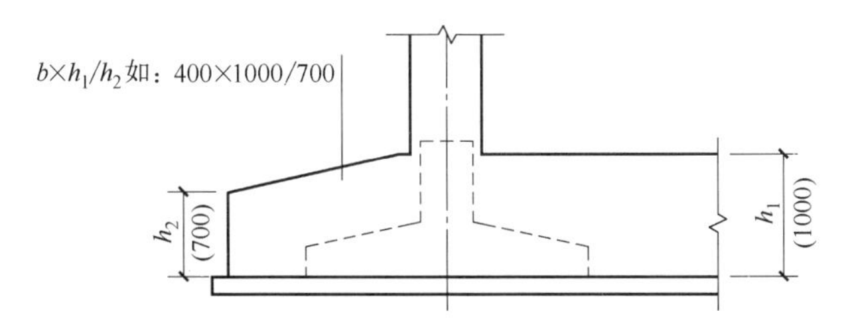

图 3-2 基础梁外伸部位变截面高度注写示意

（4）原位注写修正内容。当在基础梁上集中标注的某项内容（如截面尺寸、箍筋、底部与顶部贯通纵筋或架立筋、梁侧面纵向构造钢筋、梁底面标高等）不适用于某跨或某外伸部位时，将其修正内容原位标注在该跨或该外伸部位，施工时原位标注取值优先。

当在多跨基础梁的集中标注中已注明竖向加腋，而该梁某跨根部不需要竖向加腋时，则应在该跨原位标注截面尺寸 $b\times h$，以修正集中标注中的竖向加腋要求。

3.1.4 条形基础底板的平面注写方式

条形基础底板 TJBp、TJBj 的平面注写方式，分集中标注和原位标注两部分内容。

3.1.4.1 集中标注

条形基础底板的集中标注内容为：条形基础底板编号、截面竖向尺寸、配筋三项为必注内容，条形基础底板底面标高（与基础底面基准标高不同时）、必要的文字注解两项为选注内容。

素混凝土条形基础底板的集中标注，除无底板配筋内容外与钢筋混凝土条形基础底板相同，具体规定如下。

（1）注写条形基础底板编号（必注内容），编号由代号和序号组成，应符合表 3-1 的要求。

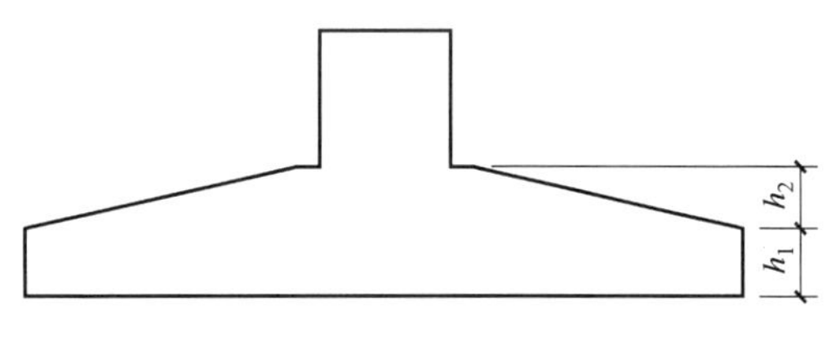

图 3-3 条形基础底板坡形截面竖向尺寸

（2）注写条形基础底板截面竖向尺寸（必注内容）。注写为：$h_1/h_2/\cdots\cdots$。如条形基础底板坡形截面竖向尺寸图 3-3 所示。

举例说明

当条形基础底板为坡形截面 TJBp××，其截面竖向尺寸注写 300/250 时，表示 h_1= 300mm、h_2= 250mm，基础底板根部总高度为 550mm。

（3）注写条形基础底板底部及顶部配筋（必注内容）。以 B 打头，注写条形基础底板底部的横向受力钢筋；以 T 打头，注写条形基础底板顶部的横向受力钢筋；注写时，用“/”分隔条形基础底板的横向受力钢筋与纵向分布钢筋，如图 3-4 所示。

（4）注写条形基础底板底面标高（选注内容）。当条形基础底板的底面标高与条形基础底面基准标高不同时，应将条形基础底板底面标高注写在“（ ）”内。

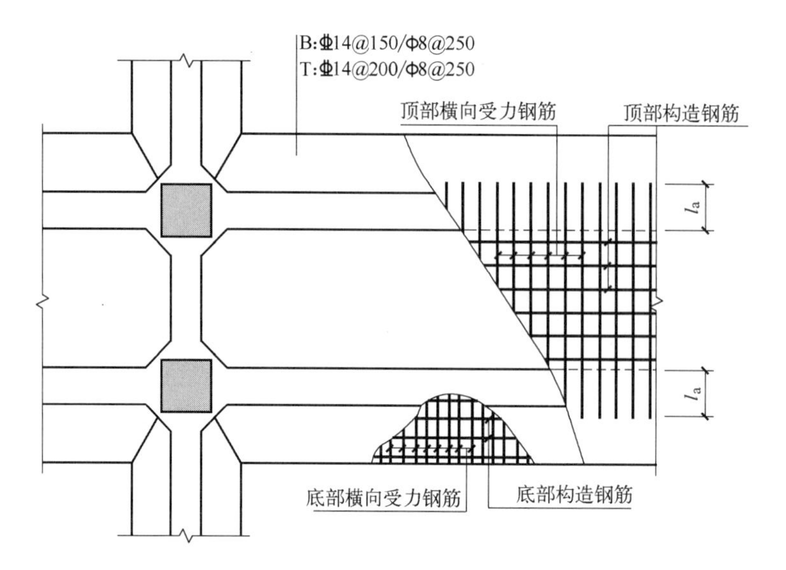

图 3-4 双梁条形基础底板配筋示意

(5) 必要的文字注解（选注内容）。当条形基础底板有特殊要求时，应增加必要的文字注解。

3.1.4.2 原位标注

条形基础底板的原位标注规定如下。

(1) 原位注写条形基础底板的平面定位尺寸。原位标注 b、b_i，$i=1$，2……。其中，b 为基础底板总宽度，b_i 为基础底板台阶的宽度。当基础底板采用对称于基础梁的锥形截面或单阶形截面时，b_i 可不注，如图 3-5 所示。

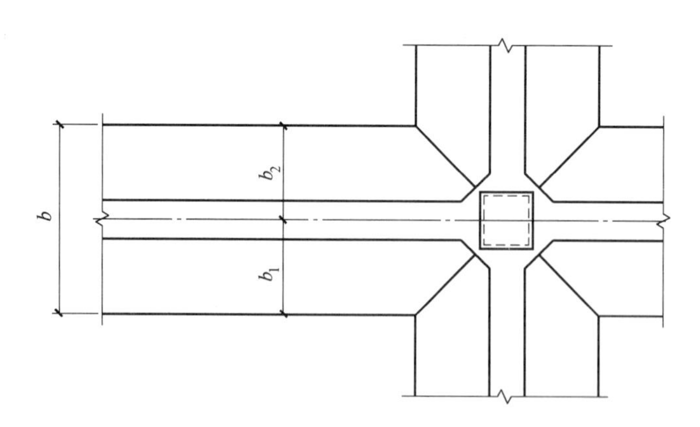

图 3-5 条形基础底板平面尺寸原位标注

素混凝土条形基础底板的原位标注与钢筋混凝土条形基础底板相同。

对于相同编号的条形基础底板，可仅选择一个进行标注。

条形基础存在双梁或双墙共用同一基础底板的情况，当为双梁或为双墙且梁或墙荷载差别较大时，条形基础两侧可取不同的宽度，实际宽度以原位标注的基础底板两侧非对称的不同台阶宽度 b_i 进行表达。

(2) 原位注写修正内容。当在条形基础底板上集中标注的某项内容，如底板截面竖向尺寸、底板配筋、底板底面标高等，不适用于条形基础底板的某跨或某外伸部分时，可将其修正内容原位标注在该跨或该外伸部位，施工时原位标注取值优先。

3.1.5 条形基础的列表注写方式

采用列表注写方式，应在基础平面布置图上对所有条形基础进行编号，编号原则见表 3-1。

对多个条形基础可采用列表注写（结合截面示意图）的方式进行集中表达。表中内容为条形基础截面的几何数据和配筋，截面示意图上应标注与表中栏日相对应的代号。列表的具体内容规定如下。

3.1.5.1 基础梁

基础梁列表集中注写栏目如下。

（1）编号：注写 JL××（××）、JL××（××A）或 JL××（××B)。

（2）几何尺寸：梁截面宽度与高度 $b \times h$。当为竖向加腋梁时，注写 $b \times h$ Y$c_1 \times c_2$，其中 c_1 为腋长，c_2 为腋高。

（3）配筋：注写基础梁底部贯通纵筋＋非贯通纵筋，顶部贯通纵筋，箍筋。当设计为两种箍筋时，箍筋注写为：第一种箍筋/第二种箍筋，第一种箍筋为梁端部箍筋，注写内容包括箍筋的箍数、钢筋种类、直径、间距与肢数。

基础梁列表格式见表 3-2。

表 3-2 基础梁几何尺寸和配筋表

基础梁编号/截面号	截面几何尺寸		配筋	
	$b \times h$	竖向加腋 $c_1 \times c_2$	底部贯通纵筋＋非贯通纵筋，顶部贯通纵筋	第一种箍筋/第二种箍筋

注：表中非贯通纵筋需配合原位标注使用。

3.1.5.2 条形基础底板

条形基础底板列表集中注写栏目如下。

（1）编号：坡形截面编号为 TJBp××（××）、TJBp××（××A）或 TJBp××（××B)，阶形截面编号为 TJBj××（××）、TJBj××（××A）或 TJBj××（××B)。

（2）几何尺寸：水平尺寸 b、b_i，$i=1$，2……；竖向尺寸 h_1/h_2。

（3）配筋：B：Φ××@×××/Φ××@×××。

条形基础底板列表格式见表 3-3。

表 3-3 条形基础底板几何尺寸和配筋表

基础底板编号/截面号	截面几何尺寸			底板配筋(B)	
	b	b_i	h_1/h_2	横向受力钢筋	纵向分布钢筋

3.2 条形基础标准构造识图

3.2.1 条形基础底板配筋构造

3.2.1.1 十字交接基础底板配筋构造

十字交接基础底板，也可用于转角梁板端部均有纵向延伸。十字交接基础底板配筋构造平面图如图 3-6 所示。十字交接基础（阶形截面 TJBj）底板配筋构造三维图如图 3-7 所示。十字交接基础（坡形截面 TJBp）底板配筋构造三维图如图 3-8 所示。

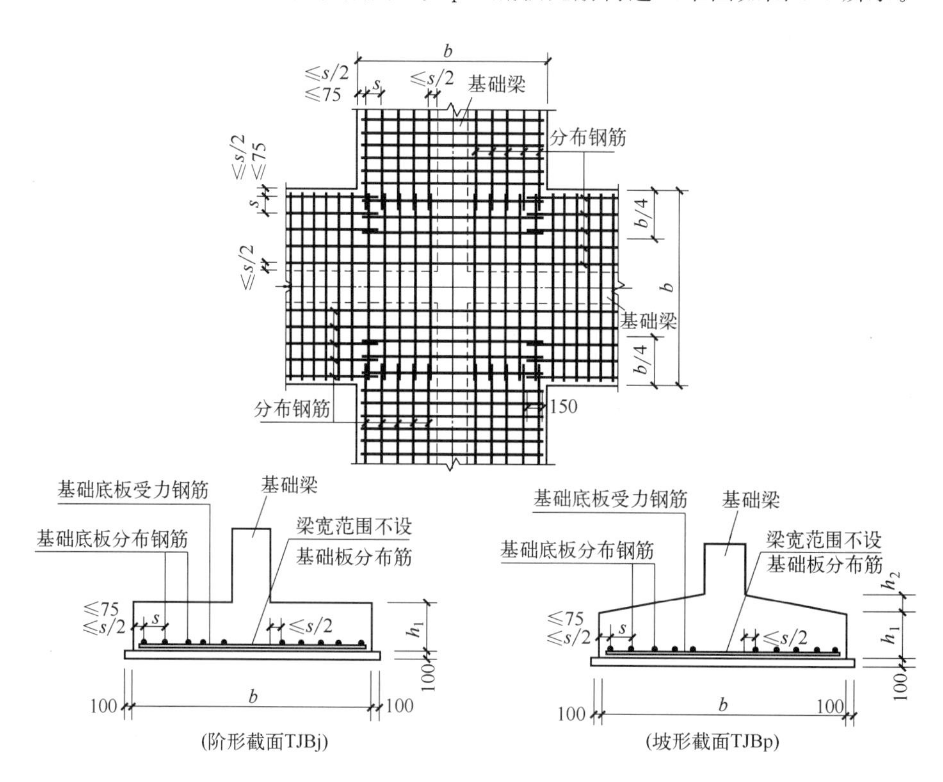

图 3-6 十字交接基础底板配筋构造平面图

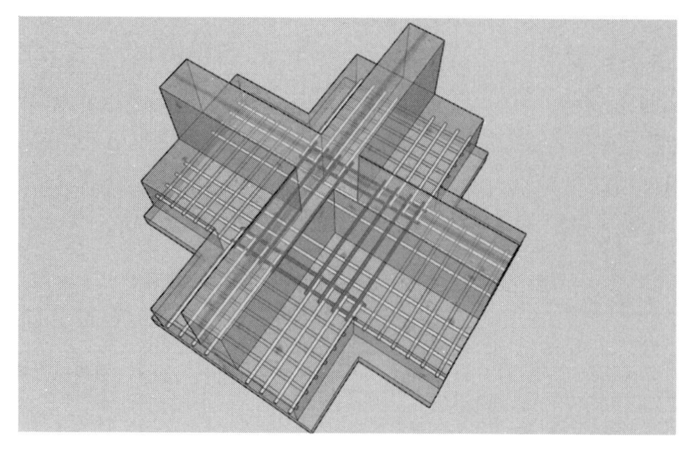

图 3-7 十字交接基础（阶形截面 TJBj）底板配筋构造三维图

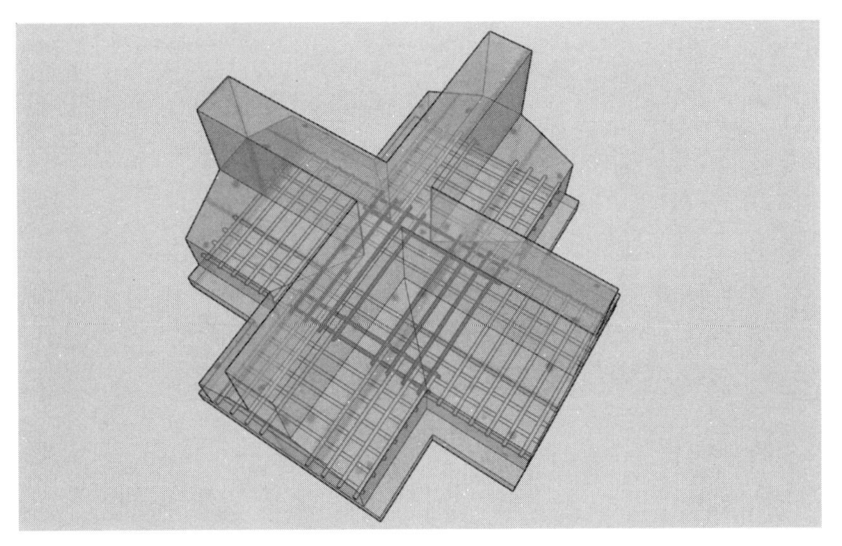

图 3-8 十字交接基础（坡形截面 TJBp）底板配筋构造三维图

3.2.1.2 丁字交接基础底板配筋构造

丁字交接基础底板配筋构造平面图如图 3-9 所示。丁字交接基础（阶形截面 TJBj）底板配筋构造三维图如图 3-10 所示。丁字交接基础（坡形截面 TJBp）底板配筋构造三维图如图 3-11 所示。

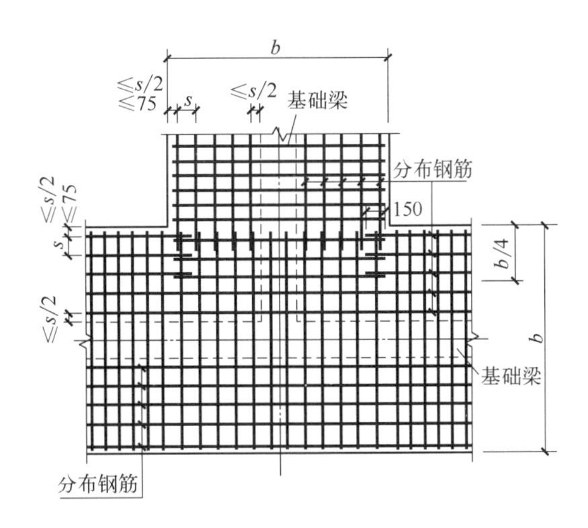

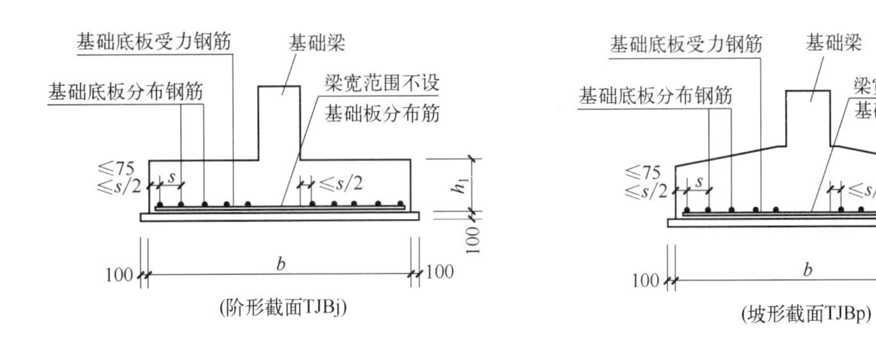

图 3-9 丁字交接基础底板配筋构造平面图

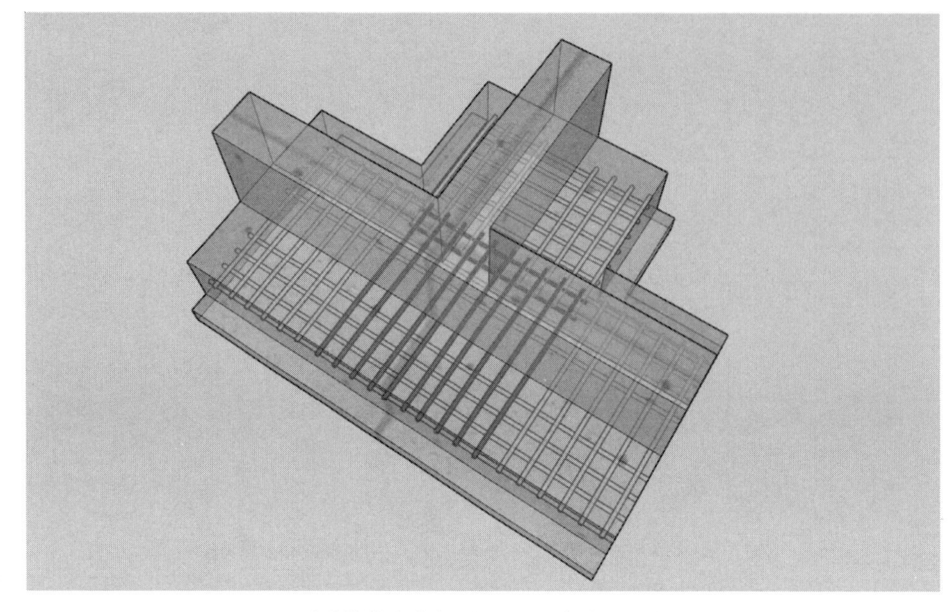

扫码观看三维动画

图3-10三维动画

图 3-10 丁字交接基础（阶形截面 TJBj）底板配筋构造三维图

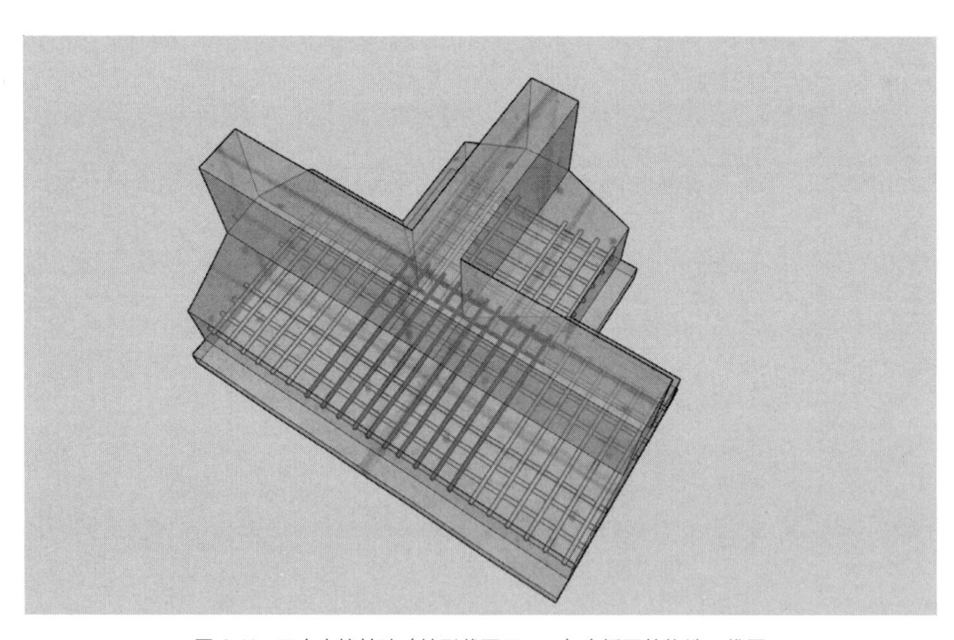

扫码观看三维动画

图3-11三维动画

图 3-11 丁字交接基础（坡形截面 TJBp）底板配筋构造三维图

3.2.1.3 转角梁板端部无纵向延伸基础底板配筋构造

转角梁板端部无纵向延伸基础底板配筋构造平面图如图 3-12 所示。转角梁板端部无纵向延伸基础（阶形截面 TJBj）底板配筋构造三维图如图 3-13 所示。转角梁板端部无纵向延伸基础（坡形截面 TJBp）底板配筋构造三维图如图 3-14 所示。

3.2.1.4 条形基础无交接底板端部配筋构造

条形基础无交接底板端部配筋构造平面图如图 3-15 所示。条形基础无交接（阶形截面 TJBj）底板端部配筋构造三维图如图 3-16 所示。条形基础无交接（坡形截面 TJBp）底板端部配筋构造三维图如图 3-17 所示。

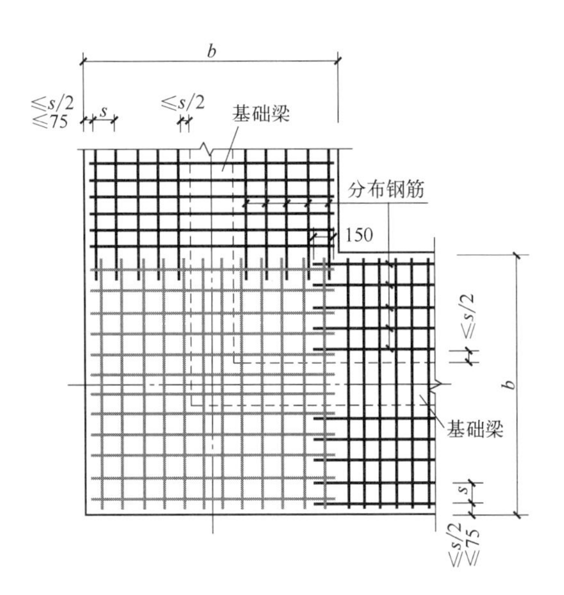

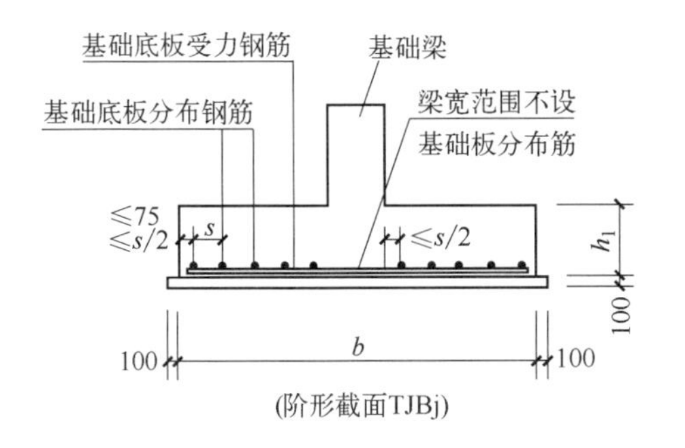

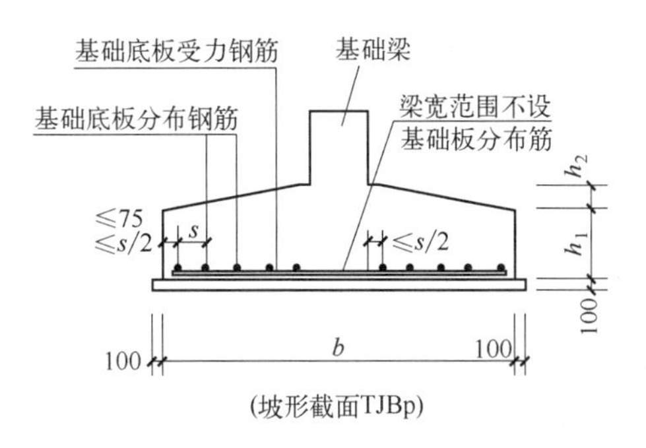

图 3-12 转角梁板端部无纵向延伸基础底板配筋构造平面图

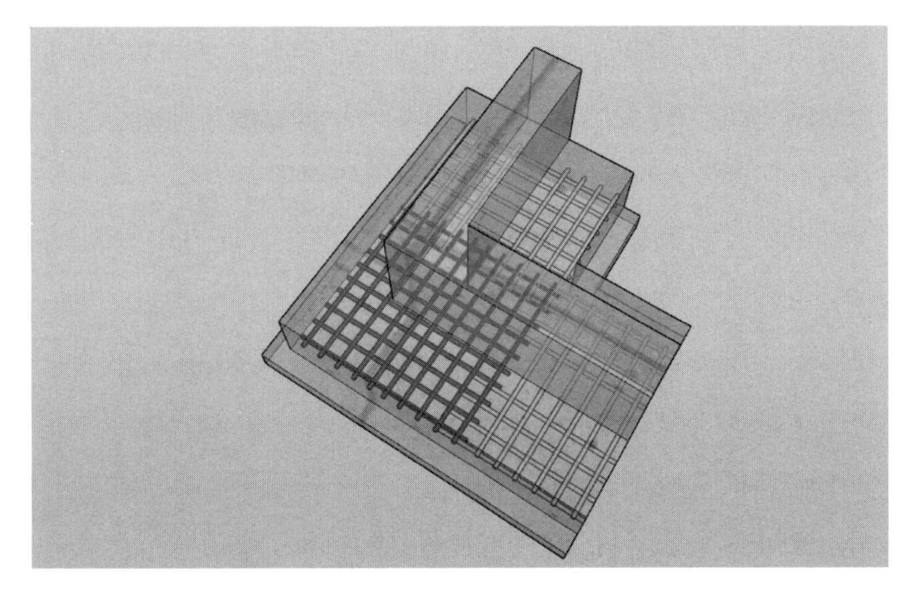

扫码观看三维动画

图3-13三维动画

图 3-13 转角梁板端部无纵向延伸基础（阶形截面 TJBj）底板配筋构造三维图

扫码观看三维动画

图3-14三维动画

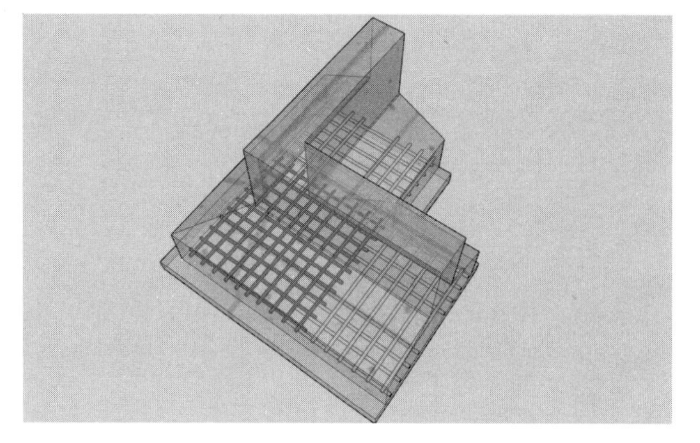

图 3-14 转角梁板端部无纵向延伸基础（坡形截面 TJBp）底板配筋构造三维图

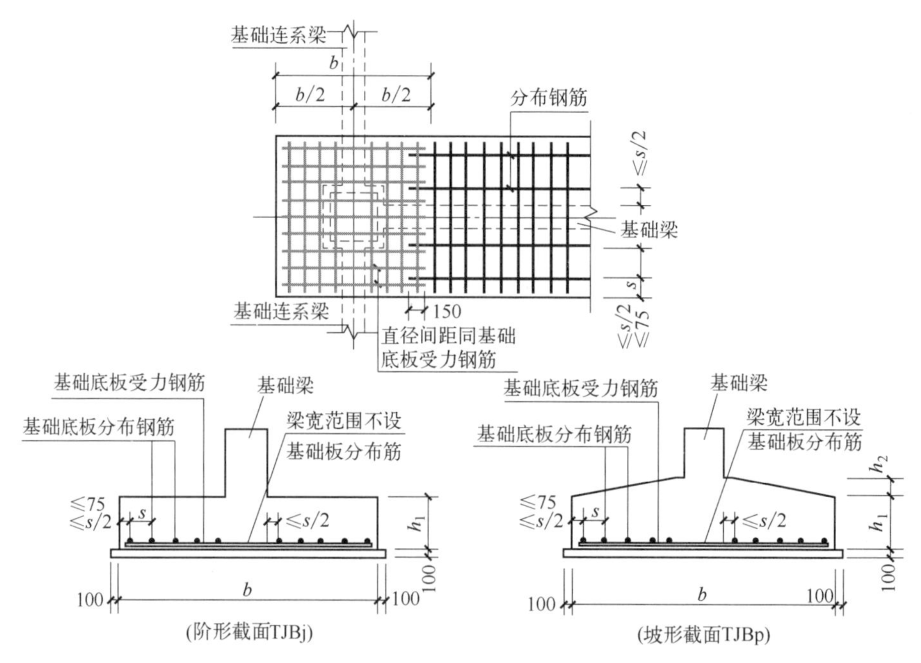

图 3-15 条形基础无交接底板端部配筋构造平面图

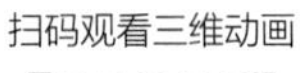

扫码观看三维动画

图3-16三维动画

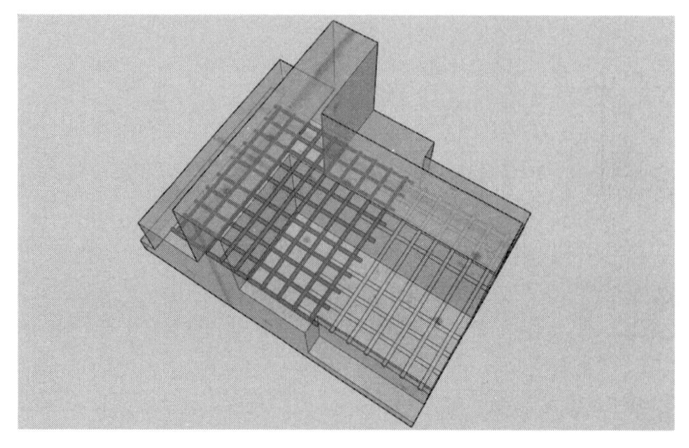

图 3-16 条形基础无交接（阶形截面 TJBj）底板端部配筋构造三维图

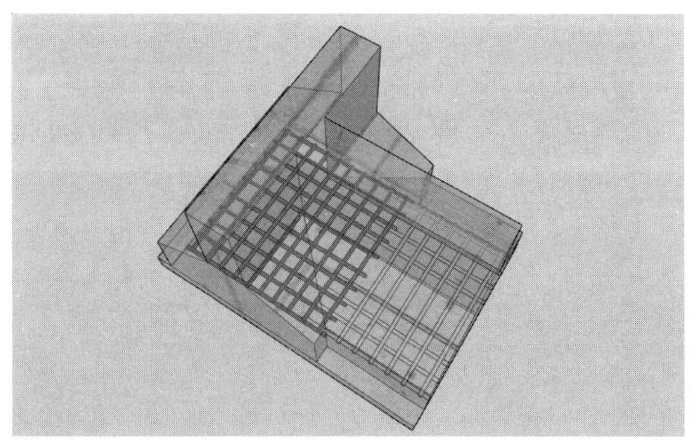

扫码观看三维动画

图3-17三维动画

图 3-17 条形基础无交接（坡形截面 TJBp）底板端部配筋构造三维图

3.2.1.5 转角处墙基础底板配筋构造

转角处墙基础底板配筋构造平面图如图 3-18 所示。转角处墙基础（阶形截面 TJBj）底板配筋构造三维图如图 3-19 所示。转角处墙基础（坡形截面 TJBp）底板配筋构造三维图如图 3-20 所示。

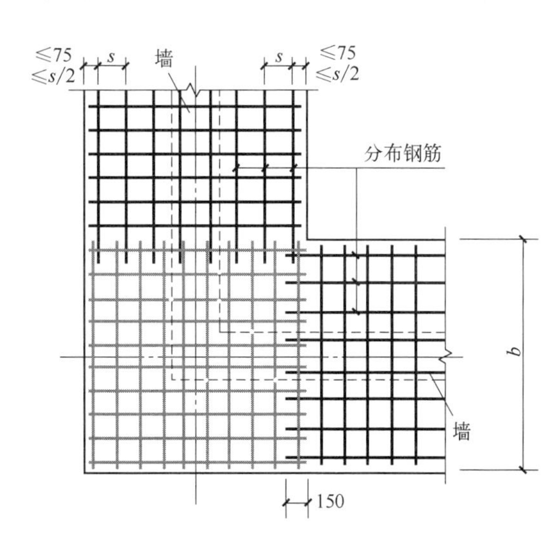

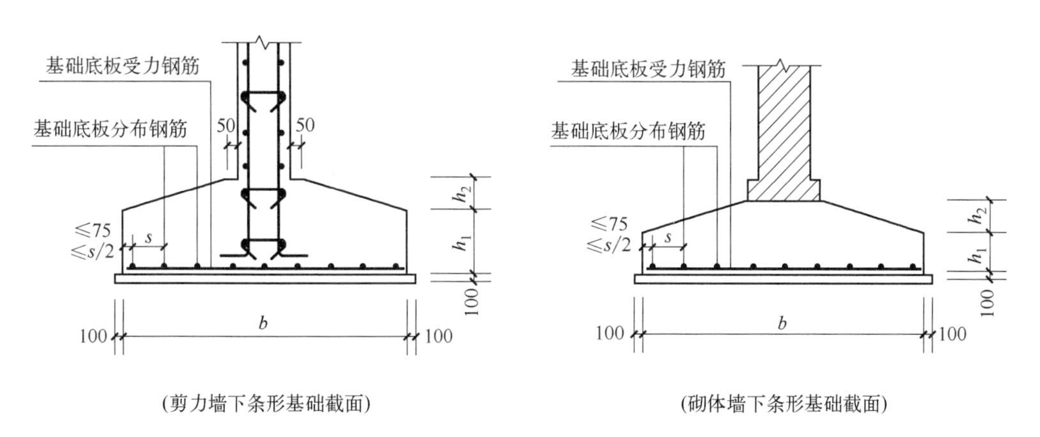

图 3-18 转角处墙基础底板配筋构造平面图

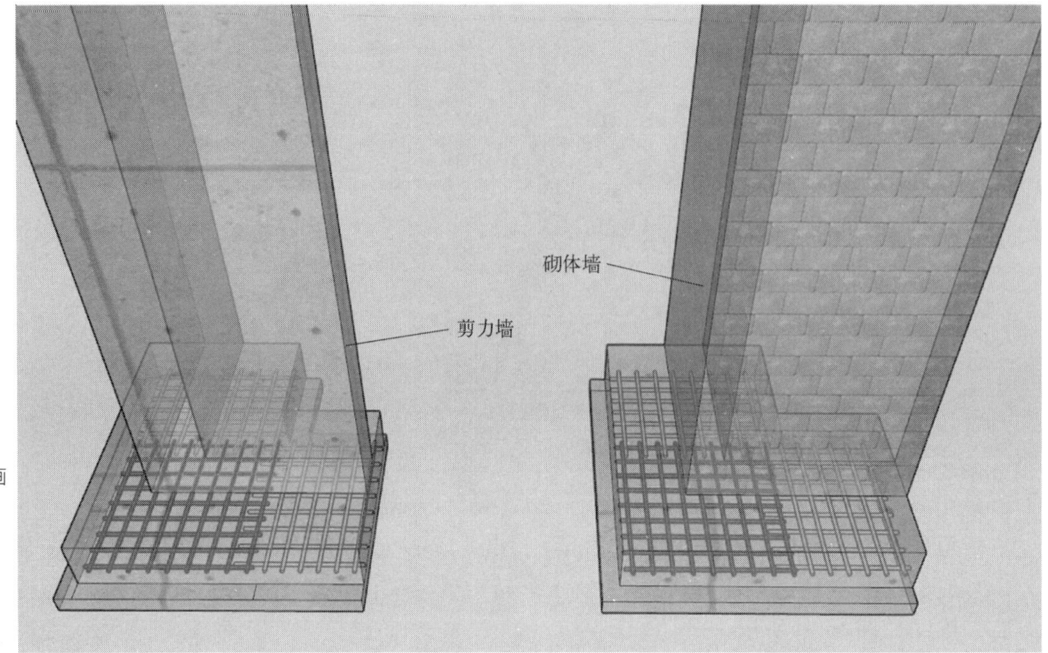

扫码观看三维动画

图3-19三维动画

图 3-19 转角处墙基础（阶形截面 TJBj）底板配筋构造三维图

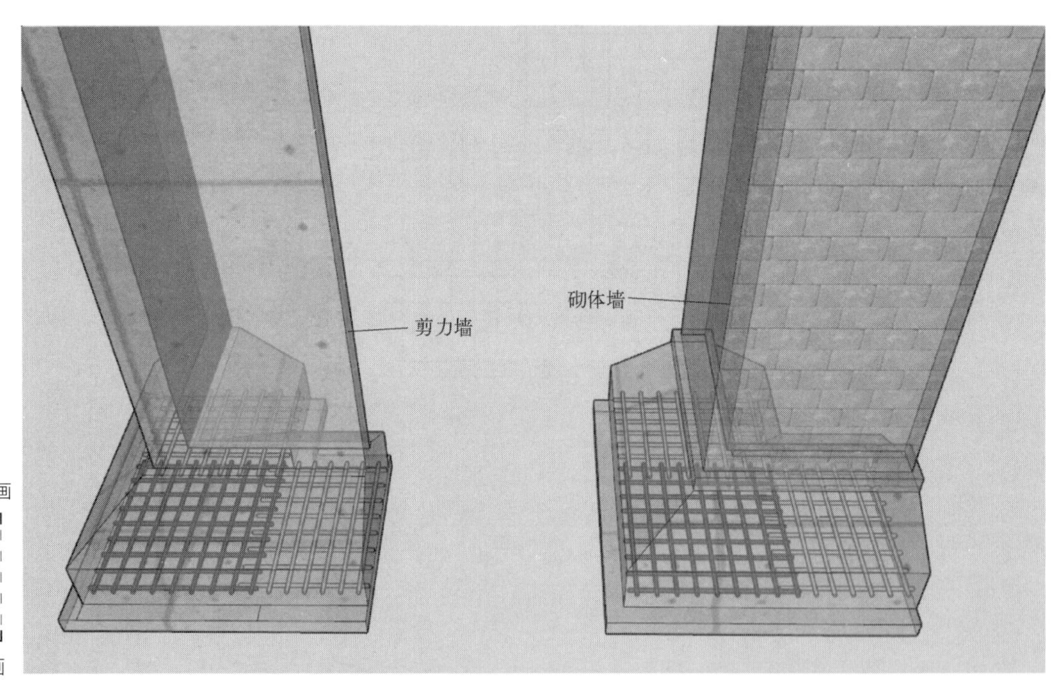

扫码观看三维动画

图3-20三维动画

图 3-20 转角处墙基础（坡形截面 TJBp）底板配筋构造三维图

3.2.1.6 墙下丁字交接基础底板配筋构造

墙下丁字交接基础底板配筋构造平面图如图 3-21 所示。墙下丁字交接基础（阶形截面 TJBj）底板配筋构造三维图如图 3-22 所示。墙下丁字交接基础（坡形截面 TJBp）底板配筋构造三维图如图 3-23 所示。

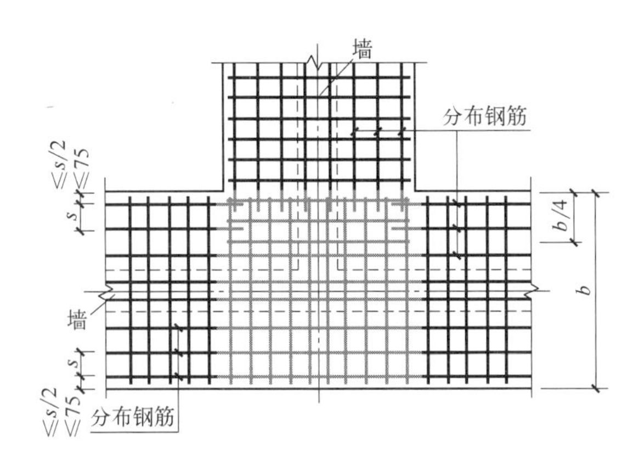

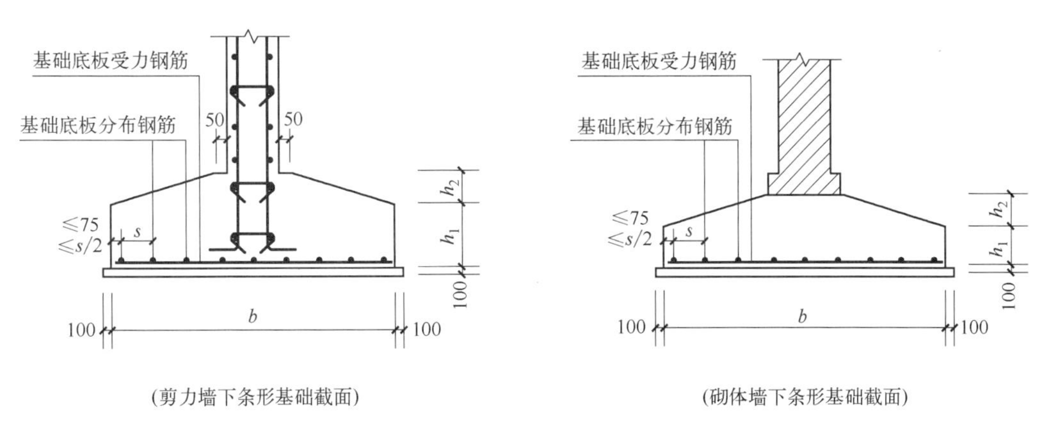

图 3-21 墙下丁字交接基础底板配筋构造平面图

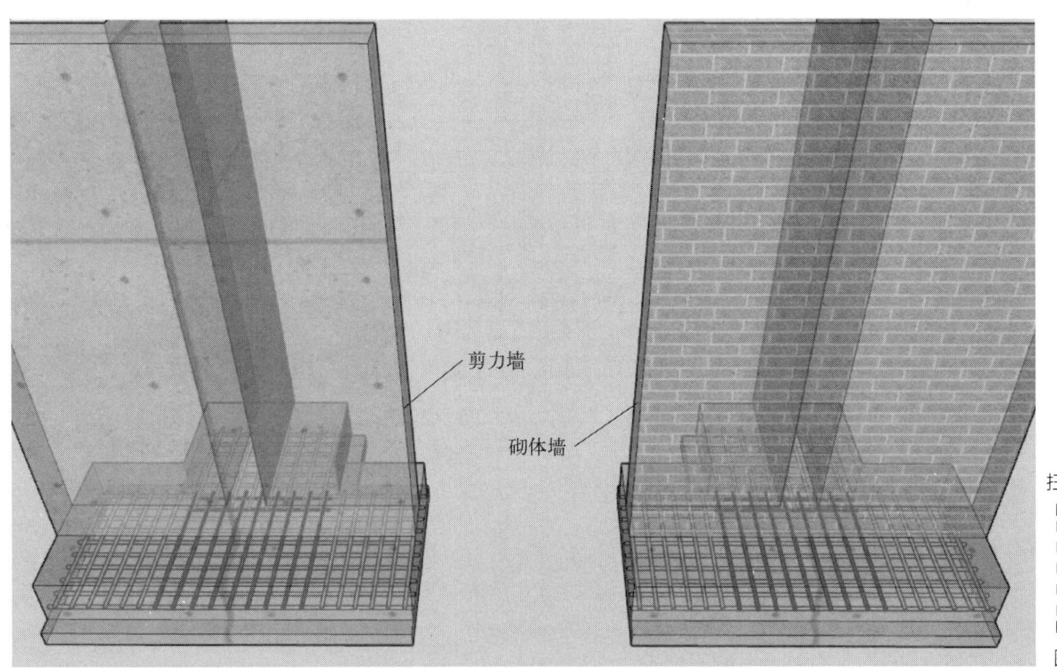

扫码观看三维动画

图3-22三维动画

图 3-22 墙下丁字交接基础（阶形截面 TJBj）底板配筋构造三维图

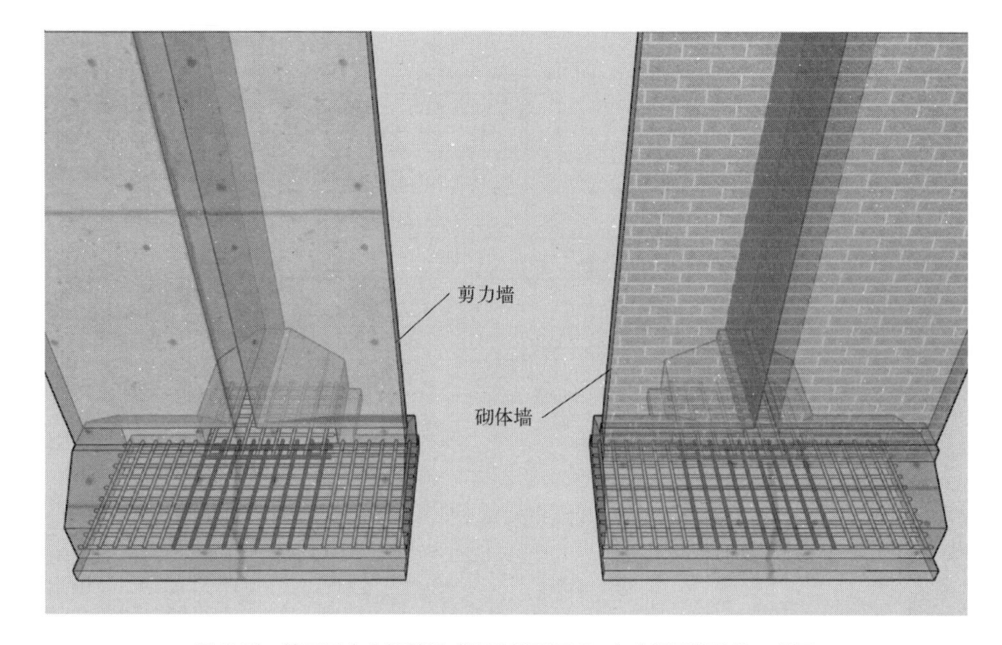

扫码观看三维动画

图3-23三维动画

图 3-23　墙下丁字交接基础（坡形截面 TJBp）底板配筋构造三维图

3.2.1.7　墙下十字交接基础底板配筋构造

墙下十字交接基础底板配筋构造平面图如图 3-24 所示。墙下十字交接基础（阶形截面 TJBj）底板配筋构造三维图如图 3-25 所示。墙下十字交接基础（坡形截面 TJBp）底板配筋构造三维图如图 3-26 所示。

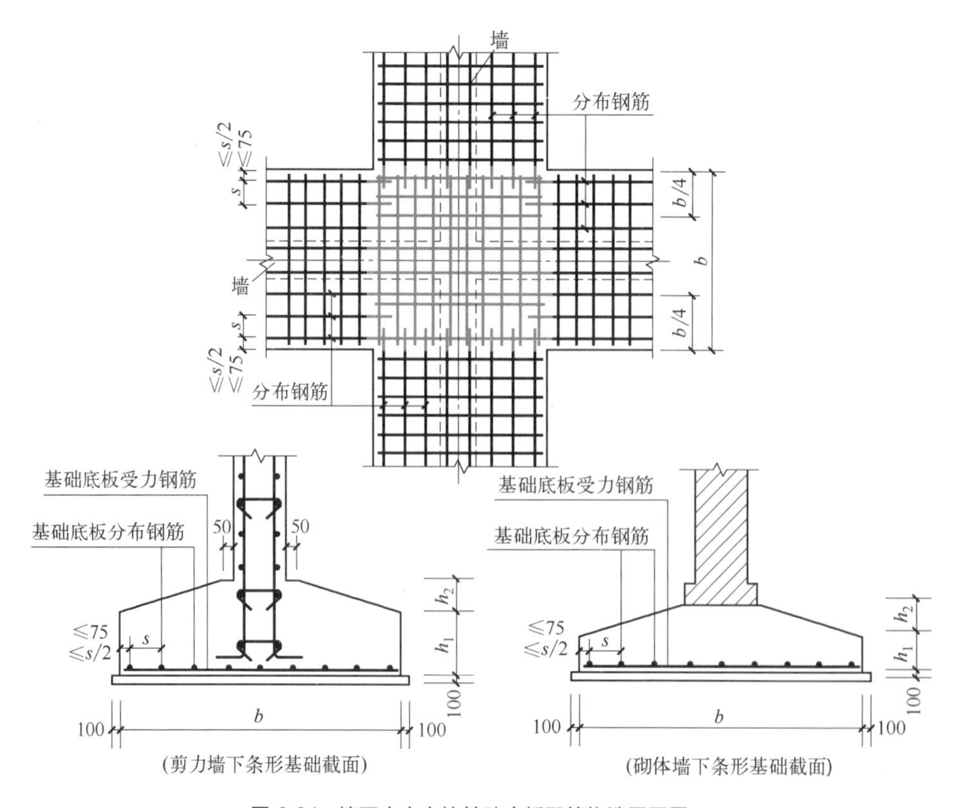

图 3-24　墙下十字交接基础底板配筋构造平面图

剪力墙
砌体墙

扫码观看三维动画

图3-25三维动画

图 3-25 墙下十字交接基础（阶形截面 TJBj）底板配筋构造三维图

剪力墙
砌体墙

扫码观看三维动画

图3-26三维动画

图 3-26 墙下十字交接基础（坡形截面 TJBp）底板配筋构造三维图

3.2.2 条形基础底板板底不平构造

柱下条形基础底板板底不平构造如图 3-27 所示。

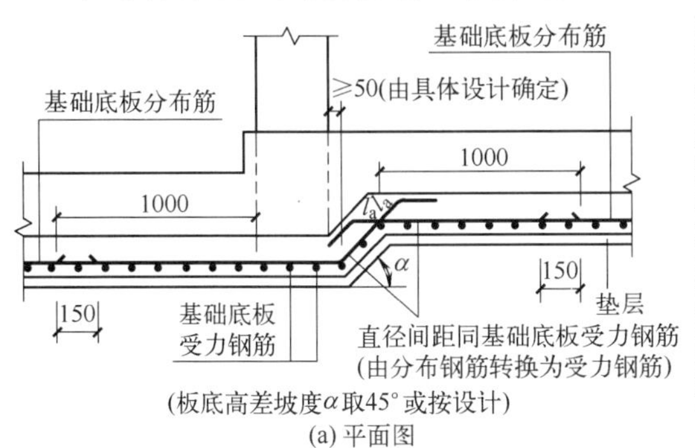

(a) 平面图

(b) 三维图

扫码观看三维动画

图3-27三维动画

图 3-27 柱下条形基础底板板底不平构造

墙下条形基础底板板底不平构造（一）如图 3-28 所示。

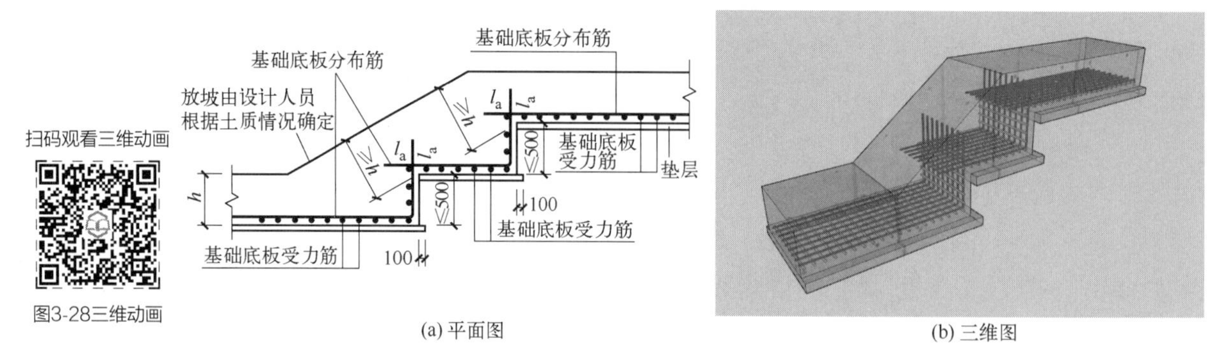

(a) 平面图　(b) 三维图

图 3-28　墙下条形基础底板板底不平构造（一）

墙下条形基础底板板底不平构造（二）如图 3-29 所示。

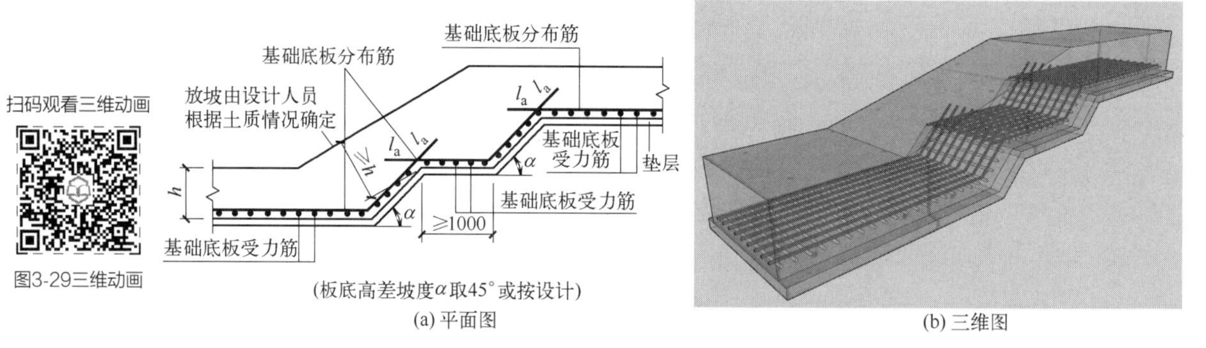

(a) 平面图　(b) 三维图

图 3-29　墙下条形基础底板板底不平构造（二）

3.2.3 条形基础底板配筋长度减短 10%构造

条形基础底板配筋长度减短 10%构造如图 3-30 所示。

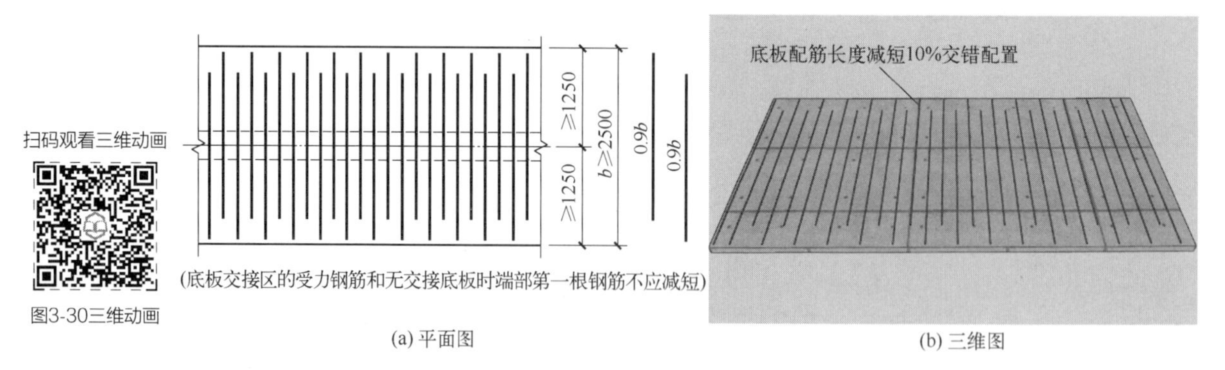

(a) 平面图　(b) 三维图

图 3-30　条形基础底板配筋长度减短 10%构造

4 筏形基础识图

4.1 梁板式筏形基础平法制图规则

4.1.1 梁板式筏形基础平法施工图的表示方法

（1）梁板式筏形基础平法施工图，系在基础平面布置图上采用平面注写方式进行表达。

（2）当绘制基础平面布置图时，应将梁板式筏形基础与其所支承的柱、墙一起绘制。梁板式筏形基础以多数相同的基础平板底面标高作为基础底面基准标高。当基础底面标高不同时，需注明与基础底面基准标高不同之处的范围和标高。

（3）通过选注基础梁底面与基础平板底面的标高高差来表达两者间的位置关系，可以明确其“高板位”（梁顶与板顶一平）、“低板位”（梁底与板底一平）以及“中板位”（板在梁的中部）三种不同位置组合的筏形基础，方便设计表达。

（4）对于轴线未居中的基础梁，应标注其定位尺寸。

4.1.2 梁板式筏形基础构件的类型与编号

梁板式筏形基础由基础主梁、基础次梁、基础平板等构成，编号见表4-1。梁板式筏形基础主梁与条形基础梁编号与标准构造详图一致。

表4-1　梁板式筏形基础构件编号

构件类型	代号	序号	跨数及有无外伸
基础主梁(柱下)	JL	××	(××)或(××A)或(××B)
基础次梁	JCL	××	(××)或(××A)或(××B)
梁板式筏形基础平板	LPB	××	—

（1）在表4-1中，(××A)为一端有外伸，(××B)为两端有外伸，外伸不计入跨数。

举例说明

JL7（5B）表示第7号基础主梁，5跨，两端有外伸。

（2）梁板式筏形基础平板跨数及是否有外伸分别在 x、y 两向的贯通纵筋之后表达。图面从左至右为 x 向，从下至上为 y 向。

（3）基础次梁 JCL 表示端支座为铰接；当基础次梁 JCL 端支座下部钢筋为充分利用钢筋的抗拉强度的设计时，用 JCLg 表示。

4.1.3　基础主梁与基础次梁的平面注写方式

基础主梁 JL 与基础次梁 JCL 的平面注写方式，分集中标注与原位标注两部分。当集中标注中的某项数值不适用于梁的某部位时，则将该项数值采用原位标注，施工时，原位标注优先。

4.1.3.1　集中标注

基础主梁 JL 与基础次梁 JCL 的集中标注内容为：基础梁编号、截面尺寸、配筋三项必注内容，以及基础梁底面标高高差（相对于筏形基础平板底面标高）一项为选注内容。具体规定如下。

（1）注写基础梁的编号，见表 4-1。

（2）注写基础梁的截面尺寸。以 $b \times h$ 表示梁截面宽度与高度；当为竖向加腋梁时，用 $b \times h$ Y$c_1 \times c_2$ 表示，其中 c_1 为腋长，c_2 为腋高。

（3）注写基础梁的配筋。

① 注写基础梁箍筋：当采用一种箍筋间距时，注写钢筋种类、直径、间距与肢数（写在括号内）；当采用两种箍筋时，用“/”分隔不同箍筋，按照从基础梁两端向跨中的顺序注写。先注写第 1 段箍筋（在前面加注箍数），在斜线后再注写第 2 段箍筋（不再加注箍数）。

举例说明

9Φ16@100/Φ16@200（6），表示配置 HRB400、直径为 16mm 的箍筋。间距为两种，从梁两端起向跨内按箍筋间距 100mm 每端各设置 9 道，梁其余部位的箍筋间距为 200mm，均为 6 肢箍。

② 注写基础梁的底部、顶部及侧面纵向钢筋：以 B 打头，先注写梁底部贯通纵筋（不应少于底部受力钢筋总截面面积的 1/3），当跨中所注根数少于箍筋肢数时，需要在跨中加设架立筋以固定箍筋，注写时，用加号“+”将贯通纵筋与架立筋相连，架立筋注写在加号后面的括号内；以 T 打头，注写梁顶部贯通纵筋值，注写时用分号“;”将底部与顶部纵筋分隔开，如有个别跨与其不同，按原位注写的规定处理。

举例说明

B4Φ32; T7Φ32，表示梁的底部配置 4Φ32 的贯通纵筋，梁的顶部配置 7Φ32 的贯通纵筋。

当梁底部或顶部贯通纵筋多于一排时，用斜线“/”将各排纵筋自上而下分开。

举例说明

梁底部贯通纵筋注写为 B8Φ28 3/5，则表示上一排纵筋为 3Φ28，下一排纵筋为 5Φ28。

以大写字母 G 打头注写基础梁两侧面对称设置的纵向构造钢筋的总配筋值（当梁腹板高度 h_w 不小于 450mm 时，根据需要配置）。

举例说明

G8Φ16，表示梁的两个侧面共配置 8Φ16 的纵向构造钢筋，每侧各配置 4Φ16。

当需要配置抗扭纵向钢筋时，梁两个侧面设置的抗扭纵向钢筋以 N 打头。

举例说明

N8Φ16，表示梁的两个侧面共配置 8Φ16 的纵向抗扭钢筋，沿截面周边均匀对称设置。

（4）注写基础梁底面标高高差（系指相对于筏形基础平板底面标高的高差值），该项为选注值。有高差时需将高差写入括号内（如“高板位”与“中板位”基础梁的底面与基础平板底面标高的高差值），无高差时不注（如“低板位”筏形基础的基础梁）。

4.1.3.2 原位标注

基础主梁与基础次梁的原位标注规定如下。

（1）梁支座的底部纵筋，系指包含贯通纵筋与非贯通纵筋在内的所有纵筋。

① 当底部纵筋多于一排时，用“/”将各排纵筋自上而下分开。

举例说明

梁端（支座）区域底部纵筋注写为 10Φ25 4/6，则表示上一排纵筋为 4Φ25，下一排纵筋为 6Φ25。

② 当同排纵筋有两种直径时，用加号“+”将两种直径的纵筋相连，注写时角筋写在前面。

举例说明

梁端（支座）区域底部纵筋注写为 4Φ28+2Φ25，表示一排纵筋为两种不同直径钢筋的组合。

③ 当梁中间支座两边的底部纵筋配置不同时，需在支座两边分别标注；当梁中间支座两边的底部纵筋相同时，可仅在支座的一边标注配筋值。

④ 当梁端（支座）区域的底部全部纵筋与集中注写过的贯通纵筋相同时，可不再重复做原位标注。

⑤ 竖向加腋梁加腋部位钢筋，需在设置加腋的支座处以“Y”打头注写在括号内。

举例说明

竖向加腋梁端（支座）处注写为 Y4⌀25，表示竖向加腋部位斜纵筋为 4⌀25。

（2）注写基础梁的附加箍筋或（反扣）吊筋。将其直接画在平面图中的主梁上，用线引注总配筋值（附加箍筋的肢数注在括号内），当多数附加箍筋或（反扣）吊筋相同时，可在基础梁平法施工图上统一注明，少数与统一注明值不同时，再原位引注。

（3）当基础梁外伸部位截面高度改变时，在该部位原位注写 $b \times h_1/h_2$，h_1 为根部截面高度，h_2 为尽端截面高度。

（4）注写修正内容。当在基础梁上集中标注的某项内容（如梁截面尺寸、箍筋、底部与顶部贯通纵筋或架立筋、梁侧面纵向构造钢筋、梁底面标高高差等）不适用于某跨或某外伸部分时，则将其修正内容原位标注在该跨或该外伸部位，施工时原位标注取值优先。

当在多跨基础梁的集中标注中已注明竖向加腋，而该梁某跨根部不需要竖向加腋时，则应在该跨原位标注等截面的 $b \times h$，以修正集中标注中的加腋信息。

4.1.4 梁板式筏形基础平板的平面注写方式

梁板式筏形基础平板 LPB 的平面注写，同样适用于钢筋混凝土墙下的基础平板，分为集中标注与原位标注两部分内容。

4.1.4.1 集中标注

梁板式筏形基础平板 LPB 的集中标注，应在所表达的板区双向均为第一跨（x 与 y 双向首跨）的板上引出（图面从左至右为 x 向，从下至上为 y 向）。

板区划分条件：板厚相同、基础平板底部与顶部贯通纵筋配置相同的区域为同一板区。

集中标注的内容规定如下。

（1）注写基础平板的编号，其规则见表 4-1。

（2）注写基础平板的截面尺寸。注写 $h=\times\times\times$ 表示板厚。

（3）注写基础平板的底部与顶部贯通纵筋及其跨数及外伸情况。先注写 x 向底部（B 打头）贯通纵筋与顶部（T 打头）贯通纵筋及纵向长度范围；再注写 y 向底部（B 打头）贯通纵筋与顶部（T 打头）贯通纵筋及其跨数及外伸情况（图面从左至右为 x 向，从下至上为 y 向）。

贯通纵筋的跨数及外伸情况注写在括号中，注写方式为“跨数及有无外伸”，其表达形式为：（××）（无外伸）、（××A）（一端有外伸）或（××B）（两端有外伸）。

举例说明

X：BΦ22@150；TΦ20@150；（5B）

Y：BΦ20@200；TΦ18@200；（7A）

表示基础平板 x 向底部配置Φ22 间距 150mm 的贯通纵筋，顶部配置Φ20 间距 150mm 的贯通纵筋，共 5 跨，两端有外伸；y 向底部配置Φ20 间距 200mm 的贯通纵筋，顶部配置Φ18 间距 200mm 的贯通纵筋，共 7 跨，一端有外伸。

当贯通筋采用两种规格钢筋“隔一布一”布置时，表达为Φxx/yy@×××，表示直径 xx 的钢筋和直径 yy 的钢筋之间的间距为×××，直径为 xx 的钢筋、直径为 yy 的钢筋间距分别为×××的 2 倍。

举例说明

Φ10/12@100 表示贯通纵筋为Φ10、Φ12 隔一布一，相邻Φ10 与Φ12 之间距离为 100mm。

4.1.4.2 原位标注

梁板式筏形基础平板 LPB 的原位标注，主要表达板底部附加非贯通纵筋。

（1）原位注写位置及内容。板底部原位标注的附加非贯通纵筋，应在配置相同跨的第一跨表达（当在基础梁悬挑部位单独配置时则在原位表达）。在配置相同跨的第一跨（或基础梁外伸部位），垂直于基础梁绘制一段中粗虚线（当该筋通长设置在外伸部位或短跨板下部时，应画至对边或贯通短跨），在虚线上注写编号（如①、②等）、配筋值、横向布置的跨数及是否外伸。

小贴士

（××）为横向布置的跨数，（××A）为横向布置的跨数及一端基础梁外伸，（××B）为横向布置的跨数及两端基础梁外伸。

板底部附加非贯通纵筋自支座边线向两边跨内的伸出长度值注写在线段的下方位置。当该筋向两侧对称伸出时，可仅在一侧标注，另一侧不注；当布置在边梁下时，向基础平板外伸部位一侧的伸出长度与方式按标准构造，设计不注。

底部附加非贯通筋相同者，可仅注写一处，其他只注写编号。

横向连续布置的跨数及是否外伸，不受集中标注贯通纵筋的板区限制。

举例说明

在基础平板第一跨原位注写底部附加非贯通纵筋Φ18@300（4A），表示在第一跨至第四跨板且包括基础梁外伸部位横向配置Φ18@300 底部附加非贯通纵筋。伸出长度值略去不注。

原位注写的底部附加非贯通纵筋与集中标注的底部贯通钢筋，宜采用“隔一布一”的方式布置，即基础平板（x 向或 y 向）底部附加非贯通纵筋与贯通纵筋间隔布置，其标注间距与底部贯通纵筋相同（两者实际组合后的间距为各自标注间距的 1/2）。

举例说明

原位注写的基础平板底部附加非贯通纵筋为⑤Φ22@300（3），该 3 跨范围集中标注的底部贯通纵筋为 BΦ22@300，在该 3 跨支座处实际横向设置的底部纵筋合计为Φ22@150。其他与⑤号筋相同的底部附加非贯通纵筋可仅注编号⑤。

原位注写的基础平板底部附加非贯通纵筋为②Φ25@300（4），该 4 跨范围集中标注的底部贯通纵筋为 BΦ22@300，表示该 4 跨支座处实际横向设置的底部纵筋为Φ25 和Φ22 间隔布置，相邻Φ25 与Φ22 之间距离为 150mm。

（2）注写修正内容。当集中标注的某些内容不适用于梁板式筏形基础平板某板区的某一板跨时，应由设计者在该板跨内注明，施工时应按注明内容取用。

（3）当若干基础梁下基础平板的底部附加非贯通纵筋配置相同时（其底部、顶部的贯通纵筋可以不同），可仅在一根基础梁下做原位注写，并在其他梁上注明“该梁下基础平板底部附加非贯通纵筋同××基础梁”。

4.2 梁板式筏形基础标准构造识图

4.2.1 梁板式筏形基础平板 LPB 钢筋构造

梁板式筏形基础平板 LPB 钢筋构造三维图如图 4-1 所示。梁板式筏形基础平板 LPB 钢筋构造图（柱下区域）如图 4-2 所示。梁板式筏形基础平板 LPB 钢筋构造图（跨中区域）如图 4-3 所示。

4.2.2 梁板式筏形基础平板 LPB 端部与外伸部位钢筋构造

梁板式筏形基础平板 LPB 端部等截面外伸构造如图 4-4 所示。梁板式筏形基础平板 LPB 端部变截面外伸构造如图 4-5 所示。梁板式筏形基础平板 LPB 端部无外伸构造如图 4-6 所示。

扫码观看三维动画

图4-1三维动画

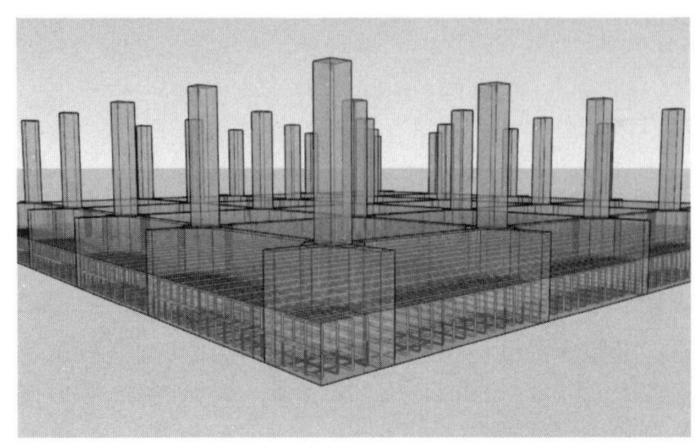

图 4-1 梁板式筏形基础平板 LPB 钢筋构造三维图

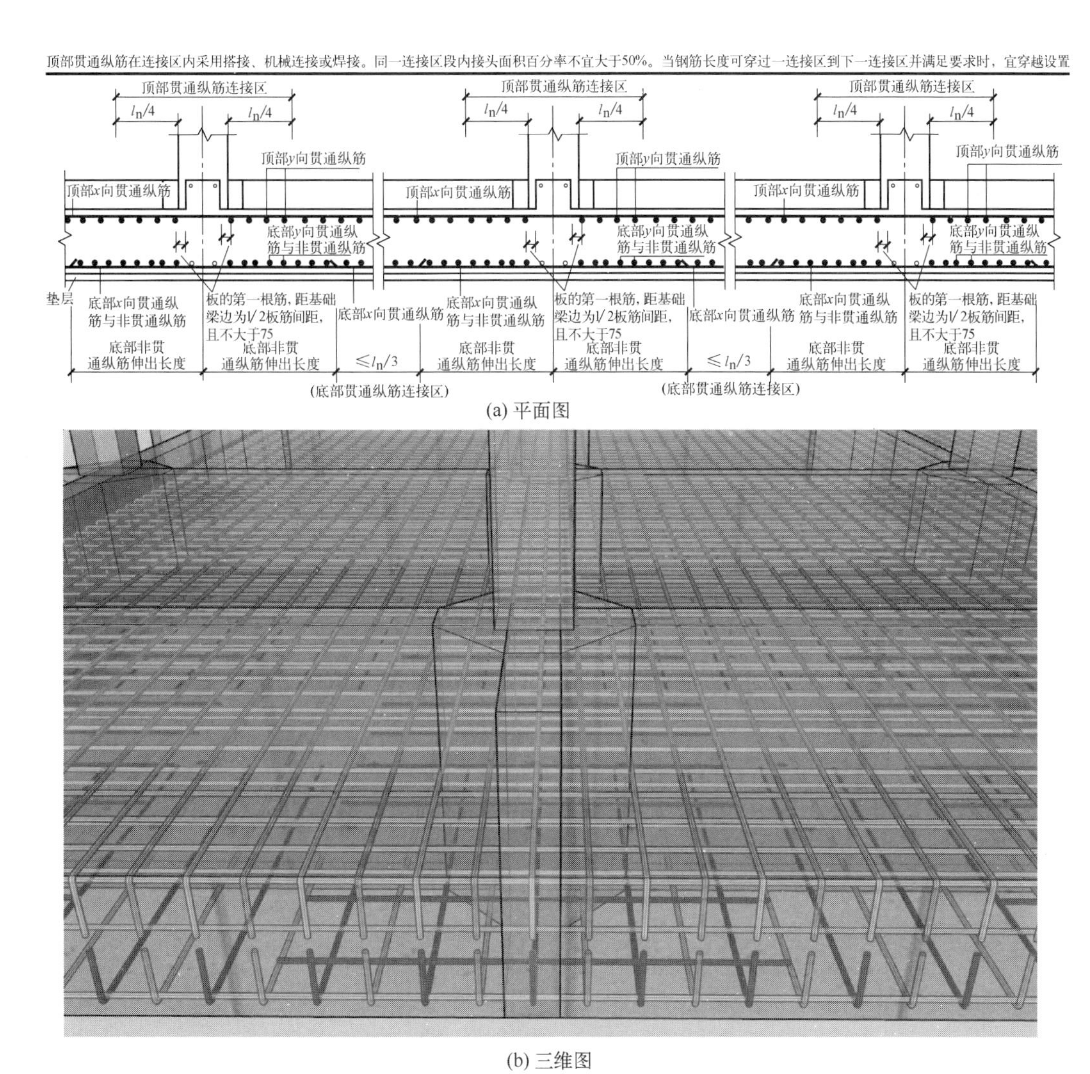

(a) 平面图

(b) 三维图

图 4-2 梁板式筏形基础平板 LPB 钢筋构造图（柱下区域）

顶部贯通纵筋在连接区内采用搭接，机械连接或焊接。同一连接区段内接头面积百分率不宜大于50%。当钢筋长度可穿过一连接区到下一连接区并满足要求时，宜穿越设置

顶部贯通纵筋连接区

$l_n/4$ $l_n/4$

顶部y向贯通纵筋

顶部x向贯通纵筋

底部y向贯通纵筋

垫层

底部x向贯通纵筋与非贯通纵筋

板的第一根筋，距基础梁边为1/2板筋间距，且不大于75

底部x向贯通纵筋

底部非贯通纵筋伸出长度

$\leqslant l_n/3$

(底部贯通纵筋连接区)

(a) 平面图

图 4-3

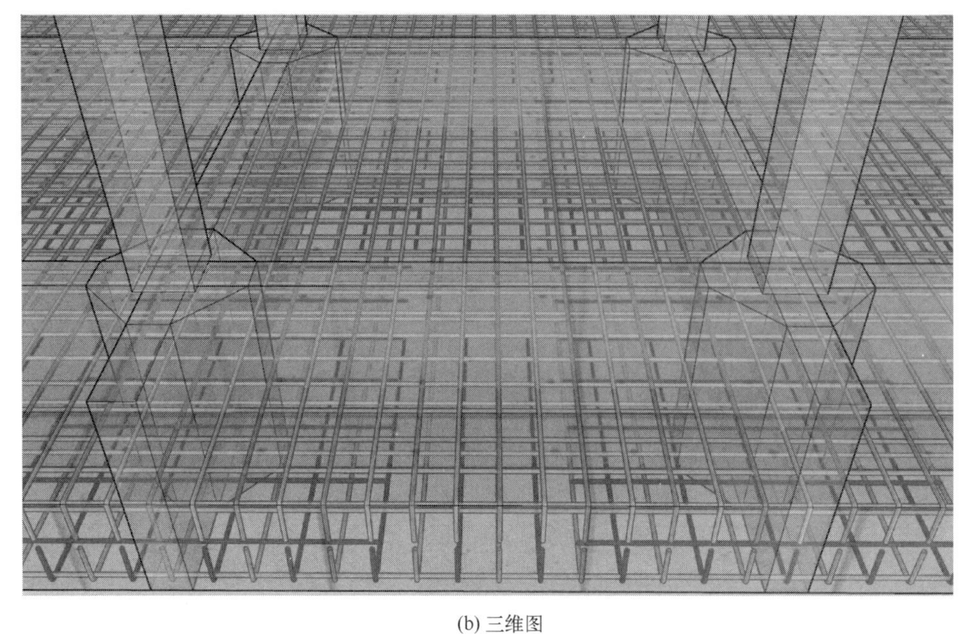

(b) 三维图

图 4-3 梁板式筏形基础平板 LPB 钢筋构造图（跨中区域）

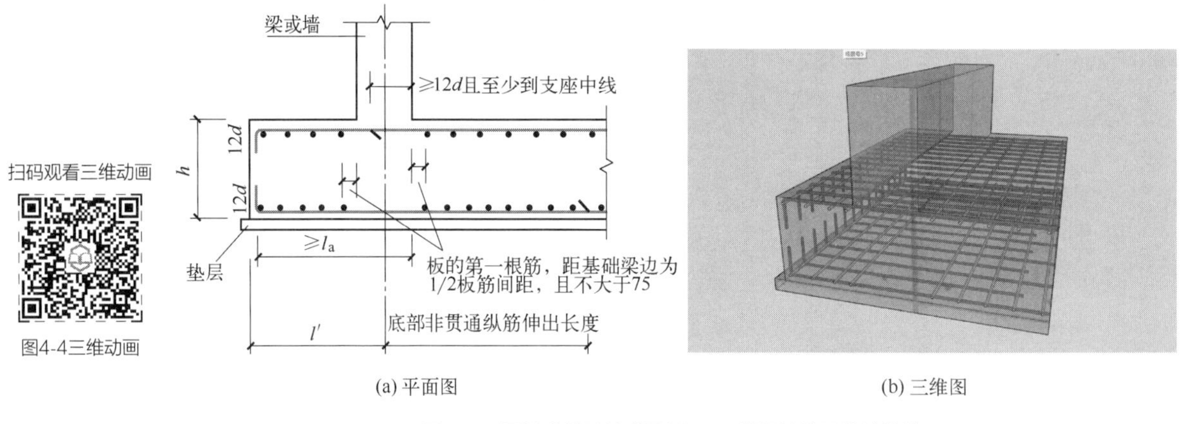

(a) 平面图　　(b) 三维图

图 4-4 梁板式筏形基础平板 LPB 端部等截面外伸构造

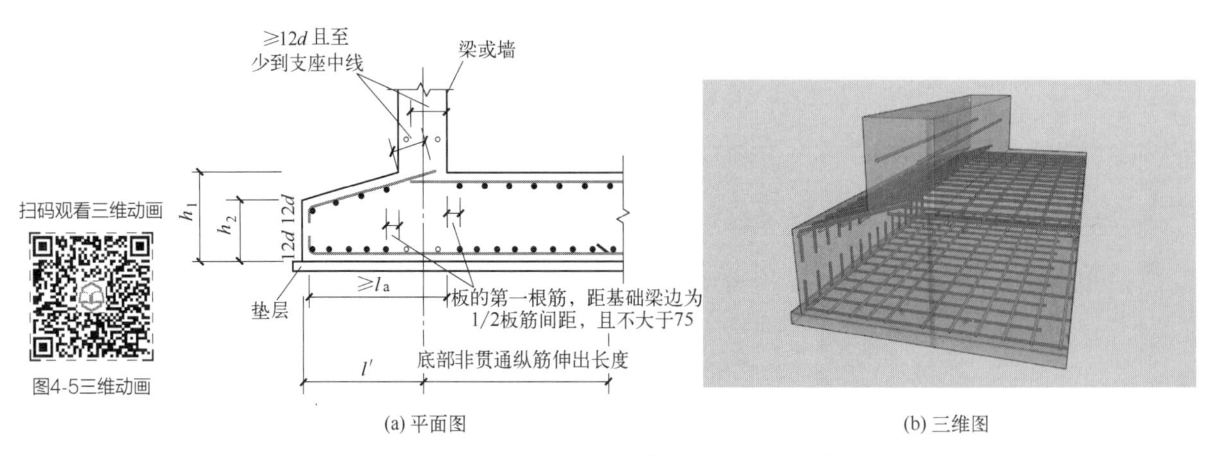

(a) 平面图　　(b) 三维图

图 4-5 梁板式筏形基础平板 LPB 端部变截面外伸构造

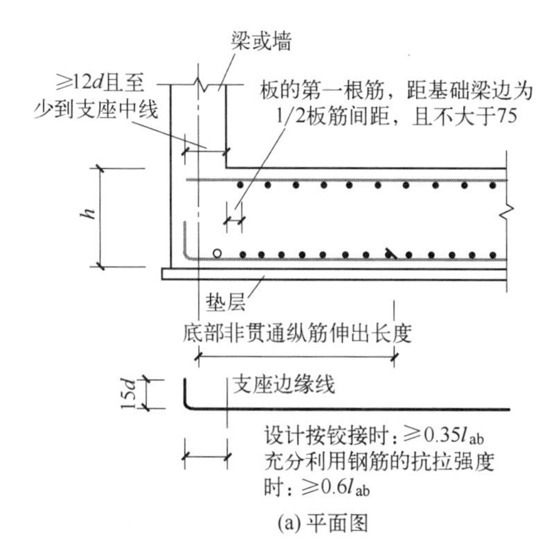

(a) 平面图

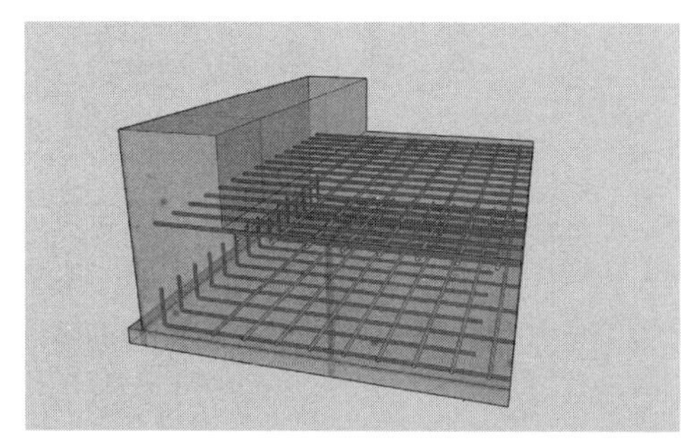
(b) 三维图

扫码观看三维动画

图4-6三维动画

图 4-6 梁板式筏形基础平板 LPB 端部无外伸构造

小贴士

（1）基础平板同一层面的交叉纵筋，何向纵筋在下，何向纵筋在上，应按具体设计说明。

（2）当梁板式筏形基础平板的变截面形式与本图不同时，其构造应由设计者设计；当要求施工方参照本图构造方式时，应提供相应改动的变更说明。

（3）端部等（变）截面外伸构造中，当从支座内边算起至外伸端头小于 l_a 时，基础平板下部钢筋应伸至端部后弯折 15d；从梁内边算起水平段长度由设计指定，当设计按铰接时应大于 0.35l_{ab}，当充分利用钢筋抗拉强度时应大于 0.6l_{ab}。

（4）板底台阶可为 45° 角或 60° 角。

4.2.3 梁板式筏形基础平板 LPB 变截面部位钢筋构造

梁板式筏形基础平板 LPB 变截面部位（板顶有高差）钢筋构造图如图 4-7 所示。梁板式筏形基础平板 LPB 变截面部位（板顶、板底均有高差）钢筋构造图如图 4-8 所示。梁板式筏形基础平板 LPB 变截面部位（板底有高差）钢筋构造图如图 4-9 所示。

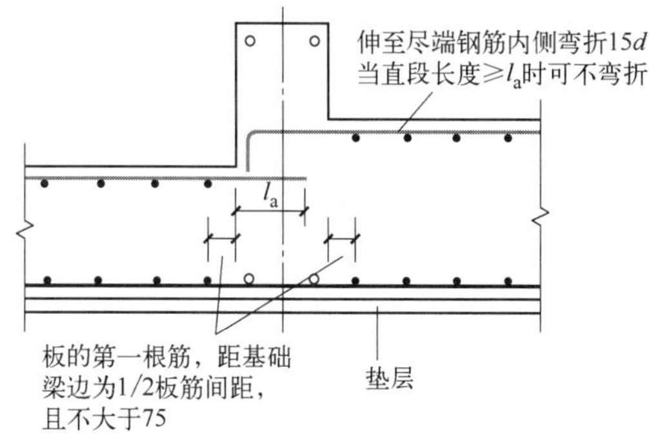

(a) 平面图

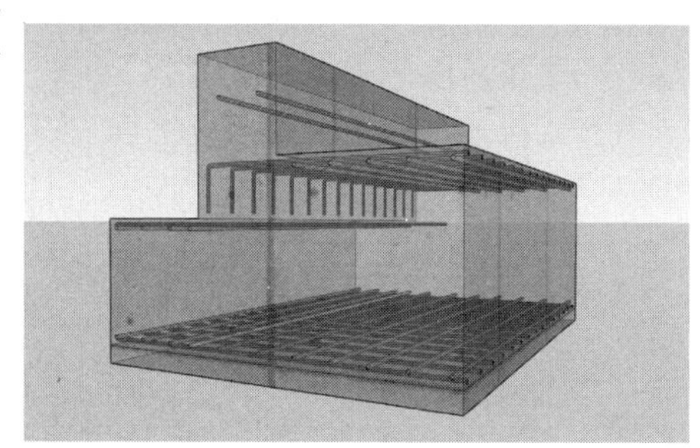
(b) 三维图

扫码观看三维动画

图4-7三维动画

图 4-7 梁板式筏形基础平板 LPB 变截面部位（板顶有高差）钢筋构造图

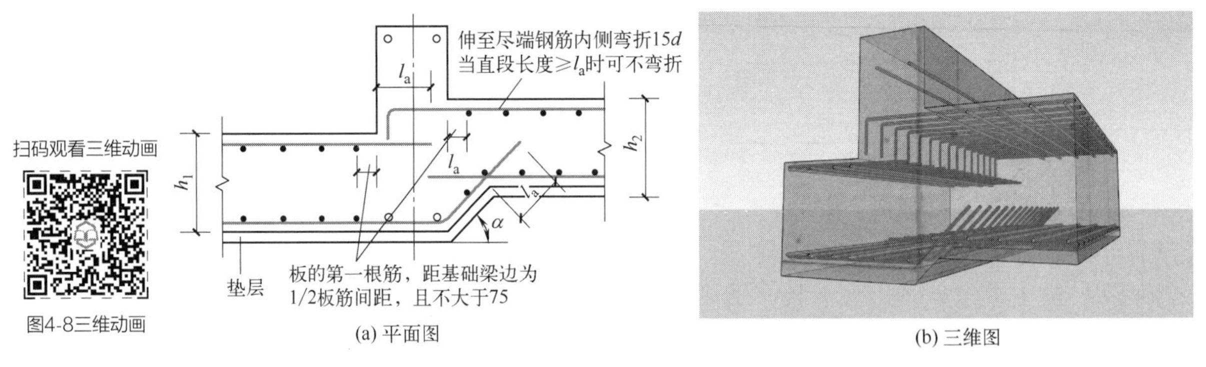

图 4-8 梁板式筏形基础平板 LPB 变截面部位（板顶、板底均有高差）钢筋构造图

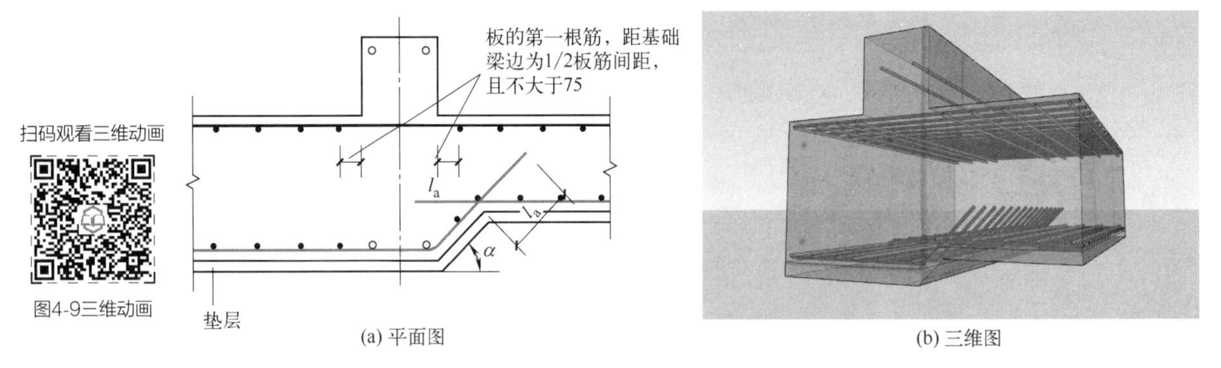

图 4-9 梁板式筏形基础平板 LPB 变截面部位（板底有高差）钢筋构造图

4.3 平板式筏形基础平法制图规则

4.3.1 平板式筏形基础平法施工图的表示方法

（1）平板式筏形基础平法施工图，系在基础平面布置图上采用平面注写方式表达。

（2）当绘制基础平面布置图时，应将平板式筏形基础与其所支承的柱、墙一起绘制。当基础底面标高不同时，需注明与基础底面基准标高不同之处的范围和标高。

4.3.2 平板式筏形基础构件的类型与编号

平板式筏形基础的平面注写表达方式有两种。一是划分为柱下板带和跨中板带进行表达；二是按基础平板进行表达。

平板式筏形基础构件编号应符合表 4-2 的规定。

表 4-2 平板式筏形基础构件编号

构件类型	代号	序号	跨数及有无外伸
柱下板带	ZXB	××	(××)或(××A)或(××B)
跨中板带	KZB	××	(××)或(××A)或(××B)
平板式筏形基础平板	BPB	××	

（1）在表 4-2 中，(××A) 为一端有外伸，(××B) 为两端有外伸，外伸不计入跨数。

举例说明

ZXB7（5B）表示第 7 号柱下板带，5 跨，两端有外伸。

（2）平板式筏形基础平板，其跨数及是否有外伸分别在 x、y 两向的贯通纵筋之后表达。图面从左至右为 x 向，从下至上为 y 向。

4.3.3 柱下板带、跨中板带的平面注写方式

柱下板带 ZXB（视其为无箍筋的宽扁梁）与跨中板带 KZB 的平面注写，同样适用于平板式筏形基础上局部有剪力墙的情况，分集中标注与原位标注两部分内容。

4.3.3.1 集中标注

柱下板带与跨中板带的集中标注，应在第一跨（x 向为左端跨，y 向为下端跨）引出。具体规定如下。

（1）注写编号，其编号规则见表 4-2。

（2）注写截面尺寸，注写 b＝××××表示板带宽度（在图注中注明基础平板厚度）。柱下板带宽度应根据规范要求与结构实际受力需要确定。当柱下板带宽度确定后，跨中板带宽度（即相邻两平行柱下板带之间的距离）亦随之确定。当柱下板带中心线偏离柱中心线时，应在平面图上标注其定位尺寸。

（3）注写底部与顶部贯通纵筋。注写底部贯通纵筋（B 打头）与顶部贯通纵筋（T 打头）的规格与间距，用分号“;”将其分隔开。柱下板带的柱下区域，通常在其底部贯通纵筋的间隔内插空设有底部附加非贯通纵筋（原位注写）。

举例说明

B⌀22@300；T⌀25@150 表示板带底部配置⌀22 间距 300mm 的贯通纵筋，板带顶部配置⌀25 间距 150mm 的贯通纵筋。

4.3.3.2 原位标注

柱下板带与跨中板带原位标注的内容主要为底部附加非贯通纵筋，具体规定如下。

（1）注写内容：以一段与板带同向的中粗虚线代表附加非贯通纵筋。柱下板带：贯穿其柱下区域绘制。跨中板带：横贯柱中线绘制。在虚线上注写底部附加非贯通纵筋的编号（如①、②等）、钢筋种类、直径、间距，以及自柱中线分别向两侧跨内的伸出长度值。当向两侧对称伸出时，长度值可仅在一侧标注，另一侧不注。外伸部位的伸出长度与方式按标准构造，设计不注。对同一板带中底部附加非贯通筋相同者，可仅在一根钢筋上注写，其他可仅在中粗虚线上注写编号。

原位注写的底部附加非贯通纵筋与集中标注的底部贯通纵筋，宜采用“隔一布一”的方式布置，即柱下板带或跨中板带底部附加非贯通纵筋与贯通纵筋交错插空布置，其标注间距与底部贯通纵筋相同（两者实际组合后的间距为各自标注间距的 1/2）。

举例说明

柱下区域注写底部附加非贯通纵筋③⏀22@300，集中标注的底部贯通纵筋也为B⏀22@300，表示在柱下区域实际设置的底部纵筋为⏀22@150。其他部位与③号筋相同的附加非贯通纵筋仅注编号③。

柱下区域注写底部附加非贯通纵筋②⏀25@300，集中标注的底部贯通纵筋为B⏀22@300，表示在柱下区域实际设置的底部纵筋为⏀25和⏀22间隔布置，相邻⏀25和⏀22之间距离为150mm。

当跨中板带在轴线区域不设置底部附加非贯通纵筋时，则不做原位注写。

（2）注写修正内容。当在柱下板带、跨中板带上集中标注的某些内容（如截面尺寸、底部与顶部贯通纵筋等）不适用于某跨或某外伸部分时，则将修正的数值原位标注在该跨或该外伸部位，施工时原位标注取值优先。

4.3.4 平板式筏形基础平板 BPB 的平面注写方式

（1）平板式筏形基础平板 BPB 的平面注写，分为集中标注与原位标注两部分内容。

基础平板 BPB 的平面注写与柱下板带 ZXB、跨中板带 KZB 的平面注写虽是不同的表达方式，但可以表达同样的内容。当整片板式筏形基础配筋比较规律时，宜采用 BPB 表达方式。

（2）平板式筏形基础平板 BPB 的集中标注，除按表 4-2 的规定注写编号外，所有规定均与梁板式筏形基础平板 LPB 的集中标注相同。

当某向底部贯通纵筋或顶部贯通纵筋的配置，在跨内有两种不同间距时，先注写跨内两端的第一种间距，并在前面加注纵筋根数（以表示其分布的范围）；再注写跨中部的第二种间距（不需加注根数）；两者用“/”分隔。

举例说明

X：B12⏀22@150/200；T10⏀20@150/200 表示基础平板 x 向底部配置⏀22的贯通纵筋，跨两端间距为150mm各配12根，跨中间距为200mm；x 向顶部配置⏀20的贯通纵筋，跨两端间距为150mm各配10根，跨中间距为200mm（纵向总长度略）。

（3）平板式筏形基础平板 BPB 的原位标注，主要表达横跨柱中心线下的底部附加非贯通纵筋。注写规定如下。

① 原位注写位置及内容。在配置相同的若干跨的第一跨，垂直于柱中线绘制一段粗虚线代表底部附加非贯通纵筋；当柱中心线下的底部附加非贯通纵筋（与柱中心线正交）沿柱中心线连续若干跨配置相同时，则在该连续跨的第一跨下原位注写，且将同规格配筋连续布置的跨数注在括号内；当有些跨配置不同时，则应分别原位注写。外伸部位的底部附加非贯通纵筋应单独注写（当与跨内某筋相同时仅注写钢筋编号）。

当底部附加非贯通纵筋横向布置的跨内有两种不同间距的底部贯通纵筋区域时，其间距应分别对应为两种，其注写形式应与贯通纵筋保持一致，即先注写跨内两端的第一种间距，并在前面加注纵筋根数；再注写跨中部的第二种间距（不需加注根数）；两者用“/”分隔。

② 当某些柱中心线下的基础平板底部附加非贯通纵筋横向配置相同时（其底部、顶部的贯通纵筋可以不同），可仅在一条中心线下做原位注写，并在其他柱中心线上注明“该柱中心线下基础平板底部附加非贯通纵筋同××柱中心线”。

（4）平板式筏形基础平板 BPB 的平面注写规定，同样适用于平板式筏形基础上局部有剪力墙的情况。

4.4 平板式筏形基础标准构造识图

4.4.1 平板式筏基柱下板带 ZXB 与跨中板带 KZB 纵向钢筋构造

平板式筏基柱下板带 ZXB 与跨中板带 KZB 纵向钢筋构造三维图如图 4-10 所示。

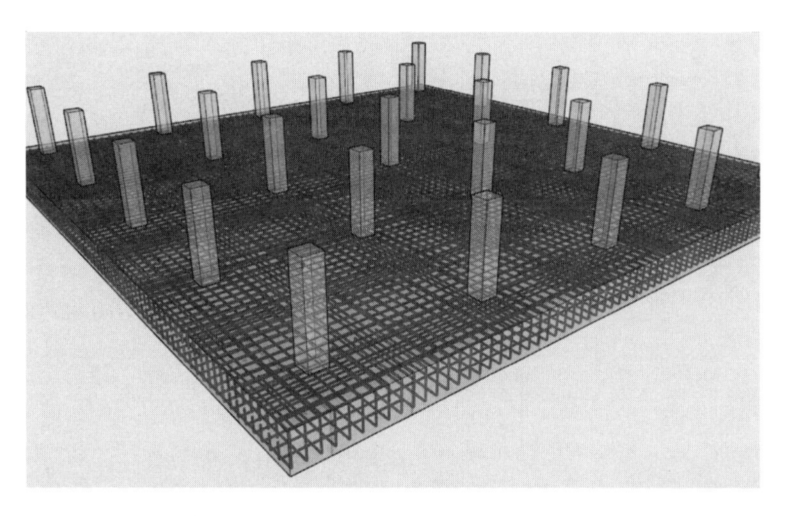

扫码观看三维动画

图4-10三维动画

图 4-10 平板式筏基柱下板带 ZXB 与跨中板带 KZB 纵向钢筋构造三维图

平板式筏基柱下板带 ZXB 纵向钢筋构造图如图 4-11 所示。平板式筏基跨中板带 KZB 纵向钢筋构造图如图 4-12 所示。

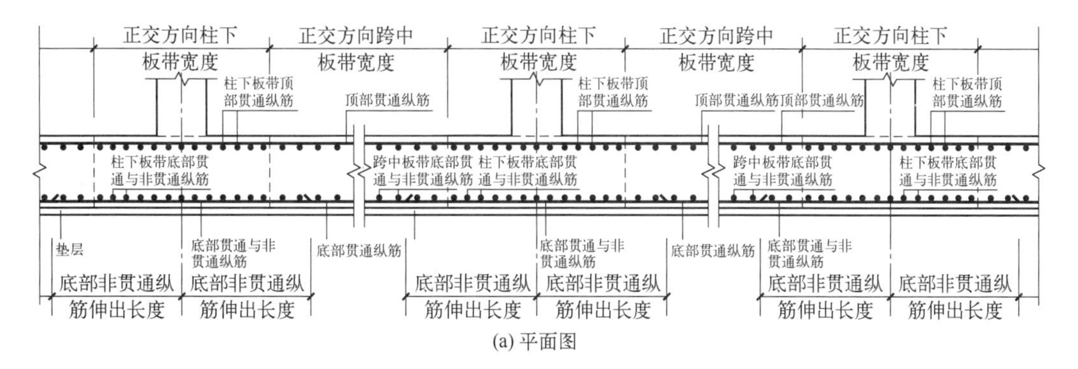

(a) 平面图

图 4-11

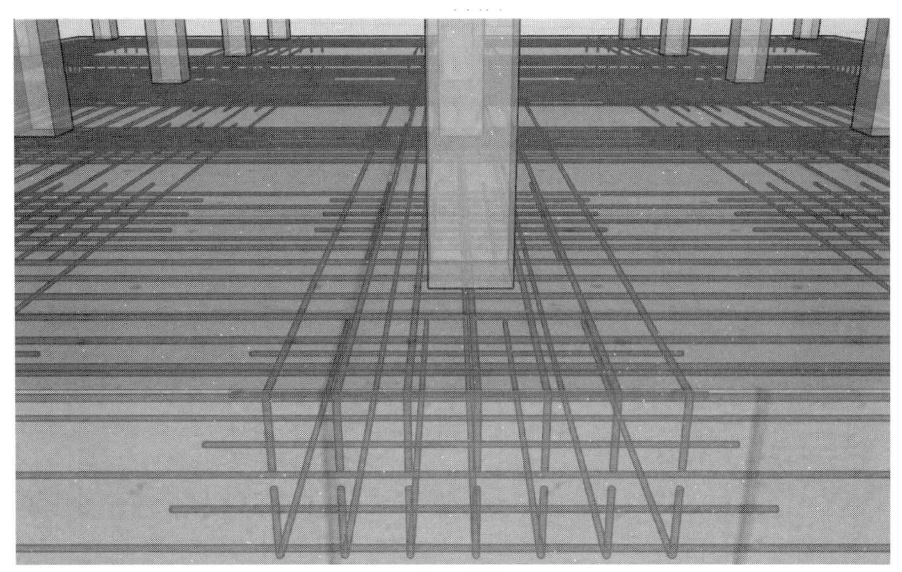

(b) 三维图

图 4-11　平板式筏基柱下板带 ZXB 纵向钢筋构造图

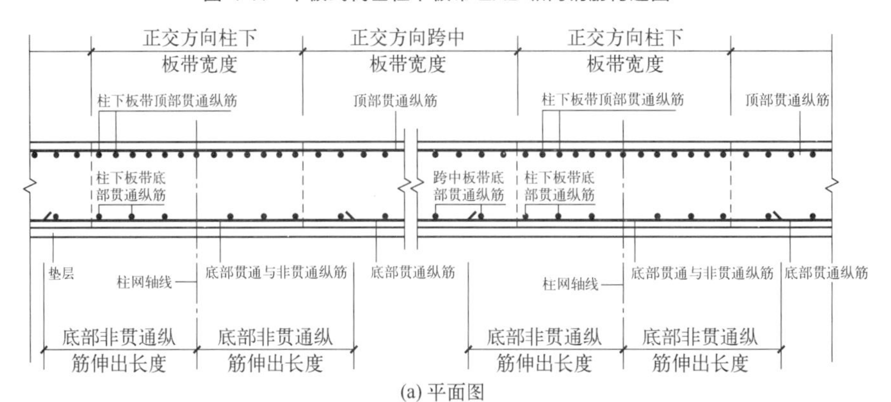

(a) 平面图

(b) 三维图

图 4-12　平板式筏基跨中板带 KZB 纵向钢筋构造图

4.4.2 平板式筏形基础平板 BPB 钢筋构造

平板式筏形基础平板 BPB 钢筋构造三维图如图 4-13 所示。

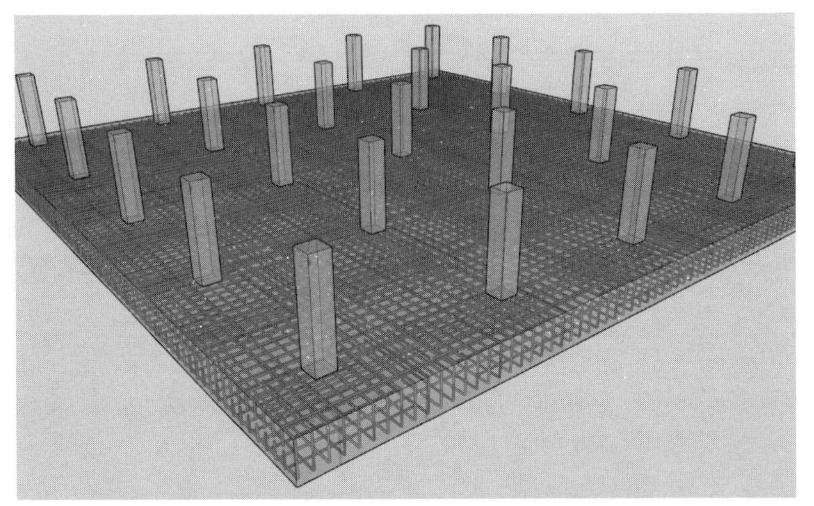

图 4-13 平板式筏形基础平板 BPB 钢筋构造三维图

扫码观看三维动画

图4-13三维动画

平板式筏形基础平板 BPB 柱下区域钢筋构造图如图 4-14 所示。平板式筏形基础平板 BPB 跨中区域钢筋构造图如图 4-15 所示。

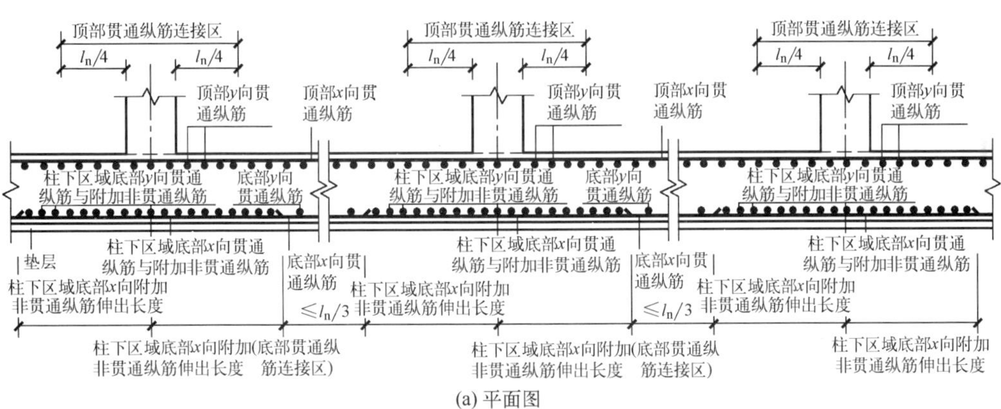

(a) 平面图

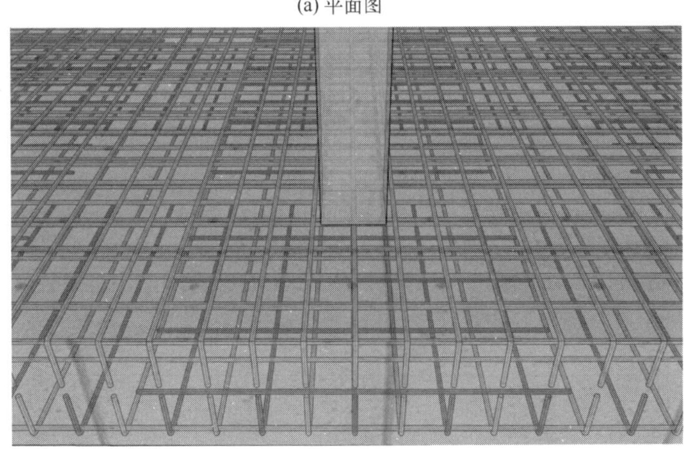

(b) 三维图

图 4-14 平板式筏形基础平板 BPB 柱下区域钢筋构造图

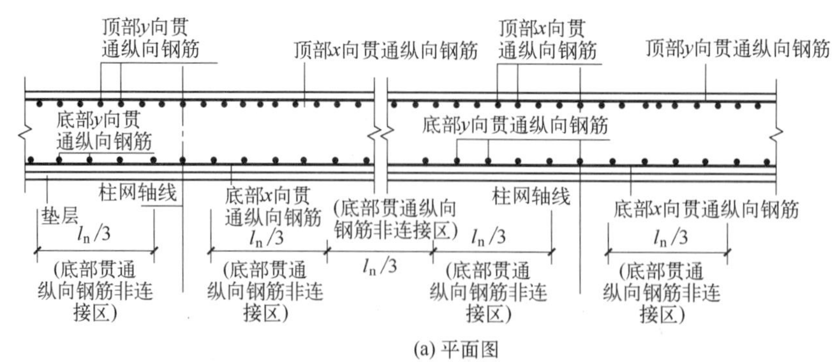

(a) 平面图

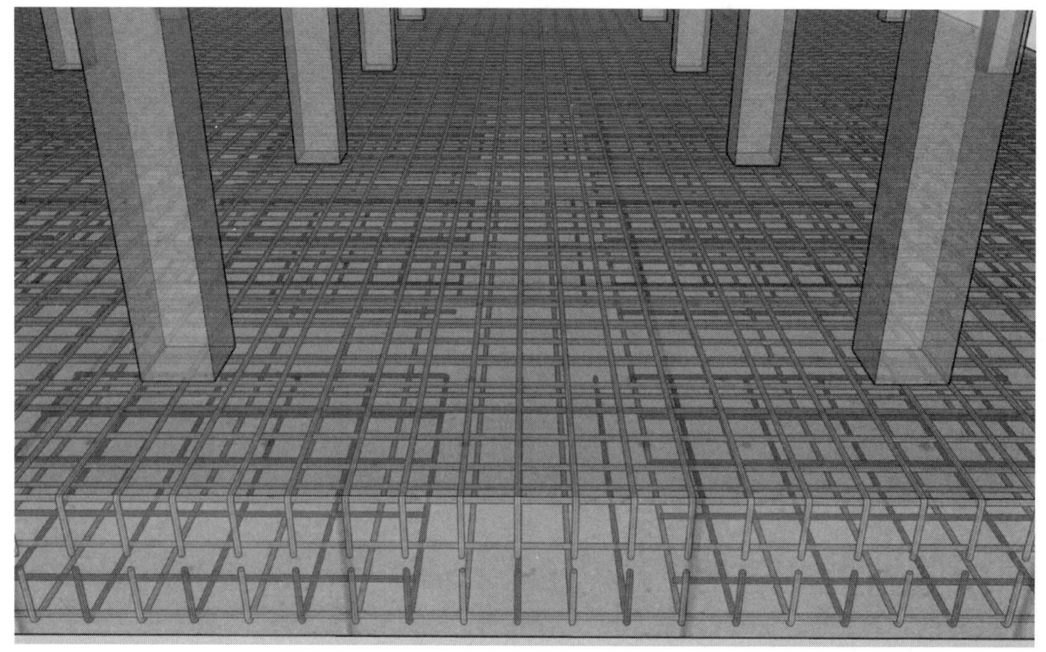

(b) 三维图

图 4-15　平板式筏形基础平板 BPB 跨中区域钢筋构造图

小贴士

平板式筏形基础平板 BPB 跨中区域顶部贯通纵筋连接区同柱下区域。

基础平板同一层面的交叉纵筋，哪个方向的纵筋在下，哪个方向的纵筋在上，按具体设计说明。

4.4.3　平板式筏形基础平板（ZXB、KZB、BPB）变截面部位钢筋构造

4.4.3.1　变截面部位钢筋构造

平板式筏形基础平板（ZXB、KZB、BPB）（板顶有高差）变截面部位钢筋构造图如图 4-16 所示。平板式筏形基础平板（ZXB、KZB、BPB）（板顶、板底均有高差）变截面部位钢筋构造图如图 4-17 所示。平板式筏形基础平板（ZXB、KZB、BPB）（板底有高差）变截面部位钢筋构造图如图 4-18 所示。

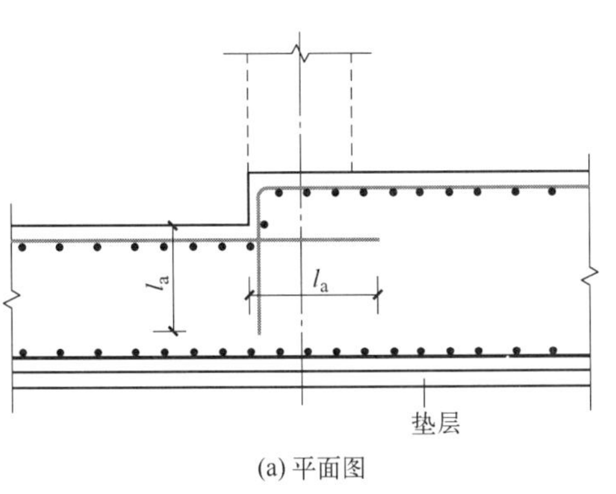

(a) 平面图

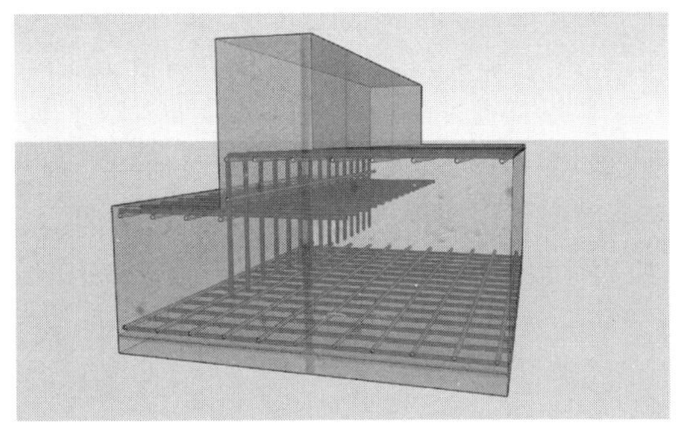

(b) 三维图

扫码观看三维动画

图4-16三维动画

图 4-16 平板式筏形基础平板（ZXB、 KZB、 BPB）（板顶有高差）变截面部位钢筋构造图

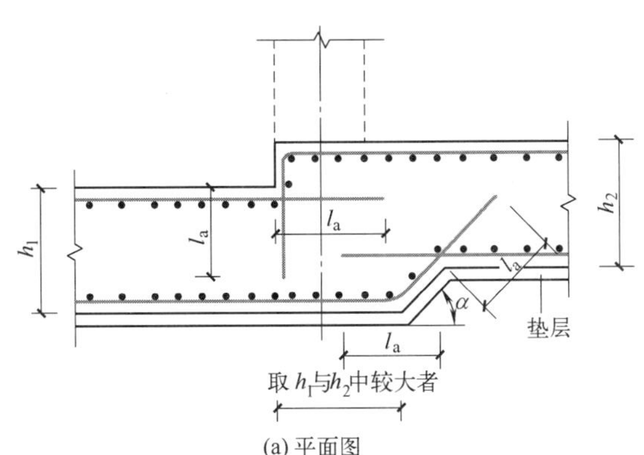

(a) 平面图

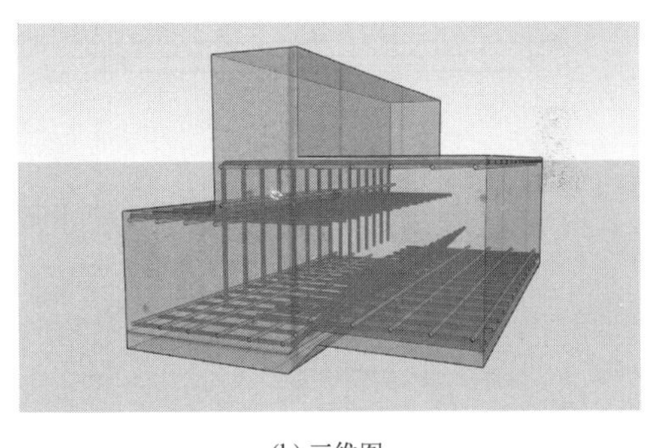

(b) 三维图

扫码观看三维动画

图4-17三维动画

图 4-17 平板式筏形基础平板（ZXB、 KZB、 BPB）（板顶、板底均有高差）变截面部位钢筋构造图

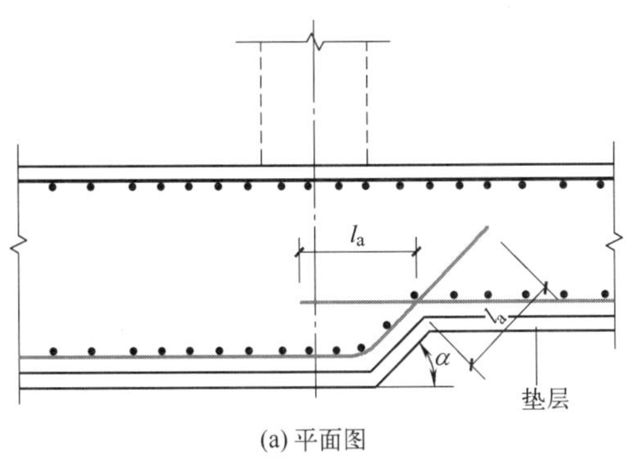

(a) 平面图

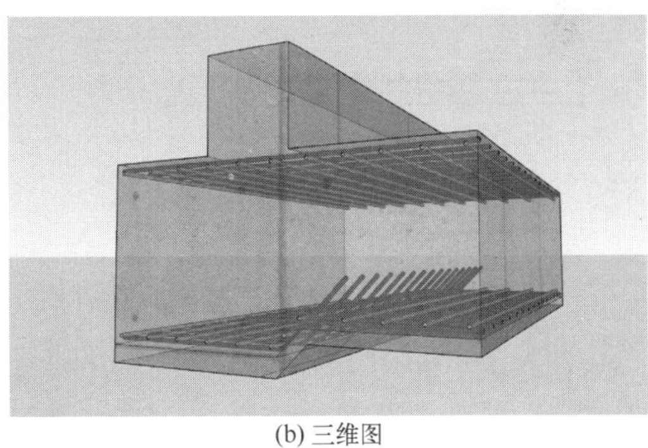

(b) 三维图

扫码观看三维动画

图4-18三维动画

图 4-18 平板式筏形基础平板（ZXB、 KZB、 BPB）（板底有高差）变截面部位钢筋构造图

小贴士

（1）图 4-18 构造规定适用于设置或未设置柱下板带和跨中板带的板式筏形基础的变截面部位的钢筋构造。

（2）当板式筏形基础平板的变截面形式与图 4-18 不同时，其构造应由设计者设计；当要求施工方参照图 4-18 构造方式时，应提供相应改动的变更说明。

（3）板底台阶可为 45° 角或 60° 角。

4.4.3.2　变截面部位中层钢筋构造

平板式筏形基础平板（ZXB、KZB、BPB）（板顶有高差）变截面部位中层钢筋构造图如图 4-19 所示。平板式筏形基础平板（ZXB、KZB、BPB）（板顶、板底均有高差）变截面部位中层钢筋构造图如图 4-20 所示。平板式筏形基础平板（ZXB、KZB、BPB）（板底有高差）变截面部位中层钢筋构造图如图 4-21 所示。

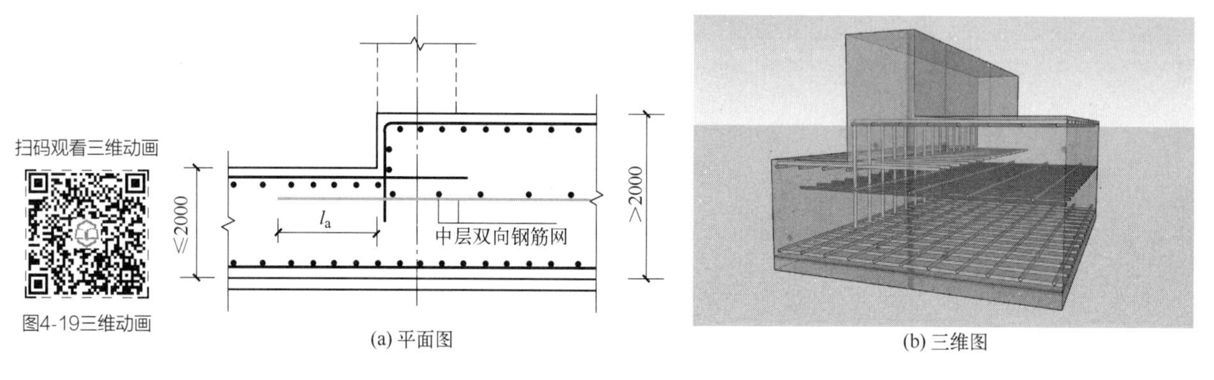

图 4-19　平板式筏形基础平板（ZXB、KZB、BPB）（板顶有高差）变截面部位中层钢筋构造图

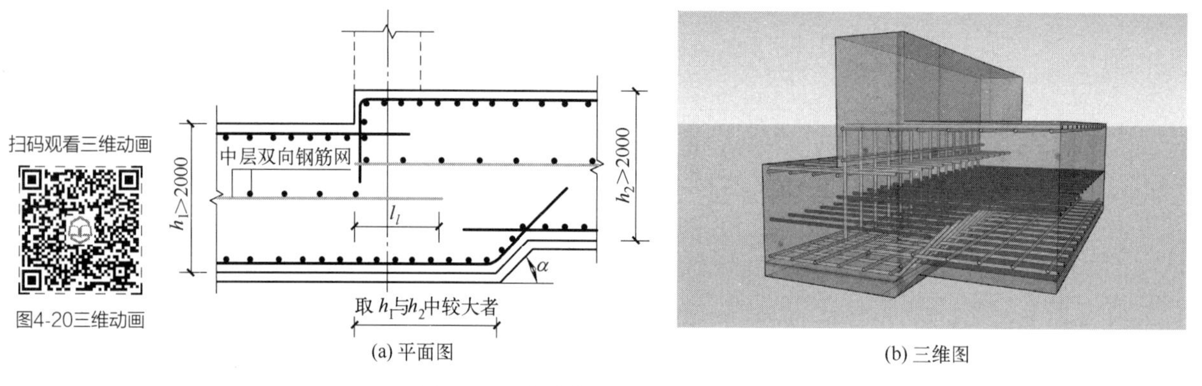

图 4-20　平板式筏形基础平板（ZXB、KZB、BPB）（板顶、板底均有高差）变截面部位中层钢筋构造图

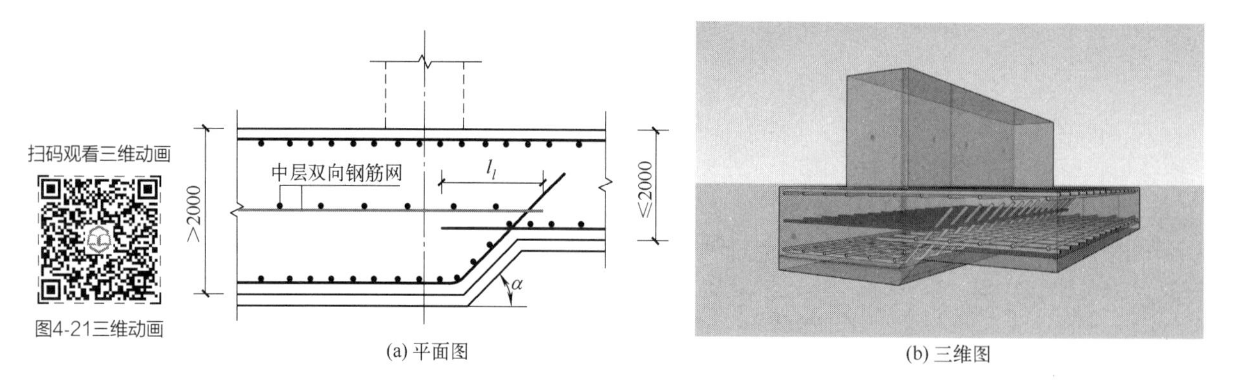

图 4-21　平板式筏形基础平板（ZXB、KZB、BPB）（板底有高差）变截面部位中层钢筋构造图

小贴士

中层双向钢筋网直径不宜小于 12mm，间距不宜大于 300mm。

4.4.4　平板式筏形基础平板（ZXB、KZB、BPB）端部与外伸部位钢筋构造

4.4.4.1　端部与外伸部位钢筋构造

平板式筏形基础平板（ZXB、KZB、BPB）端部无外伸构造（一）如图 4-22 所示。平板式筏形基础平板（ZXB、KZB、BPB）端部无外伸构造（二）如图 4-23 所示。平板式筏形基础平板（ZXB、KZB、BPB）端部等截面外伸构造如图 4-24 所示。

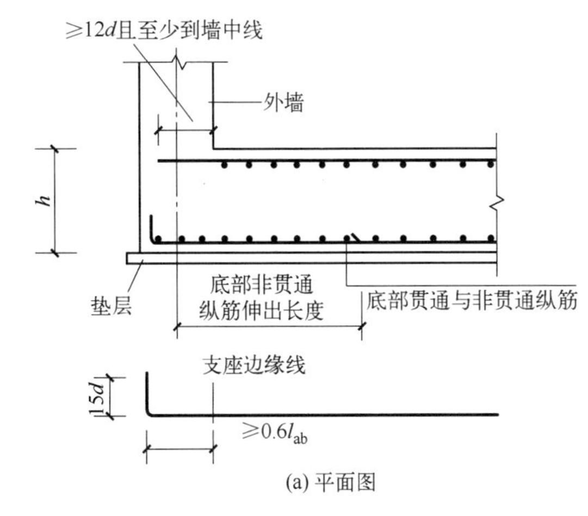

(a) 平面图

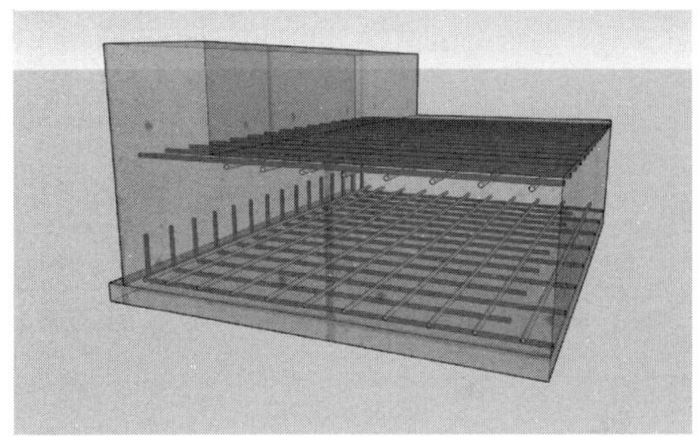

(b) 三维图

扫码观看三维动画

图4-22三维动画

图 4-22　平板式筏形基础平板（ZXB、KZB、BPB）端部无外伸构造（一）

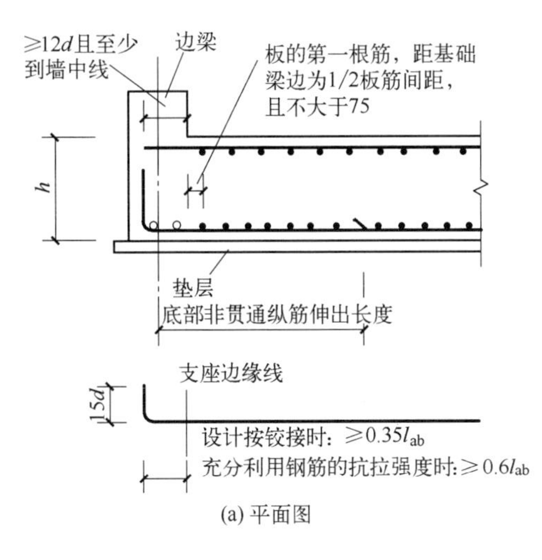

(a) 平面图

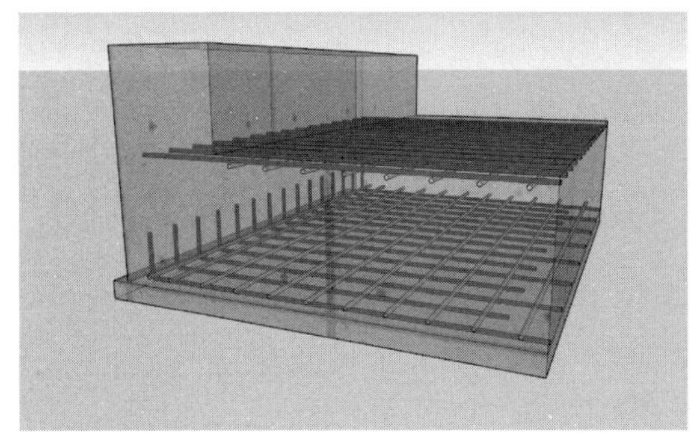

(b) 三维图

扫码观看三维动画

图4-23三维动画

图 4-23　平板式筏形基础平板（ZXB、KZB、BPB）端部无外伸构造（二）

扫码观看三维动画

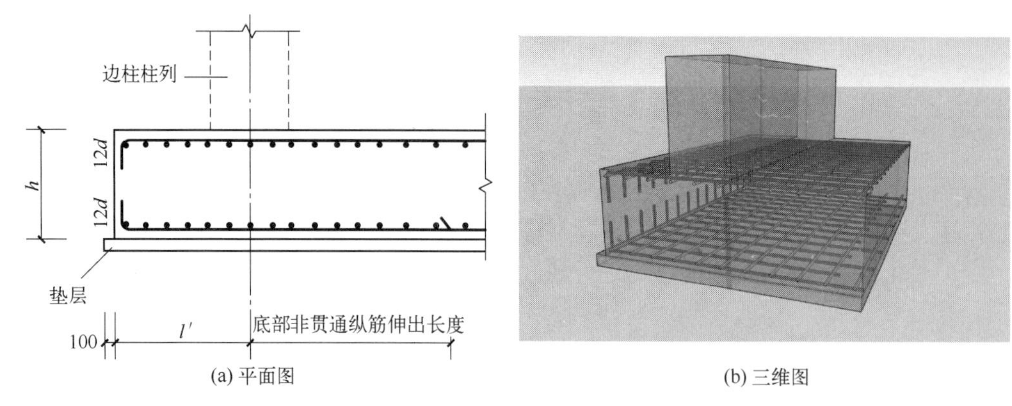

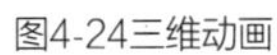

图4-24三维动画

(a) 平面图　　(b) 三维图

图 4-24　平板式筏形基础平板（ZXB、KZB、BPB）端部等截面外伸构造

小贴士

端部无外伸构造（一）（图 4-22）中，当设计指定采用墙外侧纵筋与底板纵筋搭接的做法时，基础底板下部钢筋弯折段应伸至基础顶面标高处。

筏板底部非贯通纵筋伸出长度 l' 应由具体工程设计确定。

4.4.4.2　板边缘侧面封边构造

平板式筏形基础平板（ZXB、KZB、BPB）板边缘侧面封边构造（U 形筋构造封边方式）如图 4-25 所示。平板式筏形基础平板（ZXB、KZB、BPB）板边缘侧面封边构造（纵筋弯钩交错封边方式）如图 4-26 所示。

扫码观看三维动画

图4-25三维动画

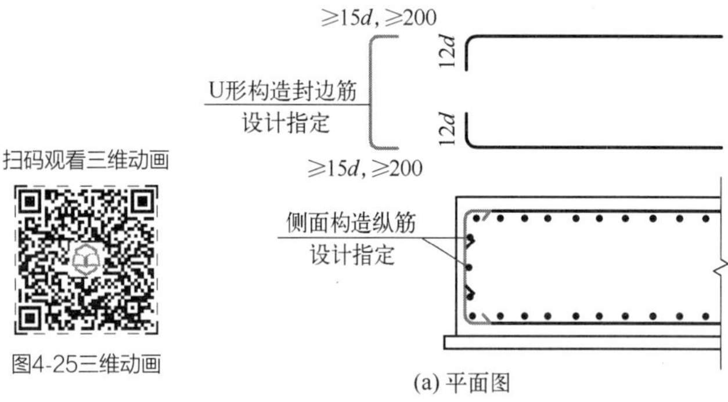

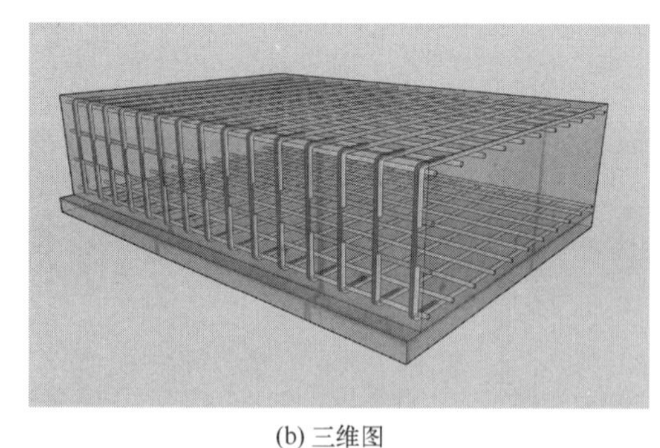

(a) 平面图　　(b) 三维图

图 4-25　平板式筏形基础平板（ZXB、KZB、BPB）板边缘侧面封边构造（U 形筋构造封边方式）

扫码观看三维动画

图4-26三维动画

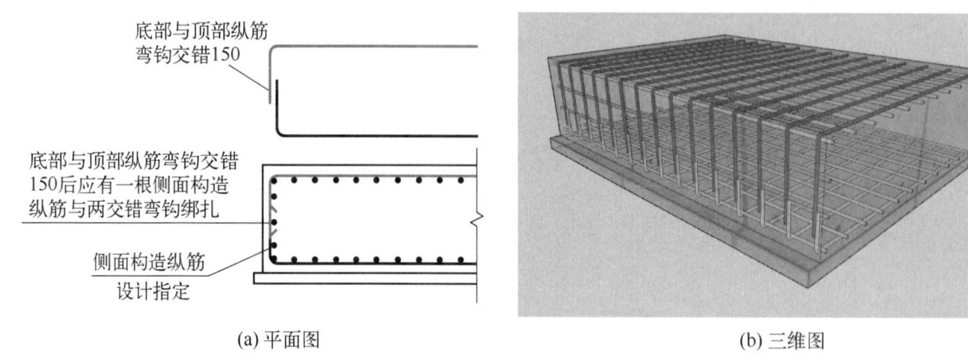

(a) 平面图　　(b) 三维图

图 4-26　平板式筏形基础平板（ZXB、KZB、BPB）板边缘侧面封边构造（纵筋弯钩交错封边方式）

小贴士

板边缘侧面封边构造外伸部位变截面时侧面构造相同，同样用于梁板式筏形基础部位，采用何种做法由设计者指定，当设计者未指定时，施工单位可根据实际情况自选一种做法。

4.4.4.3 中层筋端头构造

平板式筏形基础平板（ZXB、KZB、BPB）中层筋端头构造如图 4-27 所示。

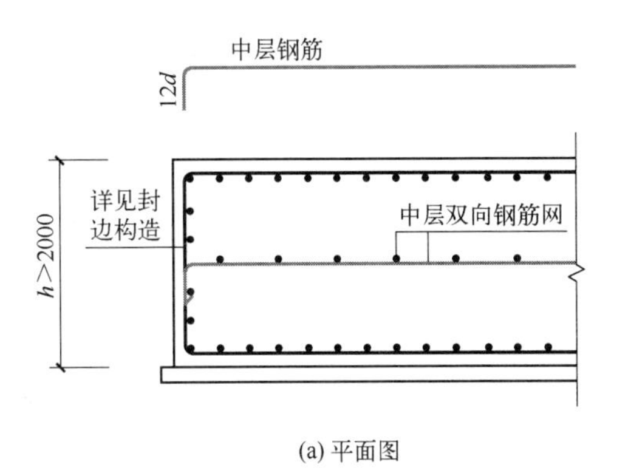

(a) 平面图

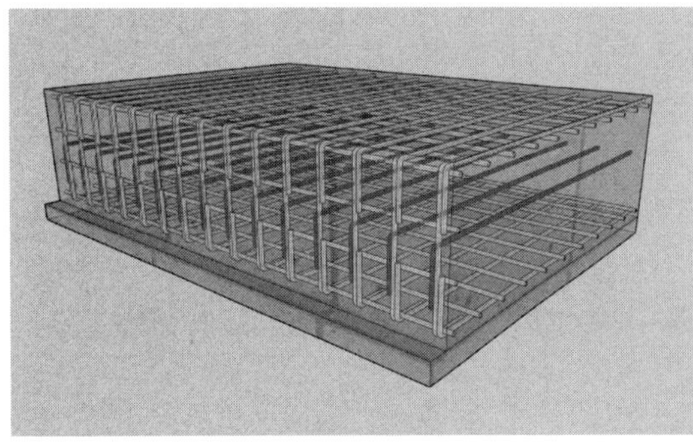

(b) 三维图

扫码观看三维动画

图4-27三维动画

图 4-27 平板式筏形基础平板（ZXB、KZB、BPB）中层筋端头构造

5 柱构件识图方法与实例

5.1 柱构件平法制图规则

5.1.1 柱平法施工图的表示方法

（1）柱平法施工图系在柱平面布置图上采用列表注写方式或截面注写方式表达。

（2）柱平面布置图可采用适当比例单独绘制，也可与剪力墙平面布置图合并绘制。

（3）在柱平法施工图中，应按规定注明各结构层的楼面标高、结构层高及相应的结构层号，尚应注明上部结构嵌固部位位置。

（4）上部结构嵌固部位的注写：

① 框架柱嵌固部位在基础顶面时，无须注明；

② 框架柱嵌固部位不在基础顶面时，在层高表嵌固部位标高下使用双细线注明，并在层高表下注明上部结构嵌固部位标高；

③ 框架柱嵌固部位不在地下室顶板，但仍需考虑地下室顶板对上部结构实际存在嵌固作用时，可在层高表地下室顶板标高下使用双虚线注明，此时首层柱端箍筋加密区长度范围及纵向钢筋（也称“纵筋”）连接位置均按嵌固部位要求设置。

5.1.2 列表注写方式

列表注写方式，系在柱平面布置图上（一般只需采用适当比例绘制一张柱平面布置图，包括框架柱、转换柱、芯柱等），分别在同一编号的柱中选择一个（有时需要选择几个）截面标注几何参数代号；在柱表中注写柱编号、柱段起止标高、几何尺寸（含柱截面对轴线的定位情况）与配筋的具体数值，并配以柱截面形状及其箍筋类型的方式来表达柱平法施工图。

柱表注写内容规定如下。

（1）注写柱编号，柱编号由类型代号和序号组成，应符合表 5-1 的规定。

（2）注写各段柱的起止标高，自柱根部往上以变截面位置或截面未变但配筋改变处为界分段注写。

表 5-1 柱编号

柱类型	类型代号	序号
框架柱	KZ	××
转换柱	ZHZ	××
芯柱	XZ	××

注：编号时，当柱的总高、分段截面尺寸和配筋均对应相同，仅截面与轴线的关系不同时，仍可将其编为同一柱号，但应在图中注明截面与轴线的关系。

梁上起框架柱的根部标高系指梁顶面标高；剪力墙上起框架柱的根部标高为墙顶面标高。从基础起的柱，其根部标高系指基础顶面标高。

当屋面框架梁上翻时，框架柱顶标高应为梁顶面标高。

芯柱的根部标高系指根据结构实际需要而定的起始位置标高。

(3) 对于矩形柱，注写柱截面尺寸 $b \times h$ 及与轴线关系的几何参数代号 b_1、b_2 和 h_1、h_2 的具体数值（b_1、b_2、h_1、h_2 分别为柱的左右两边和下上两边到轴线的距离），需对应于各段柱分别注写。其中 $b=b_1+b_2$，$h=h_1+h_2$。当截面的某一边收缩变化至与轴线重合或偏到轴线的另一侧时，b_1、b_2、h_1、h_2 中的某项为零或为负值。

对于圆柱，表中 $b \times h$ 一栏改用在圆柱直径数字前加 d 表示。为表达简单，圆柱截面与轴线的关系也用 b_1、b_2 和 h_1、h_2 表示，并使 $d=b_1+b_2=h_1+h_2$。

对于芯柱，根据结构需要，可以在某些框架柱的一定高度范围内，在其内部的中心位置设置（分别引注其柱编号）。芯柱中心应与柱中心重合，并标注其截面尺寸。芯柱定位随框架柱，不需要注写其与轴线的几何关系。

(4) 注写柱纵筋。当柱纵筋直径相同，各边根数也相同时（包括矩形柱、圆柱和芯柱），将纵筋注写在“全部纵筋”一栏中；除此之外，柱纵筋分角筋、截面 b 边中部筋和 h 边中部筋三项分别注写（对于采用对称配筋的矩形截面柱，可仅注写一侧中部筋，对称边省略不注；对于采用非对称配筋的矩形截面柱，必须每侧均注写中部筋）。

(5) 注写箍筋类型编号及箍筋肢数，在箍筋类型栏内按表 5-2 规定的箍筋类型编号和箍筋肢数注写。箍筋肢数可有多种组合，应在表中注明具体的数值：m、n 及 Y（圆形箍）等。

表 5-2 箍筋类型表

箍筋类型编号	箍筋肢数	复合方式
1	$m \times n$	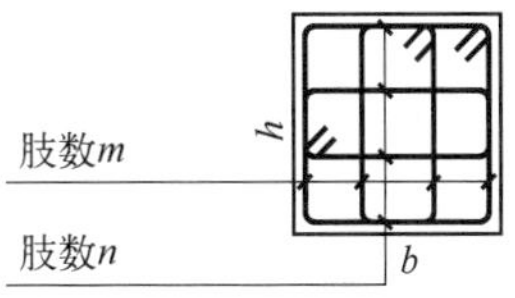
2	—	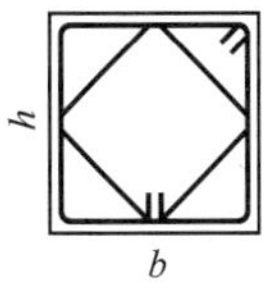

续表

箍筋类型编号	箍筋肢数	复合方式
3	—	h b
4	Y+$m \times n$ 圆形箍	肢数m 肢数n d

注：1. 确定箍筋肢数时应满足对柱纵筋“隔一拉一”以及箍筋肢距的要求。

2. 具体工程设计时，若采用超出本表所列举的箍筋类型或标准构造详图中的箍筋复合方式，应在施工图中另行绘制，并标注与施工图中对应的 b 和 h。

（6）注写柱箍筋，包括钢筋种类、直径与间距。

用斜线“/”区分柱端箍筋加密区与柱身非加密区长度范围内箍筋的不同间距。施工人员需根据标准构造详图的规定，在规定的几种长度值中取其最大者作为加密区长度。当框架节点核心区内箍筋与柱端箍筋设置不同时，应在括号中注明核心区箍筋直径及间距。

举例说明

Φ10@100/200，表示箍筋为 HPB300 钢筋，直径为 10mm，加密区间距为 100mm，非加密区间距为 200mm。

Φ10@100/200（Φ12@100），表示柱中箍筋为 HPB300 钢筋，直径为 10mm，加密区间距为 100mm，非加密区间距为 200mm。框架节点核心区箍筋为 HPB300 级钢筋，直径为 12mm，间距为 100mm。

当箍筋沿柱全高为一种间距时，则不使用“/”线。

举例说明

Φ10@100，表示沿柱全高范围内箍筋均为 HPB300，钢筋直径为 10mm，间距为 100mm。

当圆柱采用螺旋箍筋时，需在箍筋前加“L”。

举例说明

LΦ10@100/200，表示采用螺旋箍筋，HPB300，钢筋直径为 10mm，加密区间距为 100mm，非加密区间距为 200mm。

5.1.3 截面注写方式

截面注写方式，系在柱平面布置图的柱截面上，分别在同一编号的柱中选择一个截面，以直接注写截面尺寸和配筋具体数值的方式来表达柱平法施工图。

对除芯柱之外的所有柱截面应按规定进行编号，从相同编号的柱中选择一个截面，按另一种比例原位放大绘制柱截面配筋图，并在各配筋图上继其编号后再注写截面尺寸 $b \times h$、角筋或全部纵筋（当纵筋采用一种直径且能够图示清楚时）、箍筋的具体数值，以及在柱截面配筋图上标注表示柱截面与轴线关系的参数 b_1、b_2、h_1、h_2 的具体数值。

当纵筋采用两种直径时，需再注写截面各边中部筋的具体数值（对于采用对称配筋的矩形截面柱，可仅在一侧注写中部筋，对称边省略不注）。

当在某些框架柱的一定高度范围内，在其内部的中心位置设置芯柱时，先进行编号，继其编号之后注写芯柱的起止标高、全部纵筋及箍筋的具体数值，芯柱截面尺寸按构造确定。芯柱定位随框架柱，不需要注写其与轴线的几何关系。

在截面注写方式中，如柱的分段截面尺寸和配筋均相同，仅截面与轴线的关系不同时，可将其编为同一柱号。但此时应在未画配筋的柱截面上注写该柱截面与轴线关系的具体尺寸。

5.2 柱构件识图方法

5.2.1 框架柱平法施工图识图内容和步骤

5.2.1.1 框架柱平法施工图识图内容

(1) 图名和比例。柱平法施工图的比例应与建筑平面图相同。

(2) 定位轴线及其编号、间距尺寸。

(3) 柱的编号、平面布置及其与轴线的几何关系。

(4) 每一种编号柱的标高、截面尺寸、纵筋和箍筋的配置情况。

(5) 必要的设计说明（包括对混凝土等材料性能的要求）。

5.2.1.2 框架柱平法施工图识图步骤

(1) 查看图名、比例。

(2) 校核轴线编号及其间距尺寸，要求必须与建筑图、基础平面图保持一致。

(3) 与建筑图配合，明确各柱的编号、数量及位置。

(4) 阅读结构设计总说明或有关说明，明确柱的混凝土强度等级。

(5) 根据各柱的编号，查阅图中的截面标注或柱表，明确柱的标高、截面尺寸和配筋情况；再根据抗震等级、设计要求和标准构造详图确定纵向钢筋和箍筋的构造要求，如纵向钢筋连接的方式、位置和搭接长度、弯折要求、柱头锚固要求、箍筋加密的范围。

5.2.2 框架柱标准构造识图

5.2.2.1 KZ 纵向钢筋连接构造

KZ 纵向钢筋连接构造如图 5-1 所示。KZ 箍筋加密区范围如图 5-2 所示。

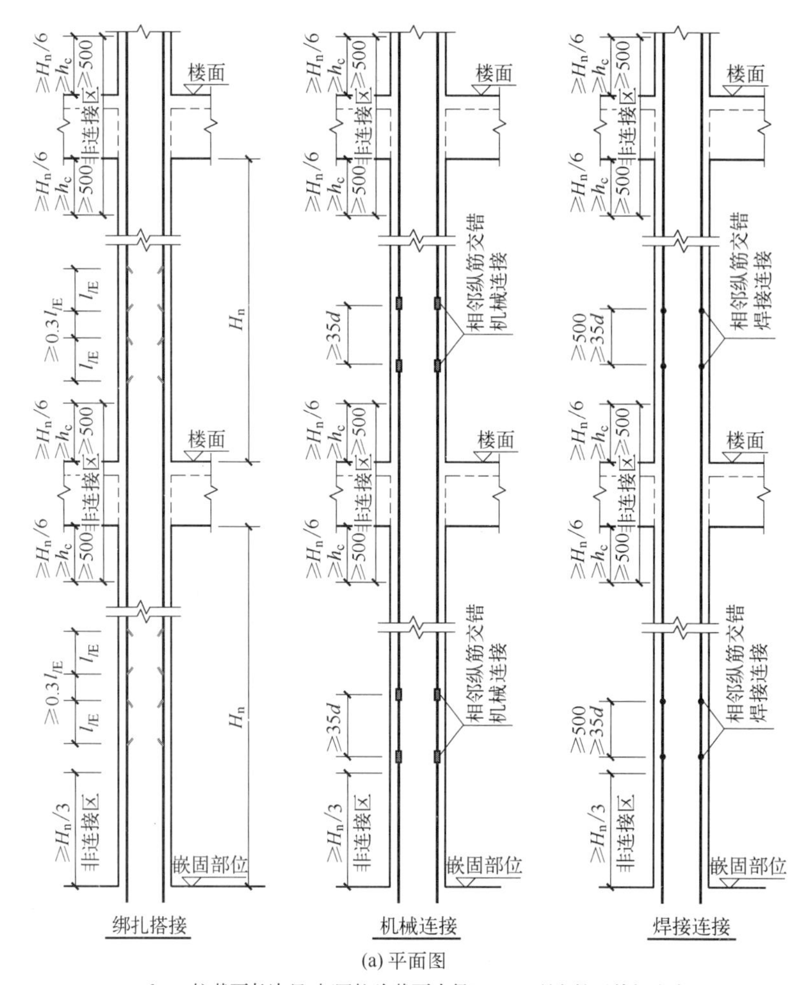

(a) 平面图

h_c—柱截面长边尺寸(圆柱为截面直径)；H_n—所在楼层的柱净高

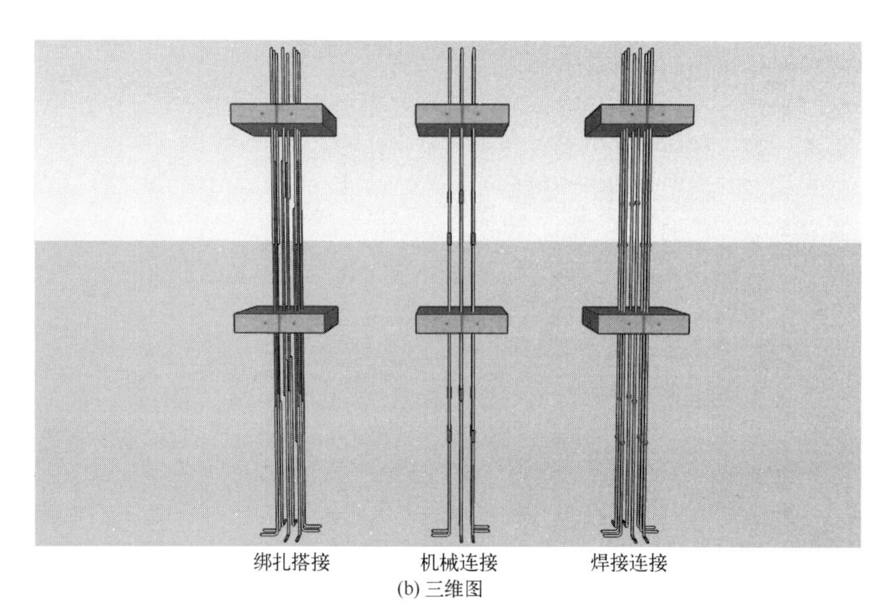

绑扎搭接　机械连接　焊接连接

(b) 三维图

图 5-1　KZ 纵向钢筋连接构造

扫码观看三维动画

图5-1三维动画

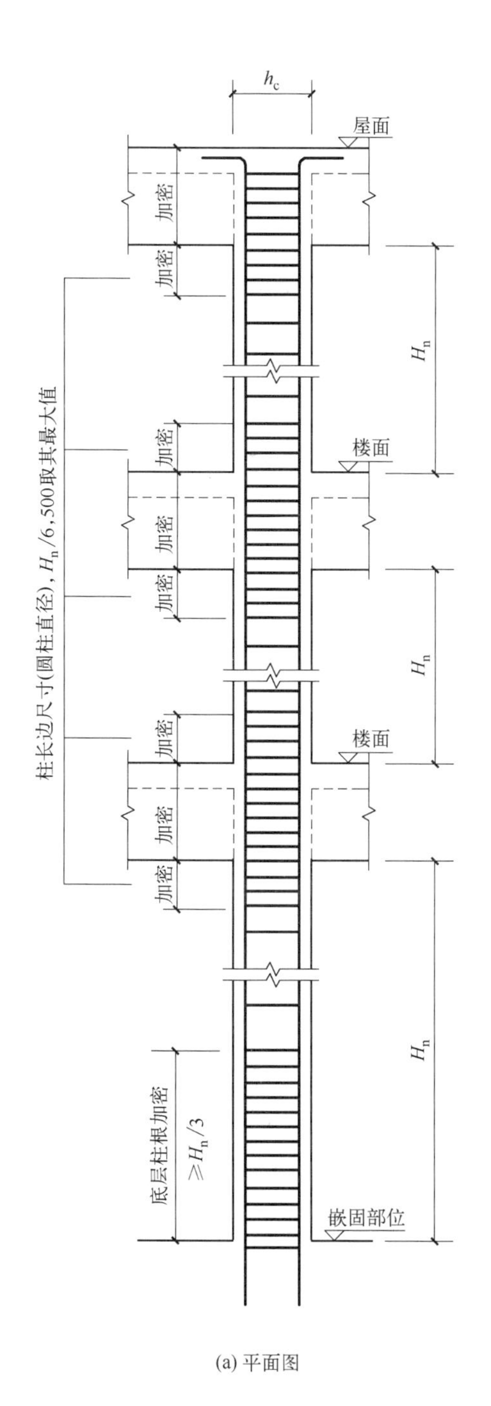

(a) 平面图

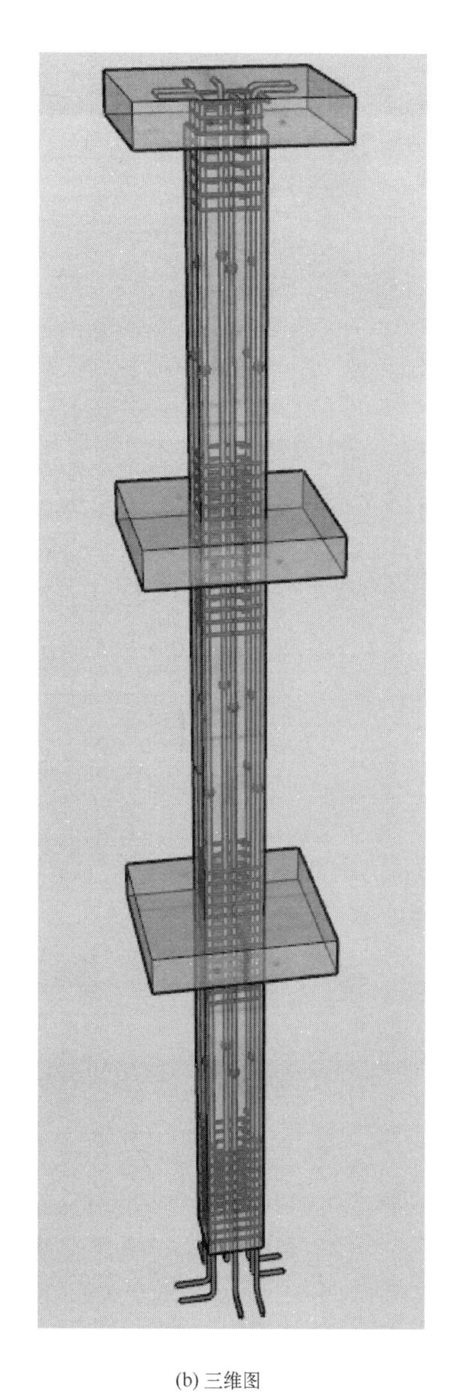

(b) 三维图

扫码观看三维动画

图5-2三维动画

图 5-2 KZ 箍筋加密区范围

(1) 柱相邻纵向钢筋连接接头相互错开。在同一截面内钢筋接头面积百分率不宜>50%。

(2) 柱纵筋绑扎搭接长度及绑扎搭接、机械连接、焊接连接要求如下。

① 同一连接区段内纵向受拉钢筋绑扎搭接接头如图 5-3 所示。

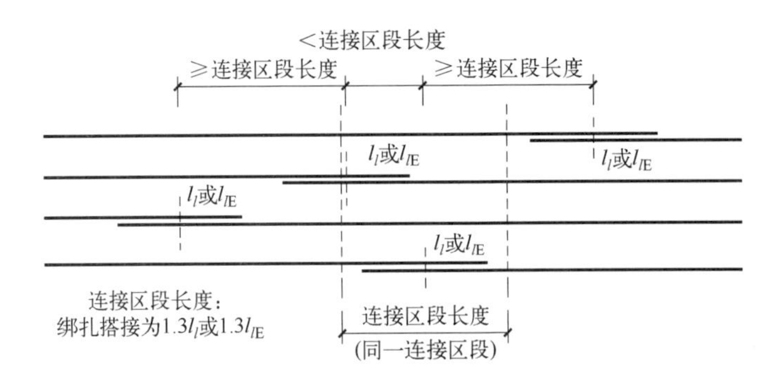

图 5-3 同一连接区段内纵向受拉钢筋绑扎搭接接头

② 同一连接区段内纵向受拉钢筋机械连接、焊接接头如图 5-4 所示。

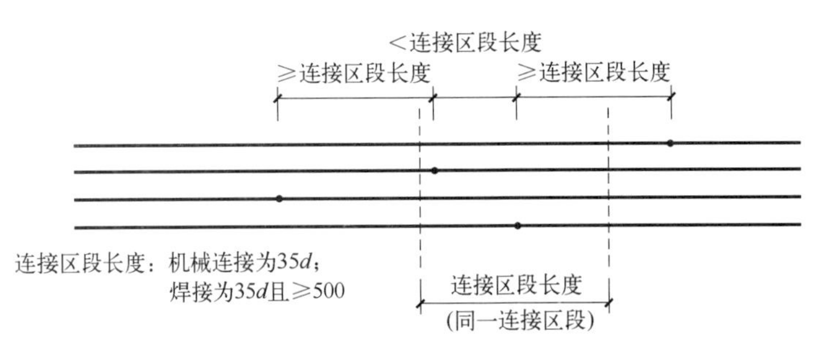

图 5-4 同一连接区段内纵向受拉钢筋机械连接、焊接接头

③ 凡接头中点位于连接区段长度内的连接接头均属同一连接区段。

④ 同一连接区段内纵向钢筋搭接接头面积百分率，为该区段内有连接接头的纵向受力钢筋截面面积与全部纵向钢筋截面面积的比值（当直径相同时，钢筋连接接头面积百分率为 50%）。

⑤ 当受拉钢筋直径大于 25mm 及受压钢筋直径大于 28mm 时，不宜采用绑扎搭接。

⑥ 轴心受拉及小偏心受拉构件中，纵向受力钢筋不应采用绑扎搭接。

⑦ 纵向受力钢筋连接位置宜避开梁端、柱端箍筋加密区。如必须在此连接，则应采用机械连接或焊接。

⑧ 机械连接和焊接接头的类型及质量应符合国家现行有关标准的规定。

（3）轴心受拉及小偏心受拉柱内的纵向钢筋不得采用绑扎搭接头，设计者应在柱平法结构施工图中注明其平面位置及层数。

（4）上柱钢筋比下柱钢筋多时如图 5-5 所示，上柱钢筋直径比下柱钢筋直径大时如图 5-6 所示，下柱钢筋比上柱钢筋多时如图 5-7 所示，下柱钢筋直径比上柱钢筋直径大时如图 5-8 所示。图 5-5～图 5-8 所示为绑扎搭接，也可采用机械连接和焊接，但均不适用于柱纵向钢筋在嵌固部位的构造。

5.2.2.2 地下室 KZ 纵向钢筋连接构造

地下室 KZ 纵向钢筋连接构造如图 5-9 所示。当某层连接区的高度小于纵筋分两批搭接所需要的高度时，应改用机械连接或焊接连接。

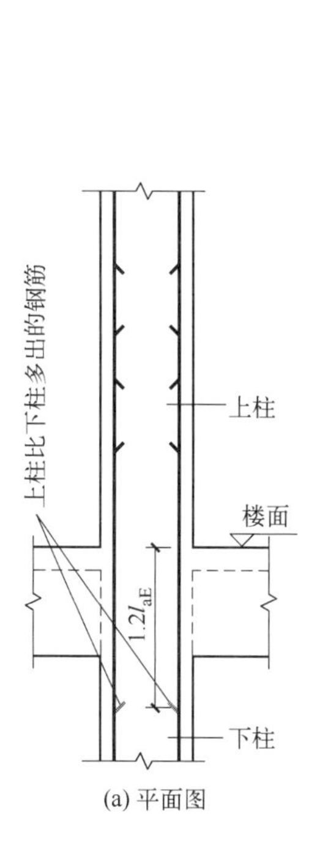

(a) 平面图

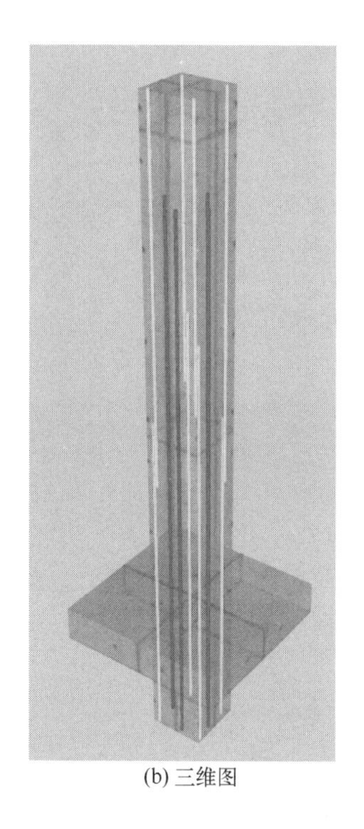

(b) 三维图

扫码观看三维动画

图5-5三维动画

图 5-5 上柱钢筋比下柱钢筋多

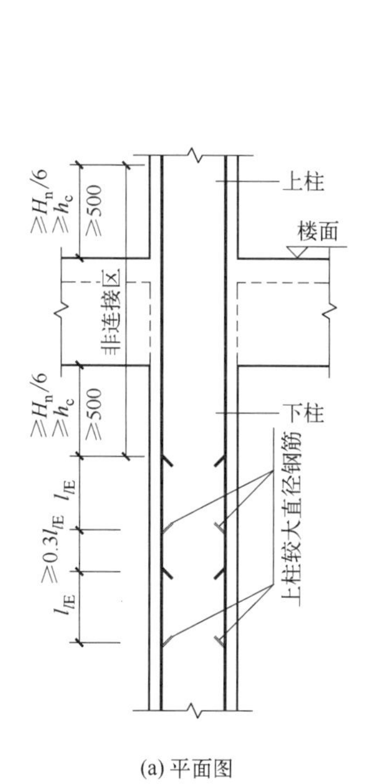

(a) 平面图

(b) 三维图

扫码观看三维动画

图5-6三维动画

图 5-6 上柱钢筋直径比下柱钢筋直径大

扫码观看三维动画

图5-7三维动画

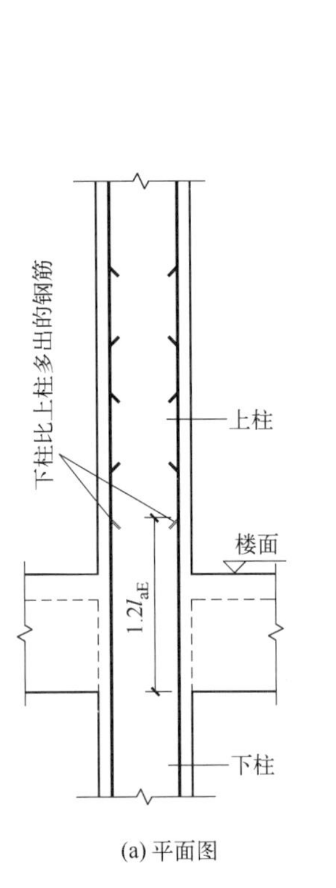

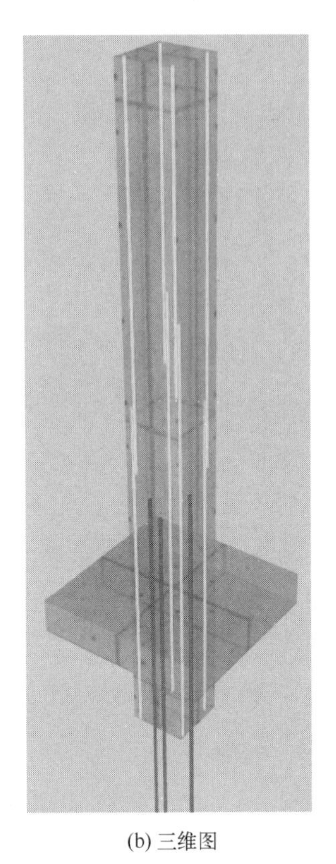

(a) 平面图　　(b) 三维图

图 5-7　下柱钢筋比上柱钢筋多

扫码观看三维动画

图5-8三维动画

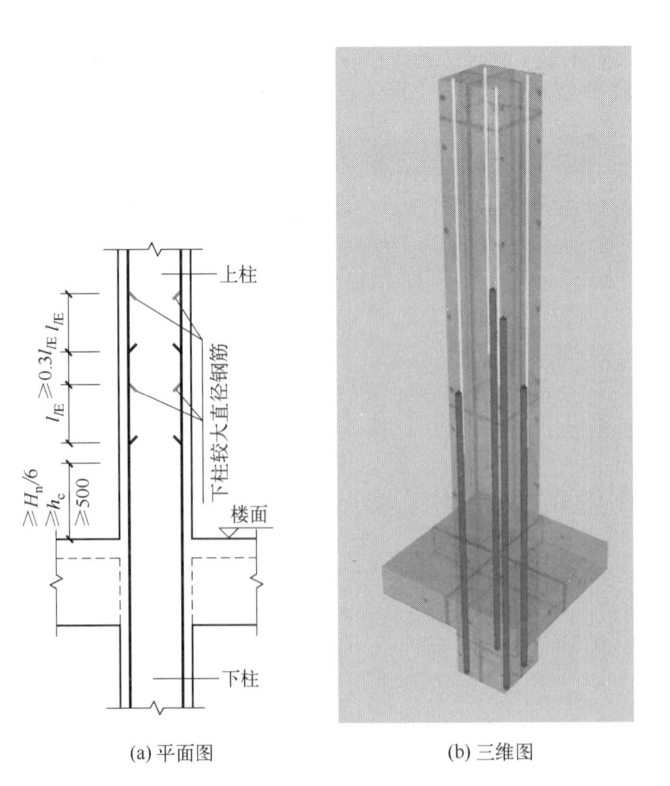

(a) 平面图　　(b) 三维图

图 5-8　下柱钢筋直径比上柱钢筋直径大

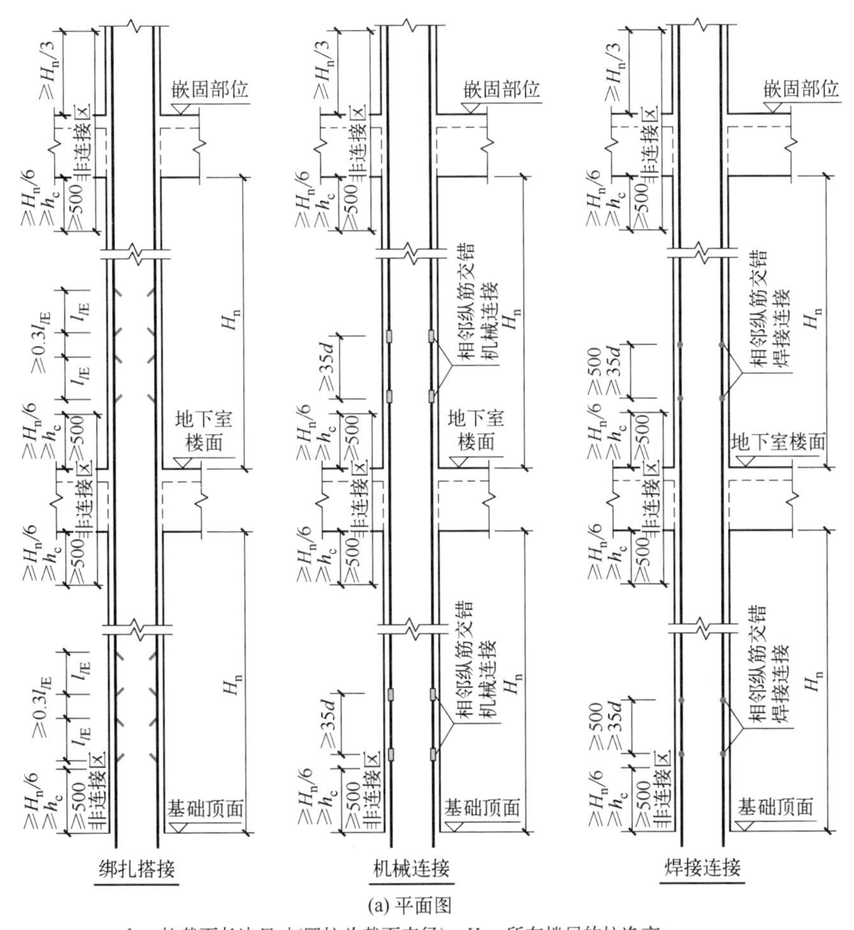

(a) 平面图

h_c—柱截面长边尺寸(圆柱为截面直径)；H_n—所在楼层的柱净高

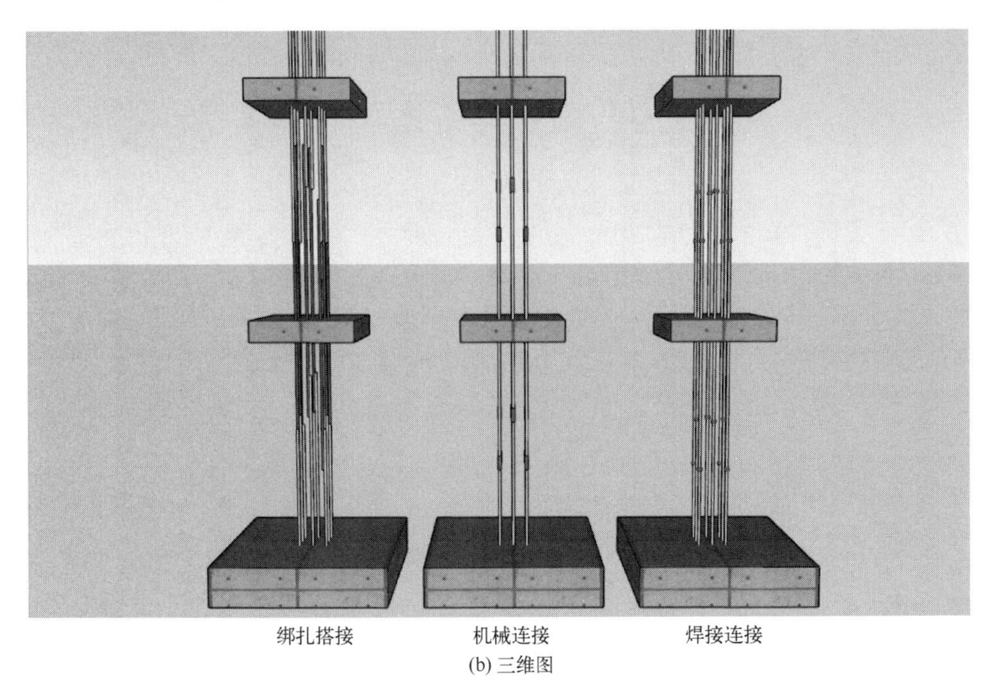

绑扎搭接　　机械连接　　焊接连接

(b) 三维图

扫码观看三维动画

图5-9三维动画

图 5-9　地下室 KZ 纵向钢筋连接构造

地下一层增加钢筋在嵌固部位的锚固构造如图 5-10 所示。

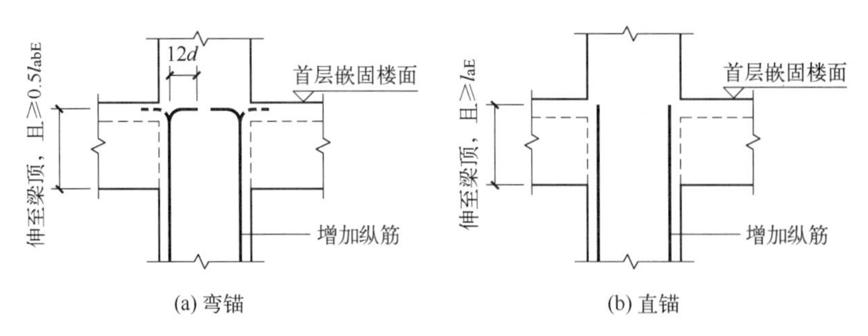

图 5-10 地下一层增加钢筋在嵌固部位的锚固构造

图 5-9 中钢筋连接构造及图 5-10 中地下一层增加钢筋在嵌固部位的锚固构造均用于嵌固部位不在基础底面情况下地下室部分（基础底面至嵌固部位）的柱。

地下室 KZ 箍筋加密区范围如图 5-11 所示。

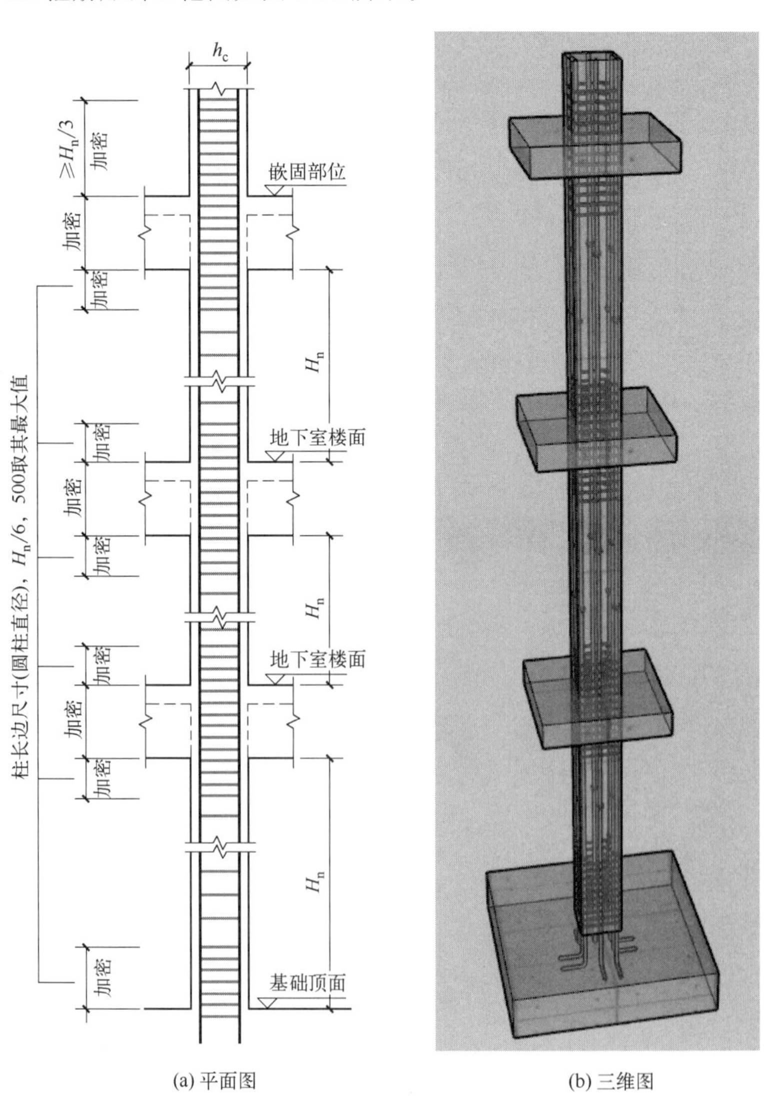

图 5-11 地下室 KZ 箍筋加密区范围

扫码观看三维动画

图5-11三维动画

5.2.2.3 剪力墙上起柱和梁上起柱 KZ 纵筋构造

剪力墙上起柱 KZ 纵筋构造如图 5-12 所示。梁上起柱 KZ 纵筋构造如图 5-13 所示。剪力墙上起柱和梁上起柱时，底层刚性地面上下箍筋应各加密 500mm，如图 5-14 所示。

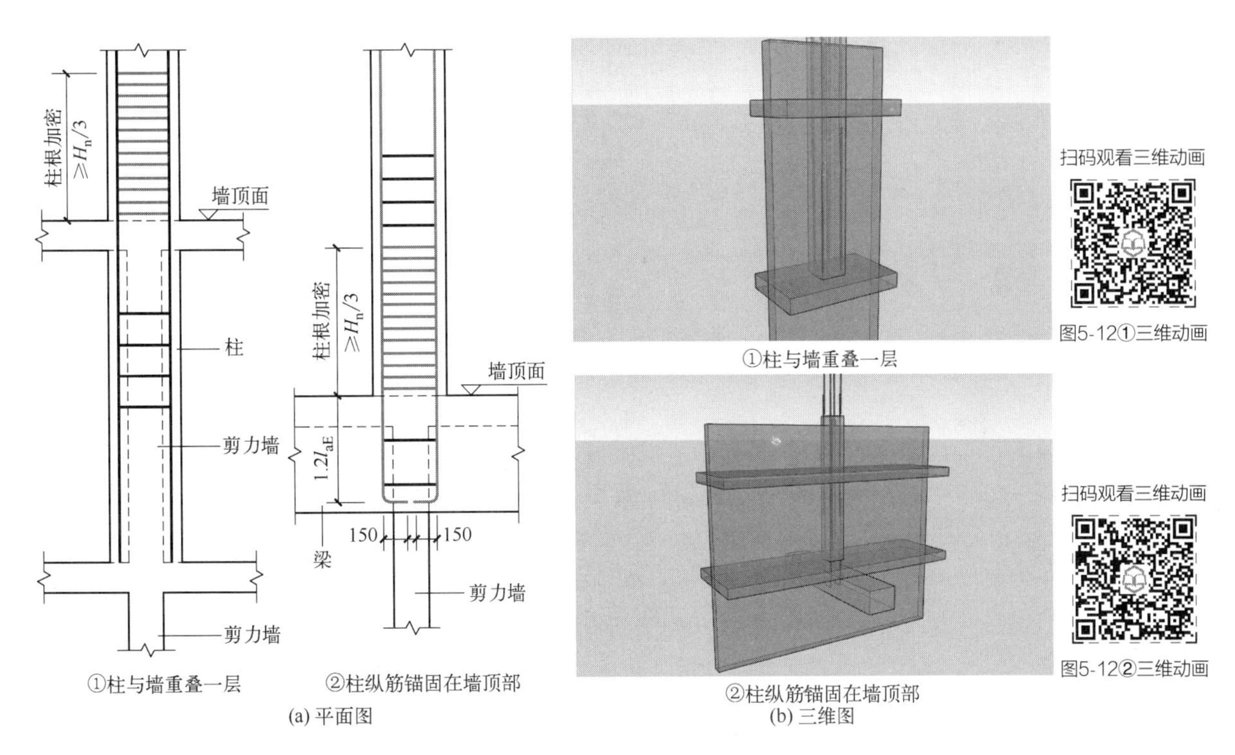

图 5-12 剪力墙上起柱 KZ 纵筋构造

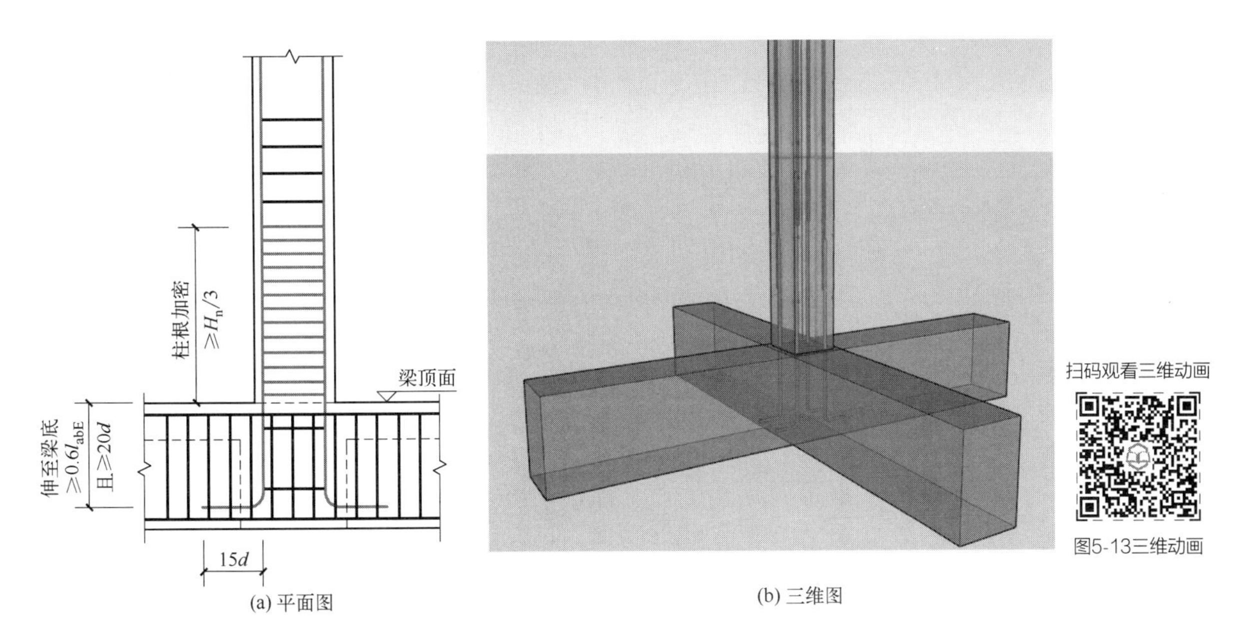

图 5-13 梁上起柱 KZ 纵筋构造

扫码观看三维动画

图5-14三维动画

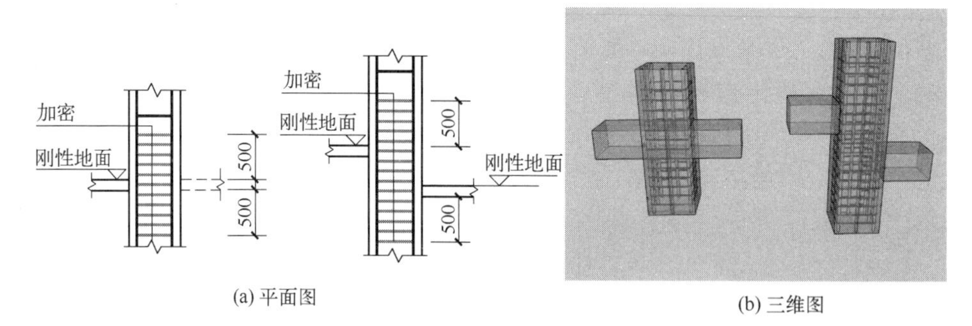

(a) 平面图　　(b) 三维图

图 5-14　底层刚性地面上下箍筋各加密 500mm

小贴士

墙上起框架柱，在墙顶面标高以下锚固范围内的柱箍筋按上柱非加密区箍筋要求配置；梁上起框架柱时，在梁内设置间距不大于 500mm，且至少两道柱箍筋。

墙上起框架柱(柱纵筋锚固在墙顶部)和梁上起框架柱时，墙体和梁的平面外方向应设梁，以平衡柱脚在该方向的弯矩；当柱宽度大于梁宽时，梁应设水平加腋。

当梁为拉弯构件时，梁上起柱应根据实际受力情况采取加强措施，柱纵筋构造做法应由设计指定。

5.2.2.4　KZ 边柱和角柱柱顶纵向钢筋构造

柱外侧纵向钢筋和梁上部纵向钢筋在节点外侧弯折搭接构造如图 5-15 所示。

扫码观看三维动画

图5-15①三维动画

①梁宽范围内钢筋[伸入梁内柱纵向钢筋做法(从梁底算起$1.5l_{abE}$超过柱内侧边缘)]平面图

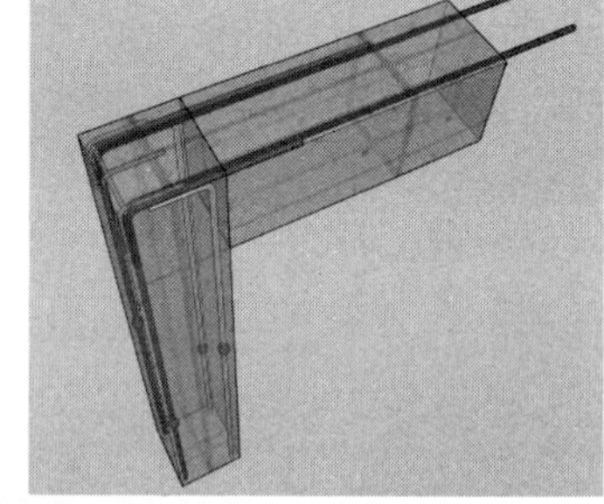

①梁宽范围内钢筋[伸入梁内柱纵向钢筋做法(从梁底算起$1.5l_{abE}$超过柱内侧边缘)]三维图

扫码观看三维动画

图5-15②三维动画

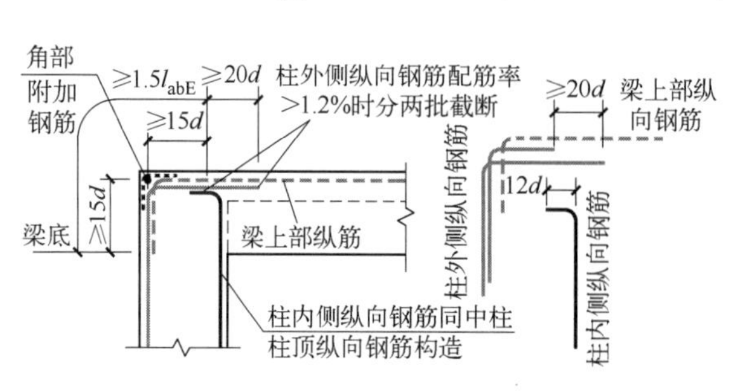

②梁宽范围内钢筋[伸入梁内柱纵向钢筋做法(从梁底算起$1.5l_{abE}$未超过柱内侧边缘)]平面图

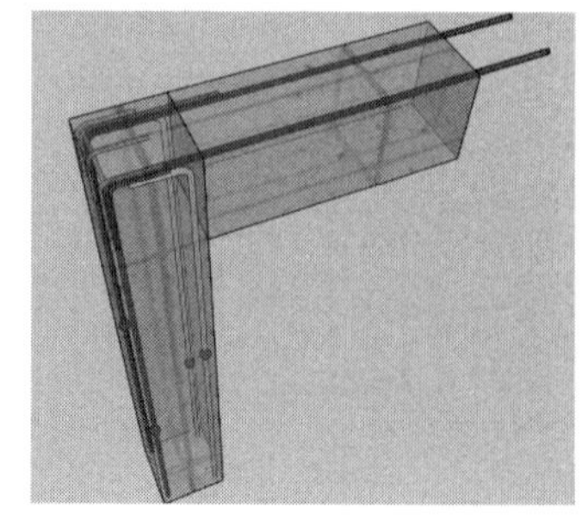

②梁宽范围内钢筋[伸入梁内柱纵向钢筋做法(从梁底算起$1.5l_{abE}$未超过柱内侧边缘)]三维图

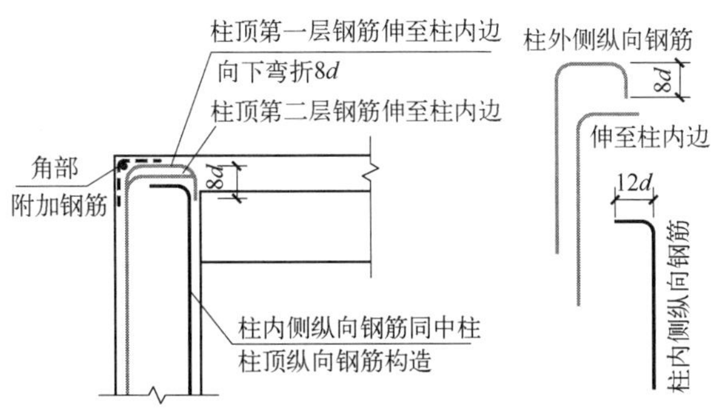

③梁宽范围内钢筋在节点内锚固构造平面图

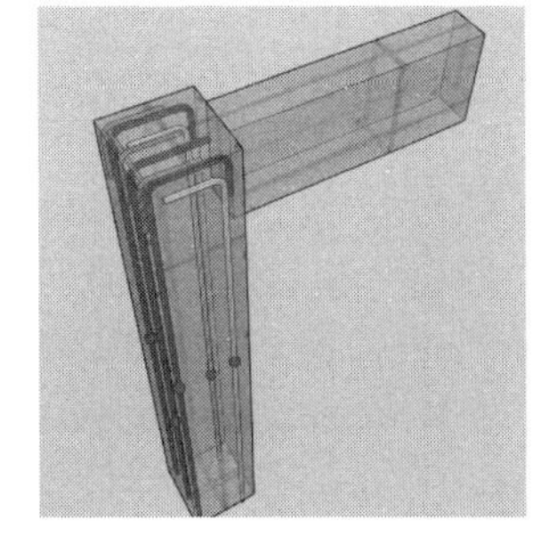

③梁宽范围外钢筋在节点内锚固构造三维图

扫码观看三维动画

图5-15③三维动画

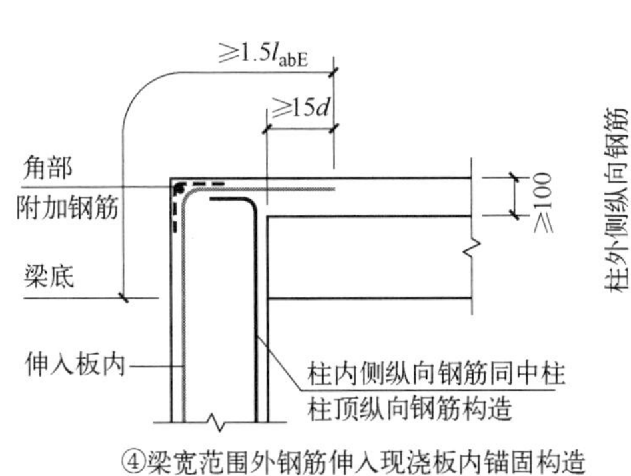

④梁宽范围外钢筋伸入现浇板内锚固构造
(现浇板厚度不小于100mm时)平面图

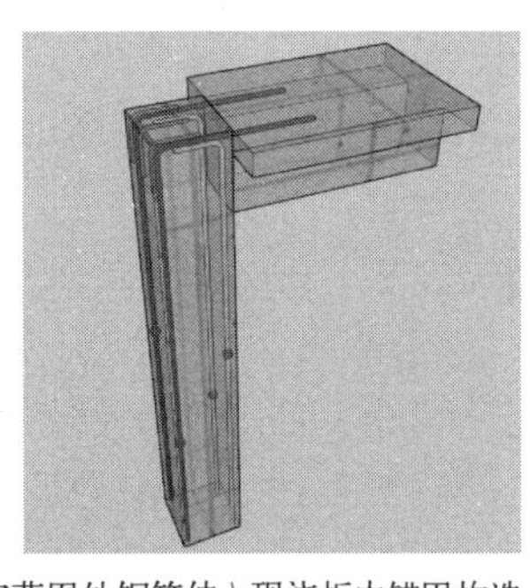

④梁宽范围外钢筋伸入现浇板内锚固构造
(现浇板厚度不小于100mm时)三维图

扫码观看三维动画

图5-15④三维动画

图 5-15 柱外侧纵向钢筋和梁上部纵向钢筋在节点外侧弯折搭接构造

小贴士

KZ 边柱和角柱梁宽范围外节点外侧柱纵向钢筋构造应与梁宽范围内节点外侧和梁端顶部弯折搭接构造配合使用。

梁宽范围内 KZ 边柱和角柱柱顶纵向钢筋伸入梁内的柱外侧纵筋不宜少于柱外侧全部纵筋面积的 65%。

柱外侧纵向钢筋和梁上部钢筋在柱顶外侧直线搭接构造如图 5-16 所示。

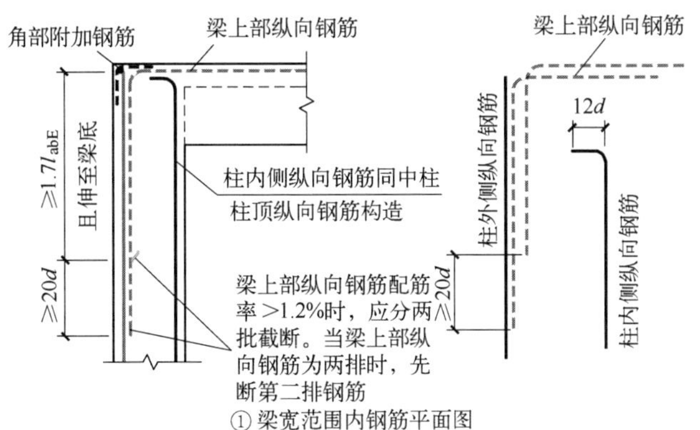

① 梁宽范围内钢筋平面图

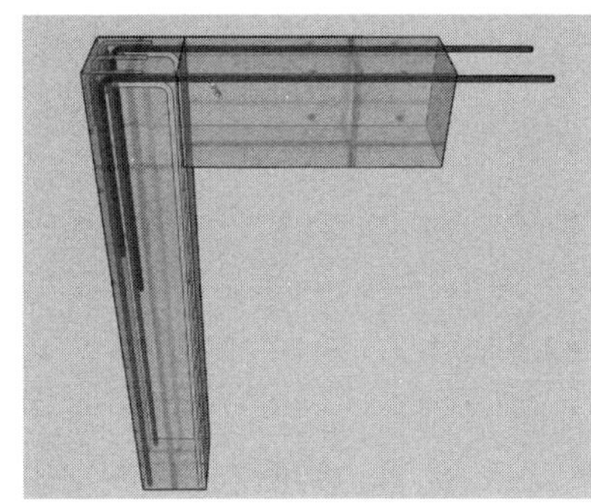

① 梁宽范围内钢筋三维图

扫码观看三维动画

图5-16①三维动画

图 5-16

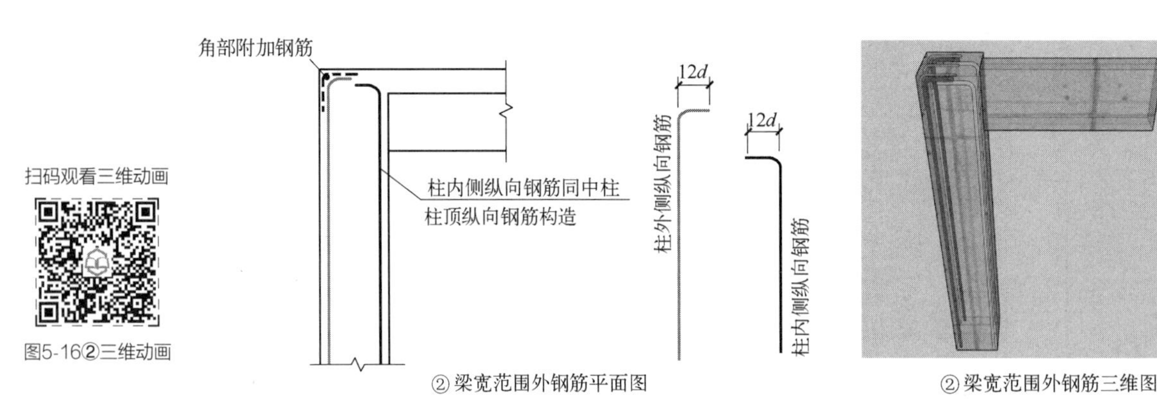

图 5-16 柱外侧纵向钢筋和梁上部钢筋在柱顶外侧直线搭接构造

梁宽范围内柱外侧纵向钢筋弯入梁内作梁筋构造如图 5-17 所示。

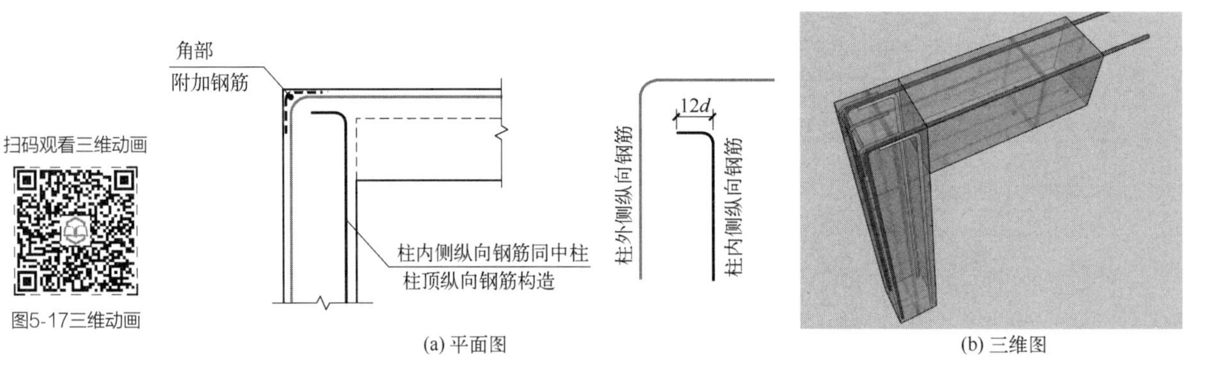

图 5-17 梁宽范围内柱外侧纵向钢筋弯入梁内作梁筋构造

节点纵向钢筋弯折要求如图 5-18 所示。角部附加钢筋如图 5-19 所示。

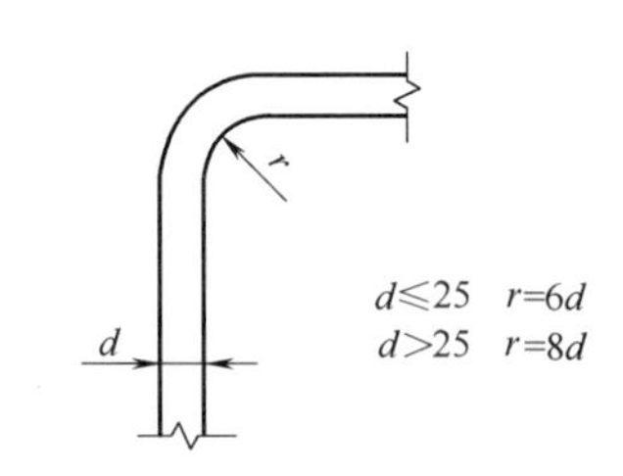

图 5-18 节点纵向钢筋弯折要求

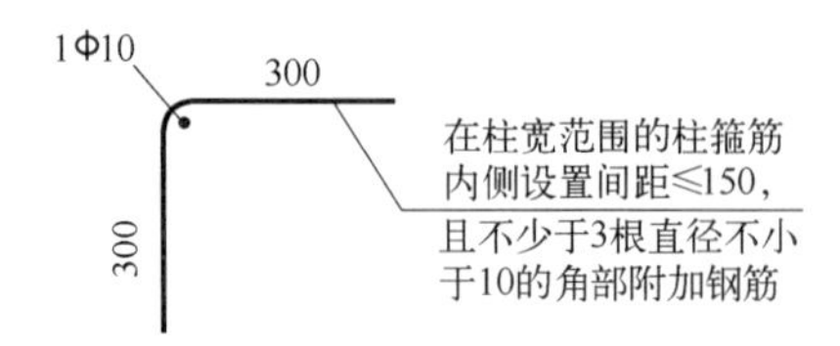

图 5-19 角部附加钢筋

5.2.2.5 KZ 中柱柱顶纵向钢筋构造

KZ 中柱柱顶纵向钢筋构造如图 5-20 所示，中柱柱头纵向钢筋构造分四种构造做法，施工人员应根据各种做法要求的条件正确选用。

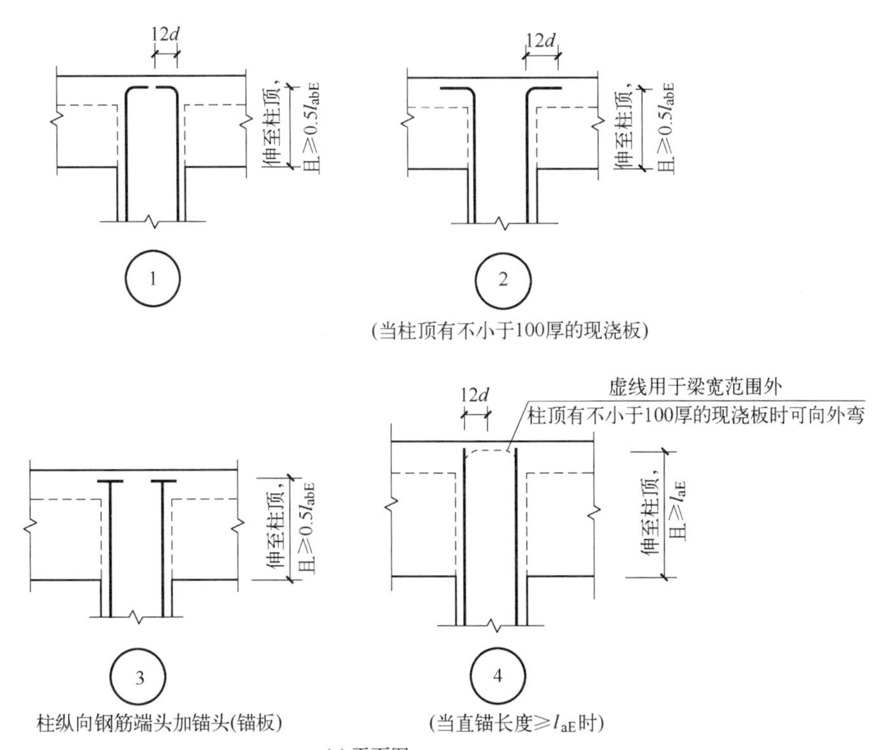

(当柱顶有不小于100厚的现浇板)

柱纵向钢筋端头加锚头(锚板)

(当直锚长度≥l_{aE}时)

(a) 平面图

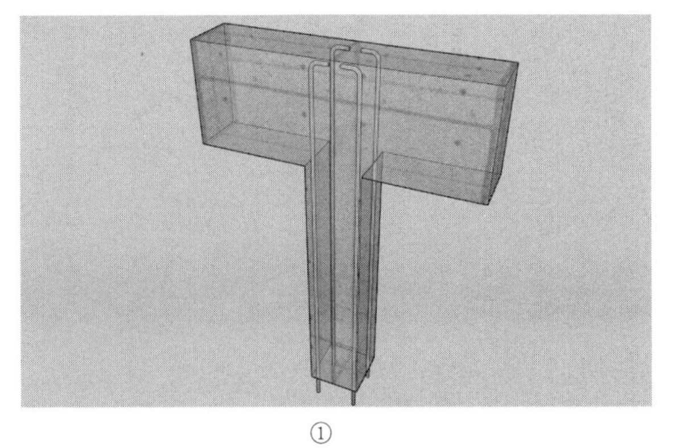

①

扫码观看三维动画

图5-20①三维动画

②

扫码观看三维动画

图5-20②三维动画

图 5-20

扫码观看三维动画

图5-20③三维动画

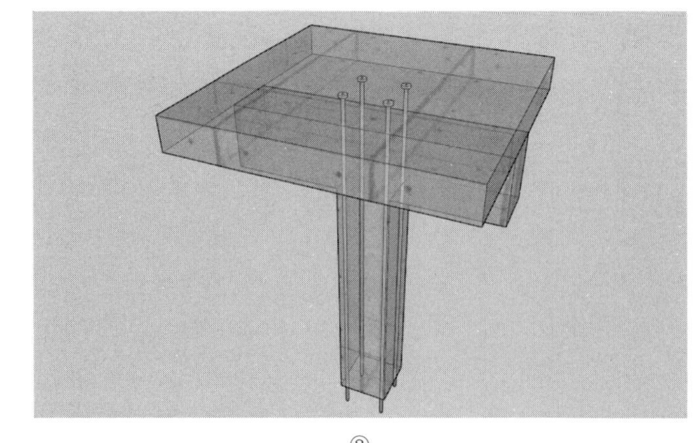

③

扫码观看三维动画

图5-20④三维动画

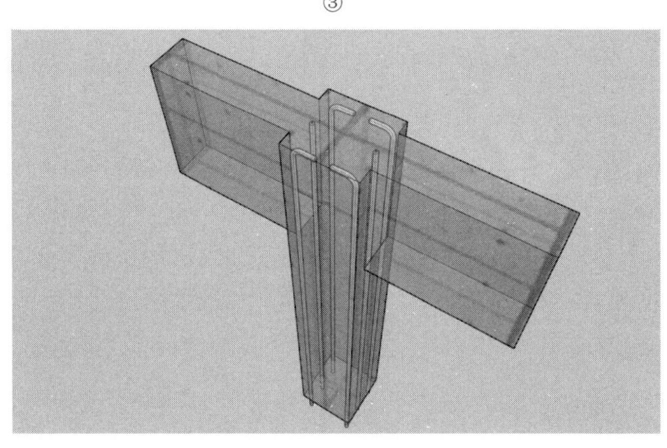

④

(b) 三维图

图 5-20 KZ 中柱柱顶纵向钢筋构造

5.2.2.6 KZ 柱变截面位置纵向钢筋构造

KZ 柱变截面位置纵向钢筋构造如图 5-21 所示。

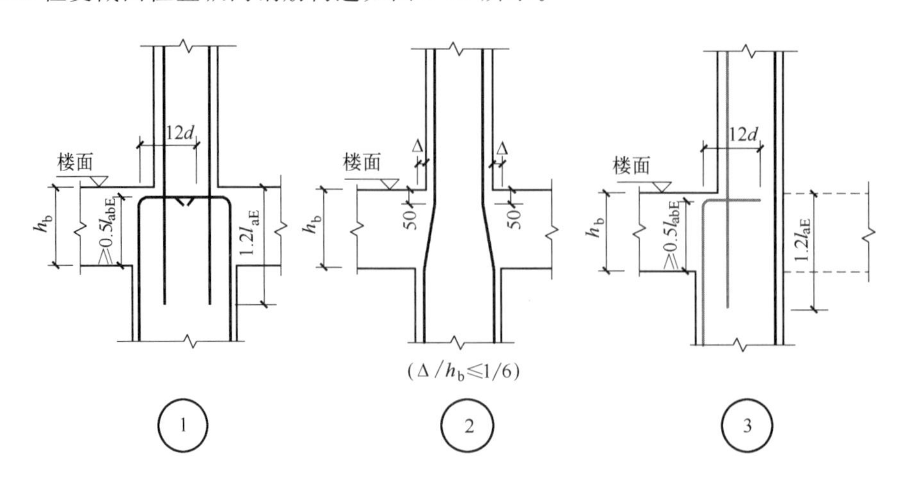

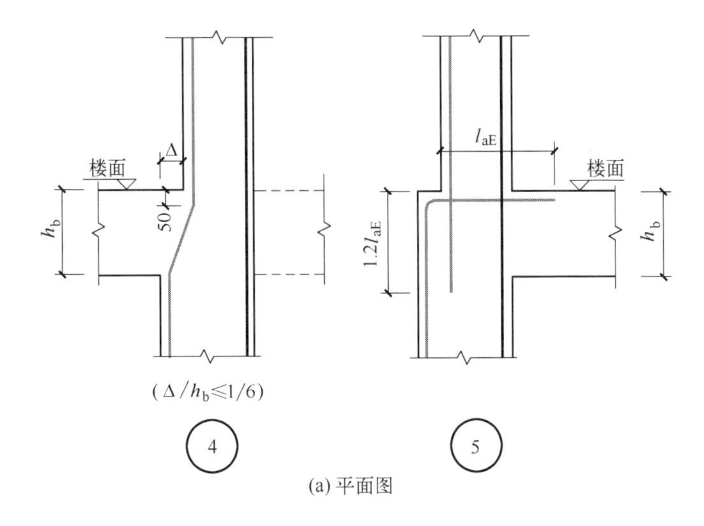

(a) 平面图

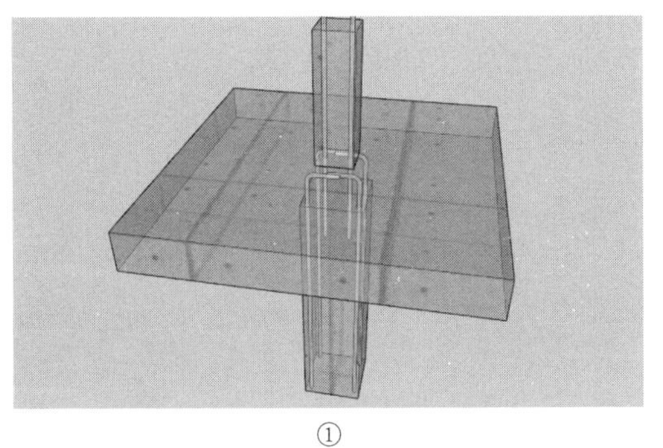

①

扫码观看三维动画

图5-21①三维动画

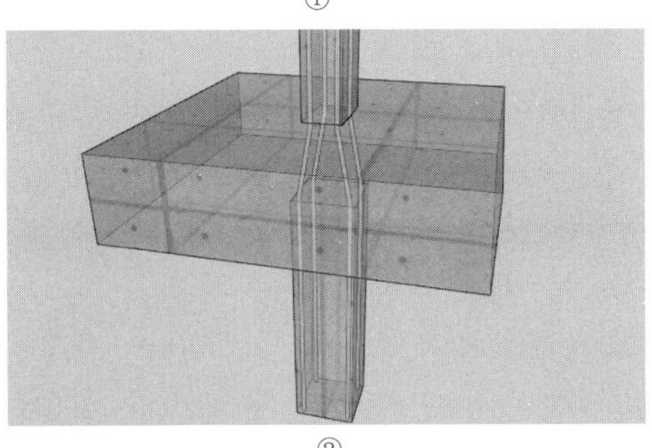

②

扫码观看三维动画

图5-21②三维动画

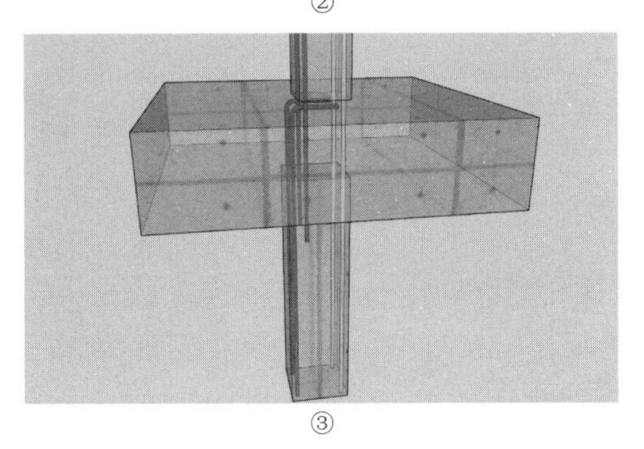

③

扫码观看三维动画

图5-21③三维动画

图 5-21

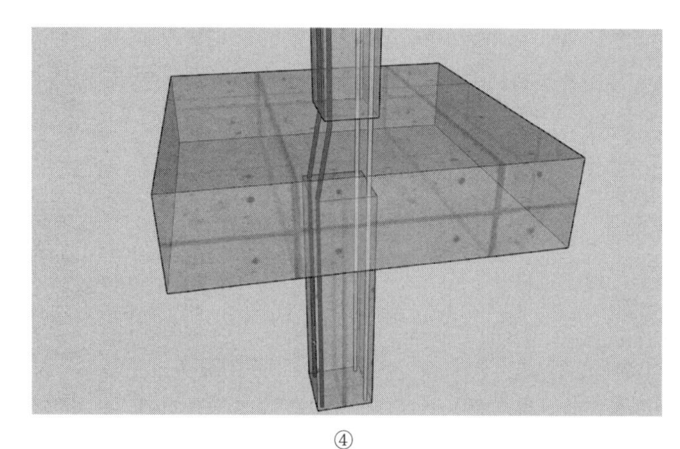

④

扫码观看三维动画

图5-21④三维动画

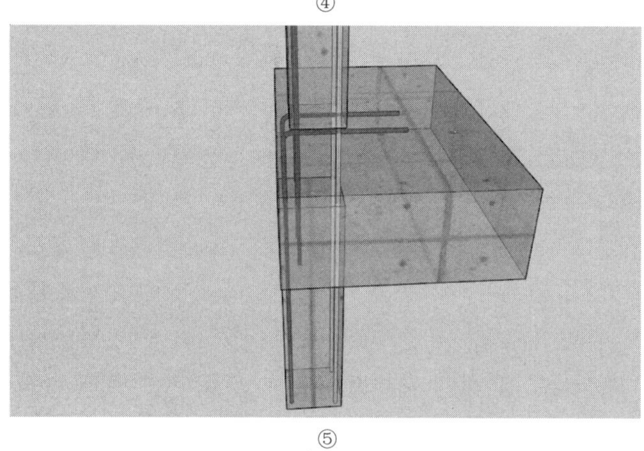

⑤

扫码观看三维动画

图5-21⑤三维动画

(b) 三维图

图 5-21 KZ 柱变截面位置纵向钢筋构造

5.2.2.7 KZ 边柱、角柱柱顶等截面伸出时纵向钢筋构造

KZ 边柱、角柱柱顶等截面伸出时纵向钢筋构造如图 5-22 所示。

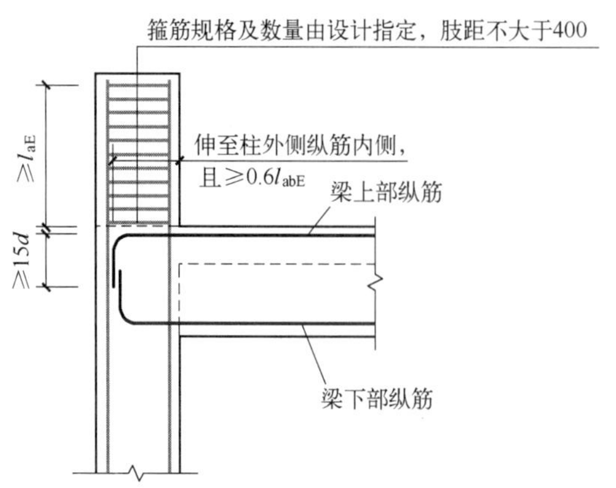

①当伸出长度自梁顶算起满足直锚长度l_{aE}时平面图

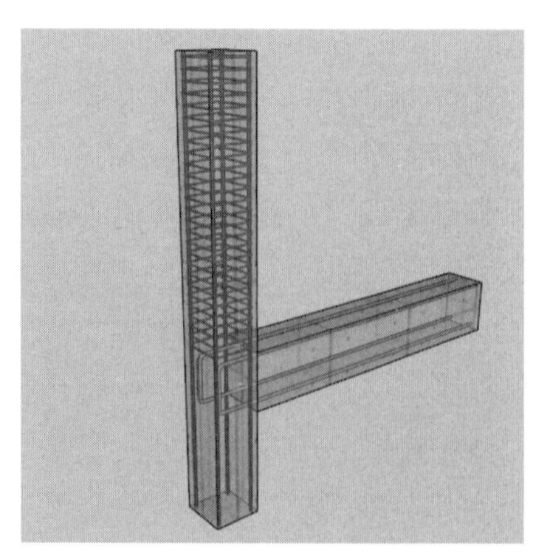

①当伸出长度自梁顶算起满足直锚长度l_{aE}时三维图

扫码观看三维动画

图5-22①三维动画

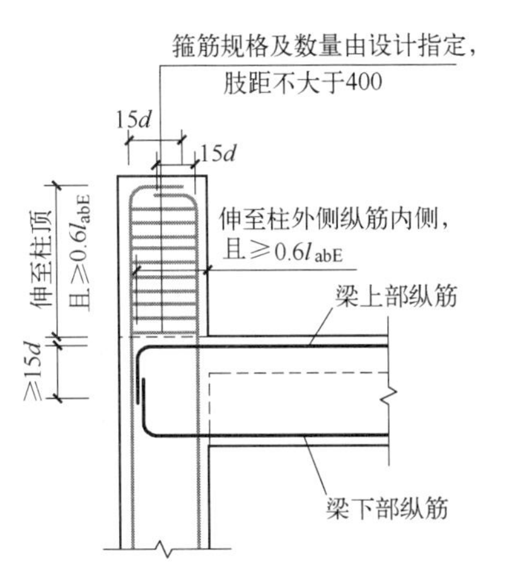

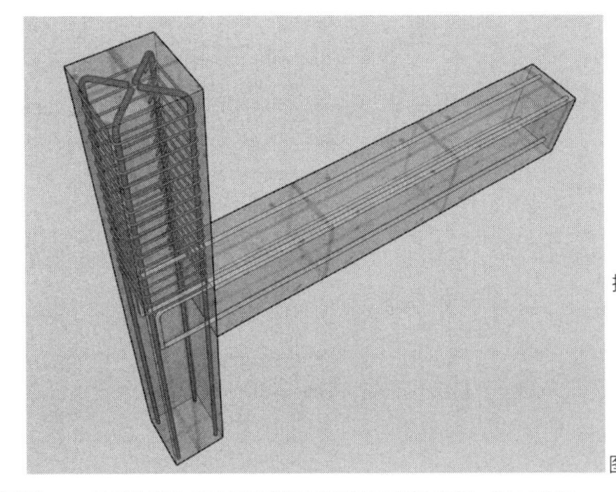

② 当伸出长度自梁顶算起不能满足直锚长度l_{aE}时 平面图　　② 当伸出长度自梁顶算起不能满足直锚长度l_{aE}时 三维图

图 5-22　KZ 边柱、角柱柱顶等截面伸出时纵向钢筋构造

5.2.2.8　芯柱 XZ 配筋构造和箍筋复合方式

芯柱 XZ 配筋构造如图 5-23 所示。

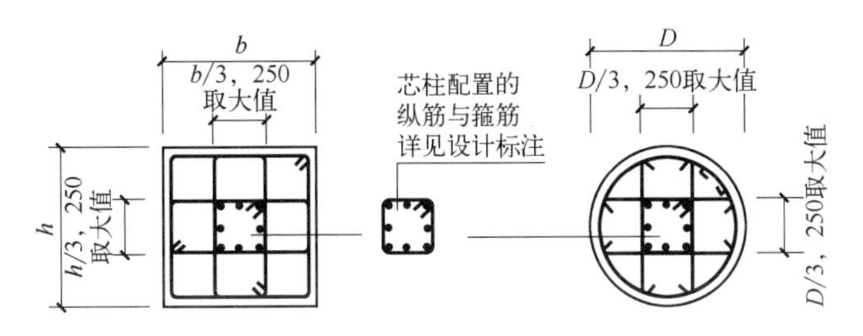

图 5-23　芯柱 XZ 配筋构造

箍筋复合方式如图 5-24 和图 5-25 所示。

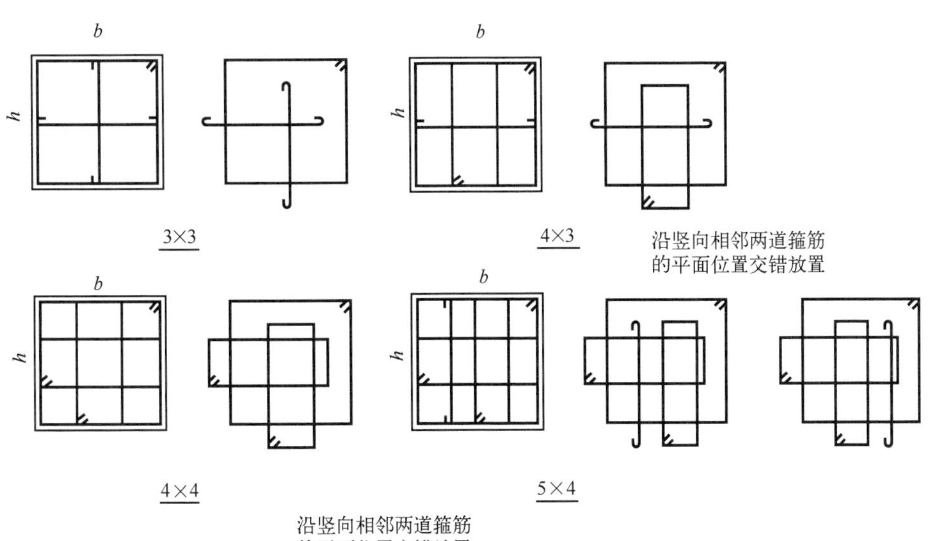

图 5-24

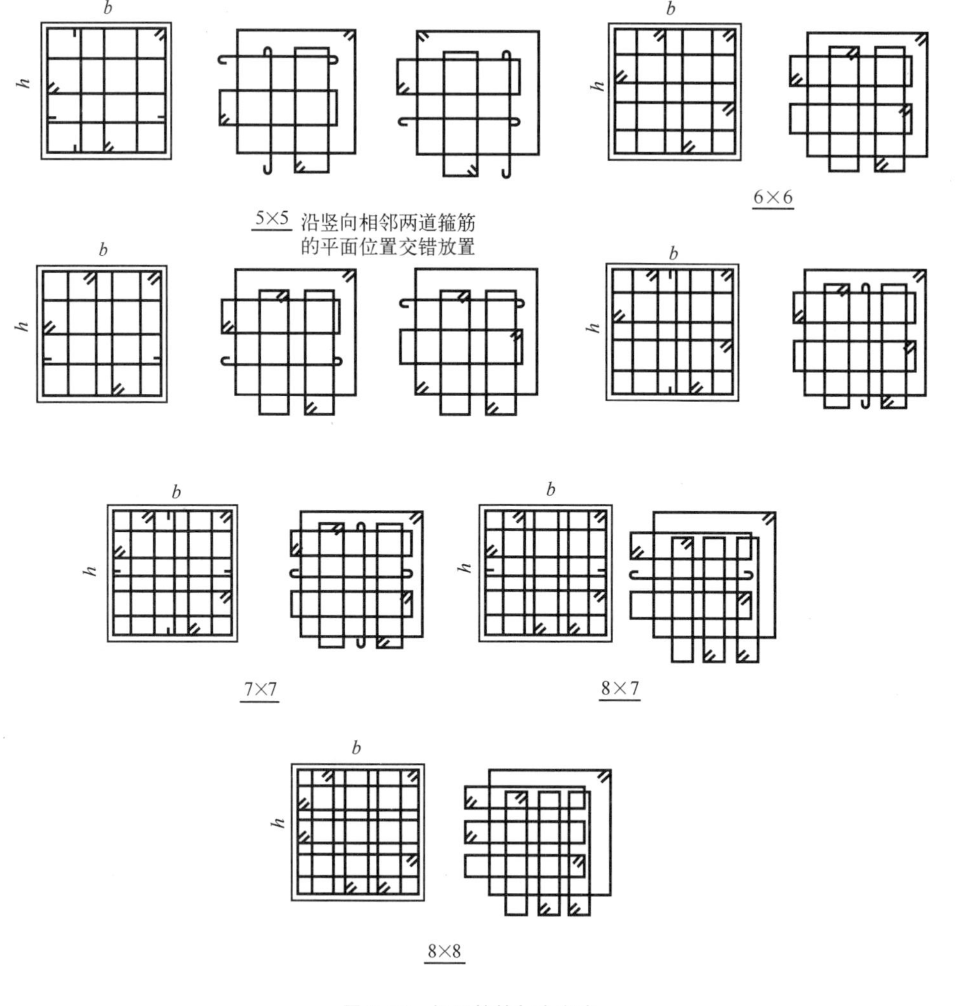

图 5-24　矩形箍筋复合方式

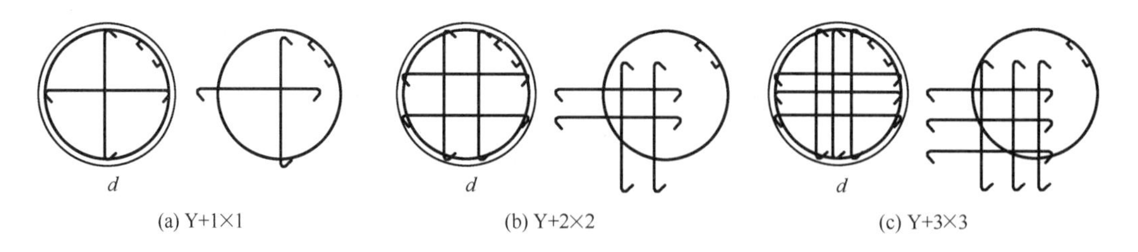

图 5-25　非焊接圆形箍筋复合方式

5.3　柱构件识图实例

【例】 某办公楼柱的平法施工图如图 5-26 所示。

从图 5-26（a）的柱平法施工图中，我们可知该办公楼框架柱共有两种，即 KZ1 和 KZ2，并且 KZ1 和 KZ2 的纵筋相同，箍筋不同。

图 5-26（a）中的纵筋均分为三段，第一段从基础顶到标高为－0.050m，纵筋为

12 ⏀ 20；第二段为标高−0.050m 到 3.550m，即第一层的框架柱，纵筋为角筋 4 ⏀ 20，每边中部 2 ⏀ 18；第三段为标高 3.550m 到 10.800m，即二、三层框架柱，纵筋为 12 ⏀ 18。

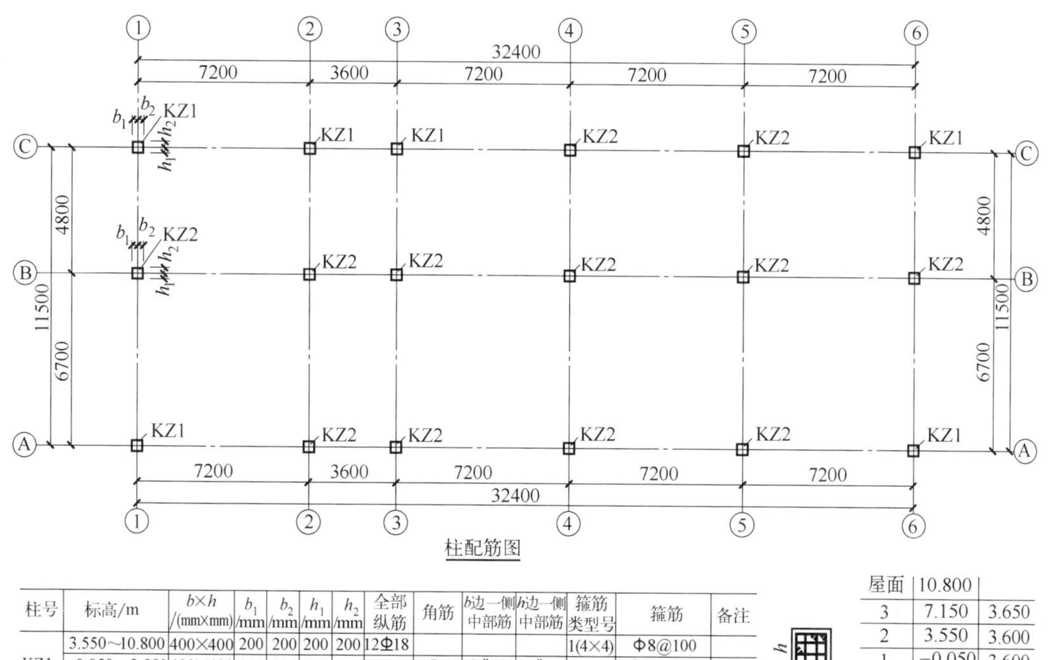

柱号	标高/m	$b\times h$ /(mm×mm)	b_1 /mm	b_2 /mm	h_1 /mm	h_2 /mm	全部纵筋	角筋	b边一侧中部筋	h边一侧中部筋	箍筋类型号	箍筋	备注
KZ1	3.550～10.800	400×400	200	200	200	200	12⏀18				1(4×4)	Φ8@100	
	−0.050～3.550	400×400	200	200	200	200		4⏀20	2⏀18	2⏀18	1(4×4)	Φ10@100	
	基础顶～0.050	400×400	200	200	200	200	12⏀20				1(4×4)	Φ10@100	
KZ2	3.550～10.800	400×400	200	200	200	200	12⏀18				1(4×4)	Φ8@100/200	
	−0.050～3.550	400×400	200	200	200	200		4⏀20	2⏀18	2⏀18	1(4×4)	Φ10@100/200	
	基础顶～0.050	400×400	200	200	200	200	12⏀20				1(4×4)	Φ10@100/200	

箍筋类型L ($m\times n$)

层号	标高/m	层高/m
屋面	10.800	
3	7.150	3.650
2	3.550	3.600
1	−0.050	3.600
基础底	−2.000	1.950

结构层楼面标高
结构层高

(a) 列表注写方式

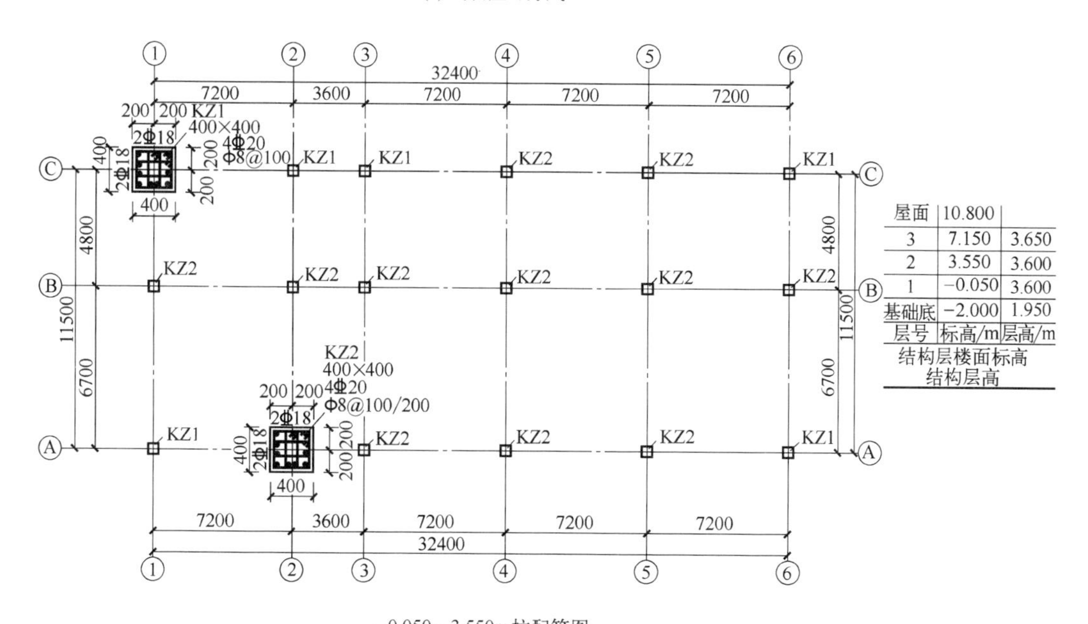

(b) 截面注写方式

图 5-26 柱平法施工图

图 5-26（a）中箍筋不同，KZ1 箍筋为：标高 3.550m 以下为Φ 10@100，标高 3.550m 以上为Φ 8@100。KZ2 箍筋为：标高 3.550m 以下为Φ 10@100/200，标高 3.550m 以上为Φ 8@100/200。它们的箍筋形式均为类型 1，箍筋肢数为 4×4。

图 5-26（b）柱配筋图采用截面注写方式，由图名可知，表示的是从标高−0.050m 到 3.550m 的框架柱配筋图，即一层的柱配筋图。图（b）中共有两种框架柱，即 KZ1 和 KZ2，它们的断面尺寸相同，均为 400mm×400mm，它们与定位轴线的关系均为轴线居中。

图 5-26（b）中框架柱的纵筋相同，角筋均为 4 Φ 20，每边中部钢筋均为 2 Φ 18，KZ1 箍筋为Φ 8@100，KZ2 箍筋为Φ 8@100/200。

6 剪力墙构件识图方法与实例

6.1 剪力墙构件平法制图规则

6.1.1 剪力墙平法施工图的表示方法

（1）剪力墙平法施工图系在剪力墙平面布置图上采用列表注写方式或截面注写方式表达。

（2）剪力墙平面布置图可采用适当比例单独绘制，也可与柱或梁平面布置图合并绘制。当剪力墙较复杂或采用截面注写方式时，应按标准层分别绘制剪力墙平面布置图。

（3）在剪力墙平法施工图中，应按规定注明各结构层的楼面标高、结构层高及相应的结构层号，尚应注明上部结构嵌固部位位置。

（4）对于轴线未居中的剪力墙（包括端柱），应注明其与定位轴线之间的关系。

6.1.2 列表注写方式

为表达清楚、简便，剪力墙可视为由剪力墙柱、剪力墙身和剪力墙梁三类构件构成。

列表注写方式，系分别在剪力墙柱表、剪力墙身表和剪力墙梁表中，对应于剪力墙平面布置图上的编号，用绘制截面配筋图并注写几何尺寸与配筋具体数值的方式，来表达剪力墙平法施工图。

6.1.2.1 编号规则

剪力墙的编号规则为：将剪力墙按剪力墙柱、剪力墙身、剪力墙梁（简称为墙柱、墙身、墙梁）三类构件分别编号。

（1）墙柱编号。墙柱编号由墙柱类型代号和序号组成，表达形式应符合表 6-1 的规定。

构造边缘构件包括构造边缘暗柱、构造边缘端柱、构造边缘翼墙、构造边缘转角墙四种（如图 6-1 所示）。约束边缘构件包括约束边缘暗柱、约束边缘端柱、约束边缘翼墙、约束边缘转角墙四种（如图 6-2 所示）。

表 6-1 墙柱编号

墙柱类型	代号	序号
约束边缘构件	YBZ	××
构造边缘构件	GBZ	××
非边缘暗柱	AZ	××
扶壁柱	FBZ	××

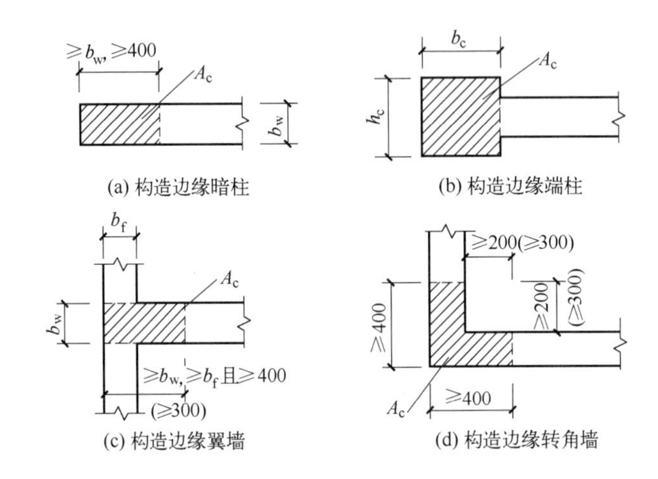

图 6-1 构造边缘构件（高层建筑尚需满足括号内数值）

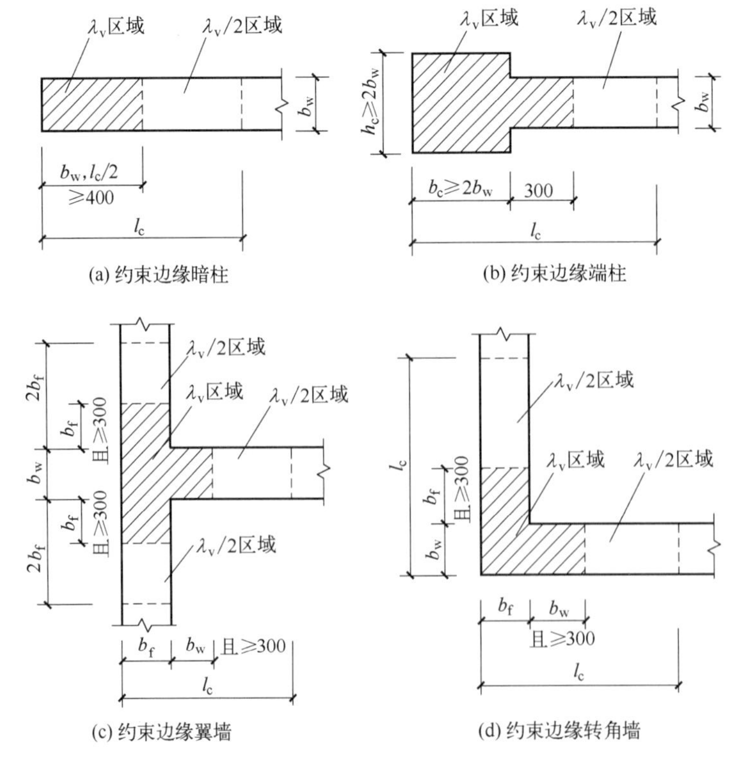

图 6-2 约束边缘构件

（2）墙身编号。墙身编号由墙身代号（Q）、序号以及墙身所配置的水平与竖向分布钢筋的排数组成，其中排数注写在括号内，如图 6-3 所示。

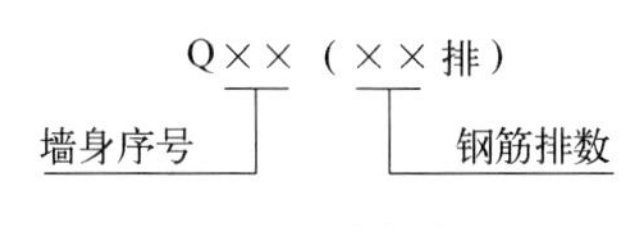

图 6-3　墙身编号

小贴士

（1）在编号中：如若干墙柱的截面尺寸与配筋均相同，仅截面与轴线的关系不同时，可将其编为同一墙柱号；又如若干墙身的厚度尺寸和配筋均相同，仅墙厚与轴线的关系不同或墙身长度不同时，也可将其编为同一墙身号。但应在图中注明与轴线的几何关系。

（2）当墙身所设置的水平与竖向分布钢筋的排数为 2 时可不注。

（3）对于分布钢筋网的排数规定：当剪力墙厚度不大于 400mm 时，应配置双排；当剪力墙厚度大于 400mm，但不大于 700mm 时，宜配置三排；当剪力墙厚度大于 700mm 时，宜配置四排。

（4）当剪力墙配置的分布钢筋多于两排时，剪力墙拉结筋除两端应同时勾住外排水平纵筋和竖向纵筋外，尚应与剪力墙内排水平纵筋和竖向纵筋绑扎在一起。

（3）墙梁编号。墙梁编号，由墙梁类型代号和序号组成，见表 6-2。在具体工程中，当某些墙身需设置暗梁或边框梁时，宜在剪力墙平法施工图或梁平法施工图中绘制暗梁或边框梁的平面布置图并编号，以明确其具体位置。

表 6-2　墙梁编号

墙梁类型	代号	序号
连梁	LL	××
连梁(跨高比不小于 5)	LLk	××
连梁(对角暗撑配筋)	LL(JC)	××
连梁(对角斜筋配筋)	LL(JX)	××
连梁(集中对角斜筋配筋)	LL(DX)	××
暗梁	AL	××
边框梁	BKL	××

6.1.2.2　剪力墙柱表

在剪力墙柱表中表达的内容，规定如下。

（1）注写墙柱编号（编号规则见表 6-1），绘制该墙柱的截面配筋图，标注墙柱几何尺寸。

① 构造边缘构件（如图 6-1 所示）需注明阴影部分尺寸。

② 约束边缘构件（如图 6-2 所示）需注明阴影部分尺寸。

③ 扶壁柱及非边缘暗柱需标注几何尺寸。

小贴士

剪力墙平面布置图中应注明约束边缘构件沿墙肢长度 l_c。

(2) 注写各段墙柱的起止标高，自墙柱根部往上以变截面位置或截面未变但配筋改变处为界分段注写。墙柱根部标高一般指基础顶面标高（部分框支剪力墙结构则为框支梁顶面标高）。

(3) 注写各段墙柱的纵向钢筋和箍筋，注写值应与在表中绘制的截面配筋图对应一致。纵向钢筋注总配筋值；墙柱箍筋的注写方式与柱箍筋相同。

6.1.2.3 剪力墙身表

在剪力墙身表中表达的内容，规定如下。

(1) 注写墙身编号（含水平与竖向分布钢筋的排数）。

(2) 注写各段墙身起止标高，自墙身根部往上以变截面位置或截面未变但配筋改变处为界分段注写。墙身根部标高一般指基础顶面标高（部分框支剪力墙结构则为框支梁的顶面标高）。

(3) 注写水平分布钢筋、竖向分布钢筋和拉结筋的具体数值。注写数值为一排水平分布钢筋和竖向分布钢筋的规格与间距，具体设置几排已经在墙身编号后面表达。当内外排竖向分布钢筋配筋不一致时，应单独注写内、外排钢筋的具体数值。

拉结筋应注明布置方式“矩形”或“梅花”布置，用于剪力墙分布钢筋的拉结，如图 6-4 所示（图中 a 为竖向分布钢筋间距，b 为水平分布钢筋间距）。

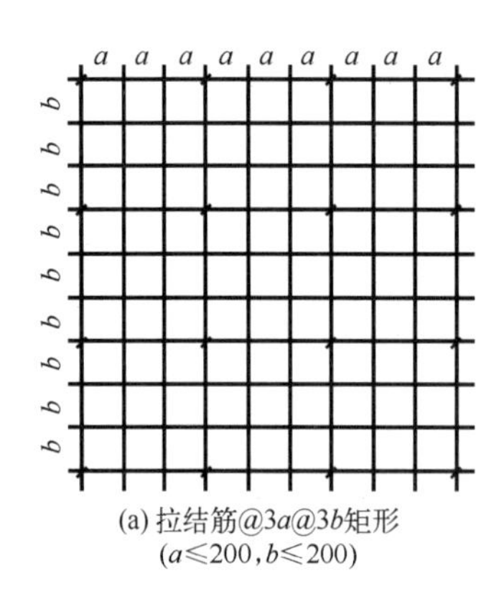

(a) 拉结筋@3a@3b矩形
(a≤200, b≤200)

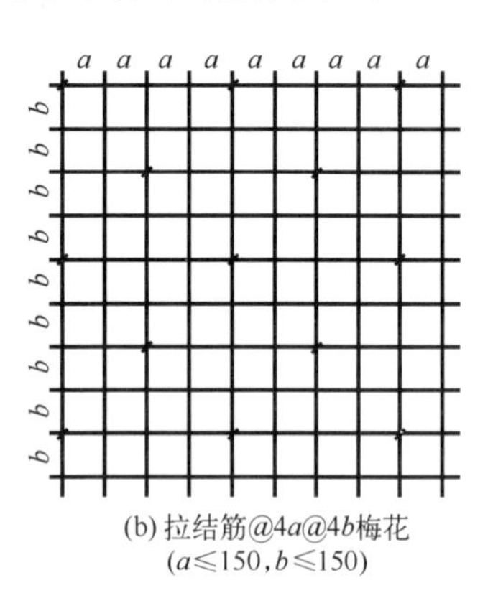

(b) 拉结筋@4a@4b梅花
(a≤150, b≤150)

图 6-4 拉结筋设置示意

6.1.2.4 剪力墙梁表

在剪力墙梁表中表达的内容，规定如下。

(1) 注写墙梁编号，编号规则见表 6-2。

(2) 注写墙梁所在楼层号。

(3) 注写墙梁顶面标高高差，系指相对于墙梁所在结构层楼面标高的高差值。高于者为正值，低于者为负值，当无高差时不注。

(4) 注写墙梁截面尺寸 $b \times h$，上部纵筋、下部纵筋和箍筋的具体数值。

(5) 当连梁设有对角暗撑时［代号为 LL（JC）××］，注写暗撑的截面尺寸（箍筋外皮尺寸）；注写一根暗撑的全部纵筋，并标注“×2”表明有两根暗撑相互交叉；注写暗撑箍筋的具体数值。连梁设有对角暗撑时列表注写示例如图6-5所示。

编号	所　在楼层号	梁顶相对标高高差	梁截面 $b \times h$	上部纵筋	下部纵筋	侧面纵筋	墙梁箍筋	对角暗撑		
								截面尺寸	纵筋	箍筋

图 6-5　连梁设对角暗撑配筋列表注写示例

（6）当连梁设有交叉斜筋时［代号为LL（JX）××］，注写连梁一侧对角斜筋的配筋值，并标注“×2”表明对称设置；注写对角斜筋在连梁端部设置的拉筋根数、强度级别及直径，并标注“×4”表示四个角都设置；注写连梁一侧折线筋配筋值，并标注“×2”表明对称设置。连梁设有交叉斜筋时列表注写示例如图6-6所示。

编号	所　在楼层号	梁顶相对标高高差	梁截面 $b \times h$	上部纵筋	下部纵筋	侧面纵筋	墙梁箍筋	交叉斜筋		
								对角斜筋	拉筋	折线筋

图 6-6　连梁设交叉斜筋配筋列表注写示例

（7）当连梁设有集中对角斜筋时［代号为LL（DX）××］，注写一条对角线上的对角斜筋，并标注“×2”表明对称设置。

连梁设有集中对角斜筋时列表注写示例如图6-7所示。

编号	所　在楼层号	梁顶相对标高高差	梁截面 $b \times h$	上部纵筋	下部纵筋	侧面纵筋	墙梁箍筋	集中对角斜筋

图 6-7　连梁设集中对角斜筋配筋列表注写示例

（8）跨高比不小于5的连梁，按框架梁设计时（代号为LLk××），采用平面注写方式，注写规则同框架梁，可采用适当比例单独绘制，也可与剪力墙平法施工图合并绘制。

（9）当设置双连梁、多连梁时，应分别表达在剪力墙平法施工图上。

墙梁侧面纵筋的配置，当墙身水平分布钢筋满足连梁和暗梁侧面纵向构造钢筋的要求时，该筋配置同墙身水平分布钢筋，表中不注，施工按标准构造详图的要求即可。

当墙身水平分布钢筋不满足连梁侧面纵向构造钢筋的要求时，应在表中补充注明设置的梁侧面纵筋的具体数值，纵筋沿梁高方向均匀布置；当采用平面注写方式时，梁侧面纵筋以大写字母“N”打头。

梁侧面纵向钢筋在支座内锚固要求同连梁中受力钢筋。

举例说明

N6⌀12，表示连梁两个侧面共配置6根直径为12mm的纵向构造钢筋，采用HRB400钢筋，每侧各配置3根。

6.1.3　截面注写方式

截面注写方式，系在按标准层绘制的剪力墙平面布置图上，以直接在墙柱、墙身、墙梁上注写截面尺寸和配筋具体数值的方式来表达剪力墙平法施工图，通过选用适当比例原位放大绘制剪力墙平面布置图，其中对墙柱绘制配筋截面图；对所有墙柱、墙身、墙梁分别进行编号，并分别在相同编号的墙柱、墙身、墙梁中选择一根墙柱、一道墙身、一根墙梁进行注写。

6.1.3.1　注写墙柱

从相同编号的墙柱中选择一个截面，原位绘制墙柱截面配筋图，注明几何尺寸，并在各配筋图上继其编号后标注全部纵筋及箍筋的具体数值。

小贴士

（1）约束边缘构件（图 6-2）除需注明阴影部分具体尺寸外，尚需注明约束边缘构件沿墙肢长度 l_c。

（2）配筋图中需注明约束边缘构件非阴影区内布置的拉筋或箍筋直径，与阴影区箍筋直径相同时，可不注。

6.1.3.2　注写墙身

从相同编号的墙身中选择一道墙身，按顺序引注的内容为：墙身编号（应包括注写在括号内墙身所配置的水平与竖向分布钢筋的排数）、墙厚尺寸，水平分布钢筋、竖向分布钢筋和拉筋的具体数值。

6.1.3.3　注写墙梁

从相同编号的墙梁中选择一根墙梁，采用平面注写方式，按顺序引注的内容如下。

（1）注写墙梁编号、墙梁所在层及截面尺寸 $b \times h$、墙梁箍筋、上部纵筋、下部纵筋和墙梁顶面标高高差的具体数值。

（2）当连梁设有对角暗撑［代号为 LL（JC）××］时，注写示例如图 6-5 所示。

举例说明

LL（JC）1　5层：500×1800　Φ10@100（4）　4Φ25；4Φ25　N18Φ14　JC300×300　6Φ22（×2）　Φ10@200（3），表示 1 号设对角暗撑连梁，所在楼层为 5 层；连梁宽 500mm，高 1800mm；箍筋为Φ10@100（4）；上部纵筋 4Φ25，下部纵筋 4Φ25；连梁两侧配置纵筋 18Φ14；梁顶标高相对于 5 层楼面标高无高差；连梁设有两根相互交叉的暗撑，暗撑截面（箍筋外皮尺寸）宽 300mm，高 300mm；每根暗撑纵筋为 6Φ22，上下排各 3 根；箍筋为Φ10@200（3）。

（3）当连梁设有交叉斜筋［代号为 LL（JX）××］时，注写示例如图 6-6 所示。

举例说明

LL（JX）2 6层：300×800 ⏀10@100（4） 4⏀18；4⏀18 N6⏀14（+0.100）JX2⏀22（×2） 3⏀10（×4），表示2号设交叉斜筋连梁，所在楼层为6层；连梁宽300mm，高800mm；箍筋为⏀10@100（4）；上部纵筋4⏀18，下部纵筋4⏀18；连梁两侧配置纵筋6⏀14；梁顶高于6层楼面标高0.100m；连梁对称设置交叉斜筋，每侧配筋2⏀22；交叉斜筋在连梁端部设置拉筋3⏀10，四个角都设置。

（4）当连梁设有集中对角斜筋［代号为LL（DX）××］时，注写示例如图6-7所示。

举例说明

LL（DX）3 6层：400×1000 ⏀10@100（4） 4⏀20；4⏀20 N8⏀14 DX8⏀20（×2），表示3号设对角斜筋连梁，所在楼层为6层；连梁宽400mm，高1000mm；箍筋为⏀10@100（4）；上部纵筋4⏀20，下部纵筋4⏀20；连梁两侧配置纵筋8⏀14；连梁对称设置对角斜筋，每侧斜筋配筋8⏀20，上下排各4⏀20。

（5）跨高比不小于5的连梁，按框架梁设计时（代号为LLk××），采用平面注写方式，注写规则同框架梁，可采用适当比例单独绘制，也可与剪力墙平法施工图合并绘制。

当墙身水平分布钢筋不能满足连梁的侧面纵向构造钢筋的要求时，应补充注明梁侧面纵筋的具体数值；注写时，以大写字母“N”打头，接续注写梁侧面纵筋的总根数与直径。其在支座内的锚固要求同连梁中受力钢筋。

6.1.4 剪力墙洞口的表示方法

无论采用列表注写方式还是截面注写方式，剪力墙上的洞口均可在剪力墙平面布置图上原位表达，方法如下。

首先，在剪力墙平面布置图上绘制洞口示意，并标注洞口中心的平面定位尺寸。

然后，在洞口中心位置引注：洞口编号、洞口几何尺寸、洞口所在层及洞口中心相对标高、洞口每边补强钢筋，共四项内容，具体如下。

（1）洞口编号：矩形洞口为JD××（××为序号），圆形洞口为YD××（××为序号）。

（2）洞口几何尺寸：矩形洞口为洞宽×洞高（$b\times h$），圆形洞口为洞口直径D。

（3）洞口所在层及洞口中心相对标高，相对标高指相对于本结构层楼（地）面标高的洞口中心高度，应为正值。

（4）洞口每边补强钢筋，分以下几种不同情况。

① 当矩形洞口的洞宽、洞高均不大于800mm时，此项注写为洞口每边补强钢筋的具体数值。当洞宽、洞高方向补强钢筋不一致时，分别注写沿洞宽方向、沿洞高方向补强钢筋，以“/”分隔。

举例说明

JD2 400×300 2~5层：+1.000 3Φ14，表示2~5层设置2号矩形洞口，洞宽400mm、洞高300mm，洞口中心距结构层楼面1000mm，洞口每边补强钢筋为3Φ14。

JD4 800×300 6层：+2.500 3Φ18/3Φ14，表示6层设置4号矩形洞口，洞宽800mm、洞高300mm，洞口中心距6层楼面2500mm，沿洞宽方向每边补强钢筋为3Φ18，沿洞高方向每边补强钢筋为3Φ14。

② 当矩形或圆形洞口的洞宽或直径大于800mm时，在洞口的上、下需设置补强暗梁，此项注写为洞口上、下每边暗梁的纵筋与箍筋的具体数值，圆形洞口时尚需注明环向加强钢筋的具体数值；当洞口上、下边为剪力墙连梁时，此项免注；洞口竖向两侧设置边缘构件时，亦不在此项表达。

举例说明

JD5 1000×900 3层：+1.400 6Φ20 Φ8@150(2)，表示3层设置5号矩形洞口，宽1000mm、洞高900mm，洞口中心距3层楼面1400mm；洞口上下设补强暗梁；暗梁纵筋为6Φ20，上、下排对称布置；箍筋为Φ8@150，双肢箍。

YD5 1000 2~6层：+1.800 6Φ20 Φ8@150(2) 2Φ16，表示2~6层设置5号圆形洞口，直径1000mm，洞口中心距结构层楼面1800mm；洞口上下设补强暗梁；暗梁纵筋为6Φ20，上、下排对称布置；箍筋为Φ8@150，双肢箍；环向加强钢筋2Φ16。

③ 当圆形洞口设置在连梁中部1/3范围（且圆洞直径不应大于1/3梁高）时，需注写在圆洞上下水平设置的每边补强纵筋与箍筋。

④ 当圆形洞口设置在墙身位置，且洞口直径不大于300mm时，此项注写为洞口上下左右每边布置的补强纵筋的具体数值。

⑤ 当圆形洞口直径大于300mm，但不大于800mm时，此项注写为洞口上下左右每边布置的补强纵筋的具体数值，以及环向加强钢筋的具体数值。

举例说明

YD5 600 5层：+1.800 2Φ20 2Φ16，表示5层设置5号圆形洞口，直径600mm，洞口中心距5层楼面1800mm，洞口上下左右每边补强钢筋为2Φ20，环向加强钢筋2Φ16。

6.1.5 地下室外墙的表示方法

地下室外墙编号，由墙身代号、序号组成，表达为DWQ××。

地下室外墙平面注写方式，包括集中标注墙体编号，厚度、贯通钢筋、拉结筋等和原位标注附加非贯通钢筋两部分内容。当仅设置贯通钢筋，未设置附加非贯通钢筋时，则仅做集中标注。

6.1.5.1 集中标注

地下室外墙的集中标注规定如下。

（1）注写地下室外墙编号，包括代号、序号、墙身长度（注为××～××轴）。

（2）注写地下室外墙厚度 b_w=×××。

（3）注写地下室外墙的外侧、内侧贯通钢筋和拉结筋。

① 以 OS 代表外墙外侧贯通钢筋。其中，外侧水平贯通钢筋以 H 打头注写，外侧竖向贯通钢筋以 V 打头注写。

② 以 IS 代表外墙内侧贯通钢筋。其中，内侧水平贯通钢筋以 H 打头注写，内侧竖向贯通钢筋以 V 打头注写。

③ 以 tb 打头注写拉结筋直径、钢筋种类及间距，并注明“矩形”或“梅花”。

举例说明

DWQ2（①～⑥），b_w= 300

OS：H⌀18@200，V⌀20@200

IS：H⌀16@200，V⌀18@200

tb ϕ6@400@400 矩形

表示 2 号外墙，长度范围为①～⑥轴之间，墙厚为 300mm；外侧水平贯通钢筋为⌀18@200，竖向贯通钢筋为⌀20@200；内侧水平贯通钢筋为⌀16@200，竖向贯通钢筋为⌀18@200；拉结筋为ϕ6，矩形布置，水平间距为 400mm，竖向间距为 400mm。

6.1.5.2 原位标注

地下室外墙的原位标注，主要表示在外墙外侧配置的水平非贯通钢筋或竖向非贯通钢筋。

当配置水平非贯通钢筋时，在地下室墙体平面图上原位标注。在地下室外墙外侧绘制粗实线段代表水平非贯通钢筋，在其上注写钢筋编号并以 H 打头注写钢筋种类、直径、分布间距，以及自支座中线向两边跨内的伸出长度值。当自支座中线向两侧对称伸出时，可仅在单侧标注跨内伸出长度，另一侧不注，此种情况下非贯通钢筋总长度为标注长度的 2 倍。边支座处非贯通钢筋的伸出长度值从支座外边缘算起。

地下室外墙外侧非贯通钢筋通常采用“隔一布一”方式与集中标注的贯通钢筋间隔布置，其标注间距应与贯通钢筋相同，两者组合后的实际分布间距为各自标注间距的 1/2。

当在地下室外墙外侧底部、顶部、中层楼板位置配置竖向非贯通钢筋时，应补充绘制地下室外墙竖向剖面图并在其上原位标注。表示方法为在地下室外墙竖向剖面图外侧绘制粗实线段代表竖向贯通钢筋，在其上注写钢筋编号并以 V 打头注写钢筋种类、直径、分布间距，以及向上（下）层的伸出长度值，并在外墙竖向剖面图图名下注明分布范围（××～××轴）。

小贴士

外墙外侧竖向非贯通钢筋向层内的伸出长度值注写方式：

（1）地下室外墙底部非贯通钢筋向层内的伸出长度值从基础底板顶面算起；

（2）地下室外墙顶部非贯通钢筋向层内的伸出长度值从顶板底面算起；

（3）中层楼板处非贯通钢筋向层内的伸出长度值从板中间算起，当上下两侧伸出长度值相同时可仅注写一侧。

地下室外墙外侧水平、竖向非贯通钢筋配置相同者，可仅选择一处注写，其他可仅注写编号。

当在地下室外墙顶部设置水平通长加强钢筋时应注明。

6.2 剪力墙构件识图方法

6.2.1 剪力墙平法施工图识图内容和步骤

6.2.1.1 剪力墙平法施工图识图内容

（1）图名和比例。

（2）定位轴线及其编号、间距和尺寸。

（3）剪力墙柱、剪力墙身、剪力墙梁的编号及平面布置。

（4）每一种编号剪力墙柱、剪力墙身、剪力墙梁的标高、断面尺寸、钢筋配置情况。

（5）必要的设计说明和详图。

6.2.1.2 剪力墙平法施工图识图步骤

（1）查看图名、比例。

（2）首先校核轴线编号及其间距尺寸，要求必须与建筑平面图、基础平面图保持一致。

（3）与建筑平面图配合，明确各段剪力墙的暗柱和端柱的编号、数量及位置，墙身的编号和长度，洞口的定位尺寸。

（4）阅读结构设计总说明或有关说明，明确剪力墙的混凝土强度等级。

（5）所有洞口的上方必须设置连梁，且连梁的编号应与剪力墙洞口编号对应。根据连梁的编号，查阅剪力墙梁表或图中标注，明确连梁的截面尺寸、标高和配筋情况。再根据抗震等级、设计要求和标注构造详图确定纵向钢筋和箍筋的构造要求，如纵向钢筋伸入墙面的锚固长度、箍筋的位置要求。

（6）根据各段剪力墙端柱、暗柱和小墙肢的编号，查阅剪力墙柱表或图中截面标注等，明确端柱、暗柱和小墙肢的截面尺寸、标高和配筋情况。再根据抗震等级、设计要求和标准构造详图确定纵向钢筋的箍筋构造要求，如箍筋加密区的范围、纵向钢筋的连接方式、位置和搭接长度、弯折要求、柱头锚固要求。

（7）根据各段剪力墙身的编号，查阅剪力墙身表或图中标注，明确剪力墙身的厚度、标高和配筋情况。再根据抗震等级、设计要求和标准构造详图，确定水平分布筋、竖向分布筋和拉筋的构造要求，如水平钢筋的锚固和搭接长度、弯折要求、竖向钢筋的连接的方式、位置和搭接长度、弯折的锚固要求。

需要特别说明的是，不同楼层的剪力墙混凝土等级由下向上会有变化，同一楼层，墙和梁板的混凝土强度等级可能也有所不同，应格外注意。

6.2.2 剪力墙标准构造识图

6.2.2.1 剪力墙水平分布钢筋构造

（1）端部有暗柱时，剪力墙水平钢筋端部做法如图 6-8 和图 6-9 所示。

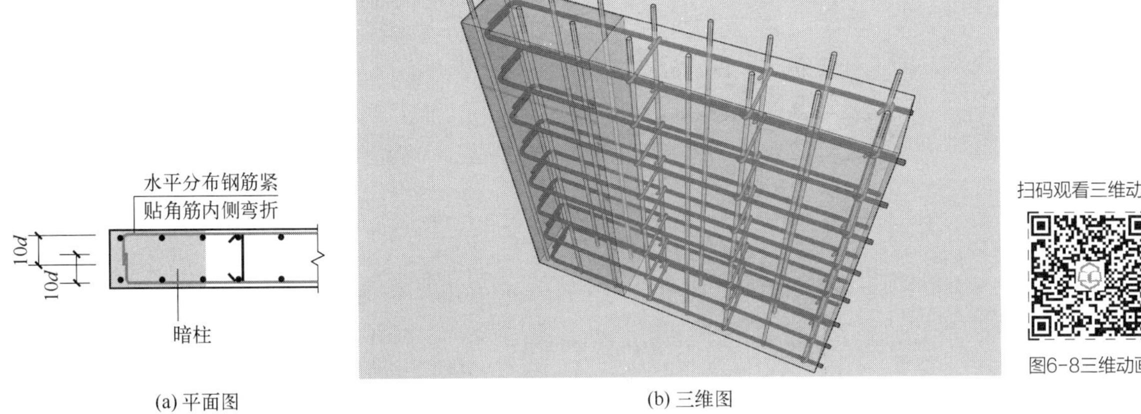

(a) 平面图　　(b) 三维图

图 6-8 端部有暗柱时剪力墙水平钢筋端部做法

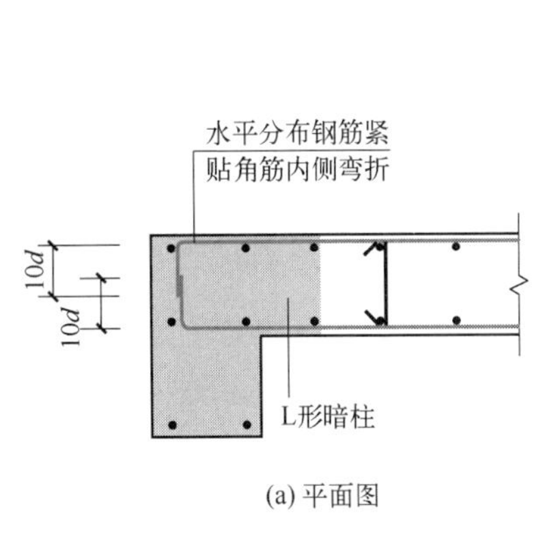

(a) 平面图

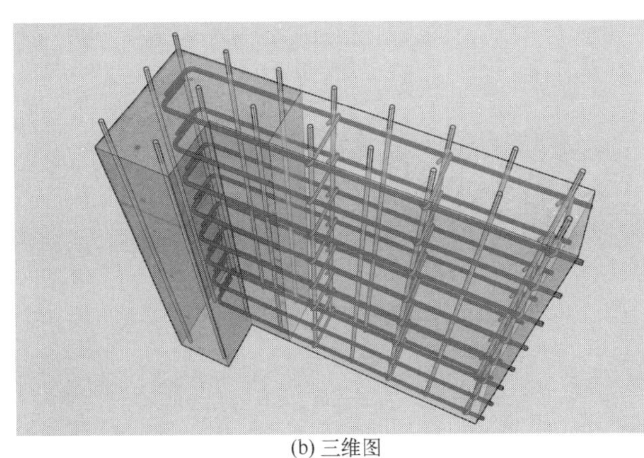

(b) 三维图

图 6-9 端部有 L 形暗柱时剪力墙水平钢筋端部做法

（2）斜交转角墙水平分布钢筋构造如图 6-10 所示。转角墙水平分布钢筋构造如图 6-11～图 6-13 所示。

（3）剪力墙水平分布钢筋交错搭接，沿高度每隔一根错开搭接，如图 6-14 所示。剪力墙水平配筋如图 6-15 所示。剪力墙钢筋配置若多于两排，中间排水平筋端部构造同内侧钢筋。

（4）翼墙水平分布钢筋构造如图 6-16～图 6-18 所示，斜交翼墙水平分布钢筋构造如图 6-19 所示。

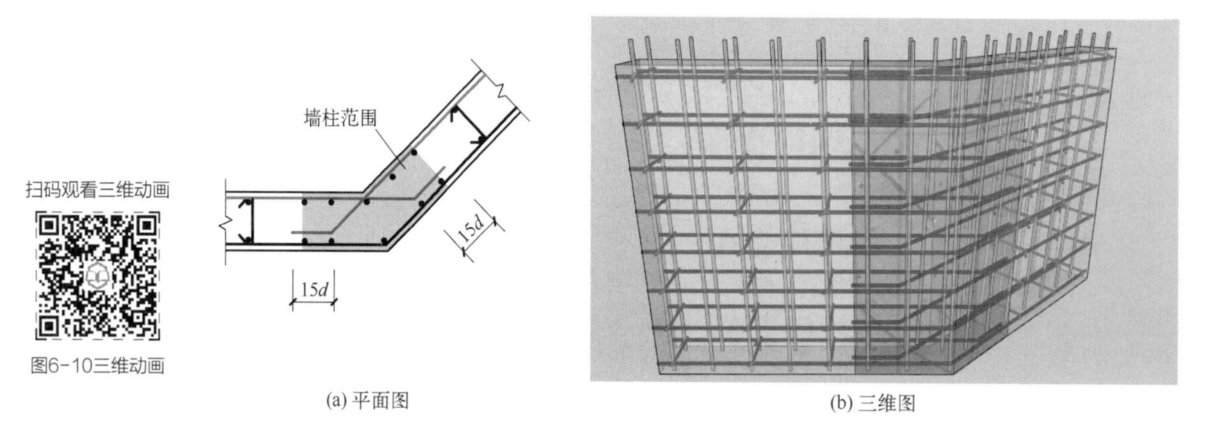

图 6-10 斜交转角墙水平分布钢筋构造

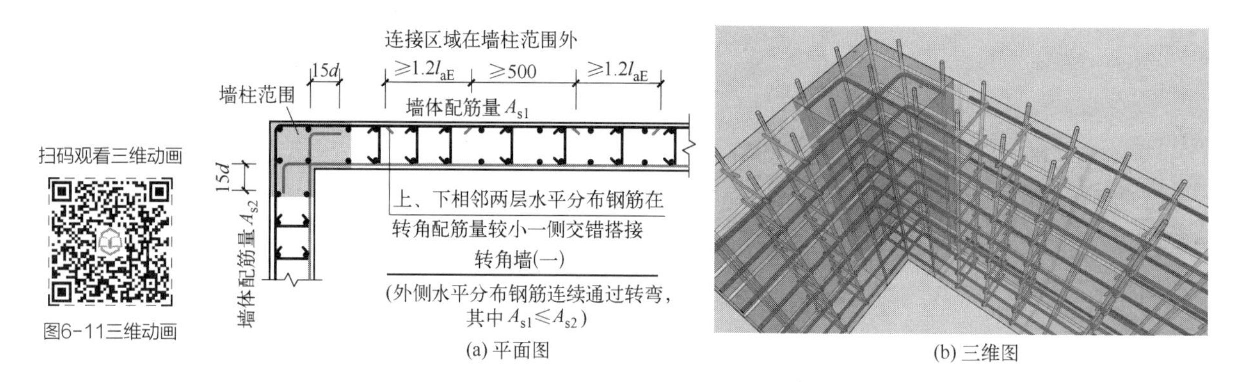

图 6-11 转角墙（一）水平分布钢筋构造

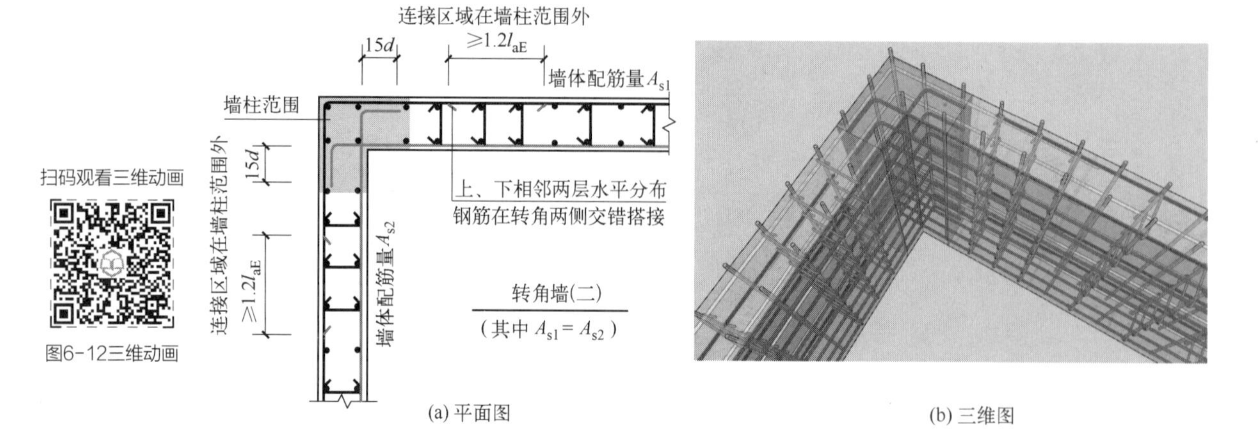

图 6-12 转角墙（二）水平分布钢筋构造

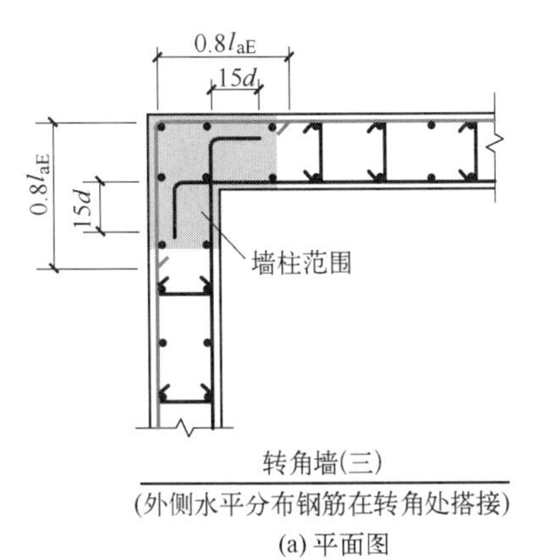

(a) 平面图

(b) 三维图

扫码观看三维动画

图6-13三维动画

图 6-13 转角墙（三）水平分布钢筋构造

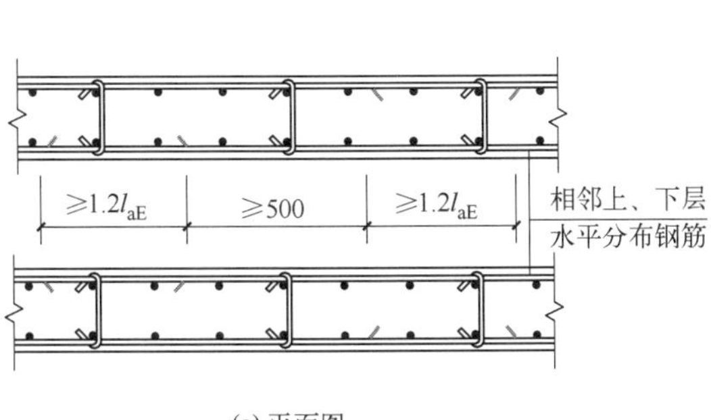

相邻上、下层
水平分布钢筋

(a) 平面图

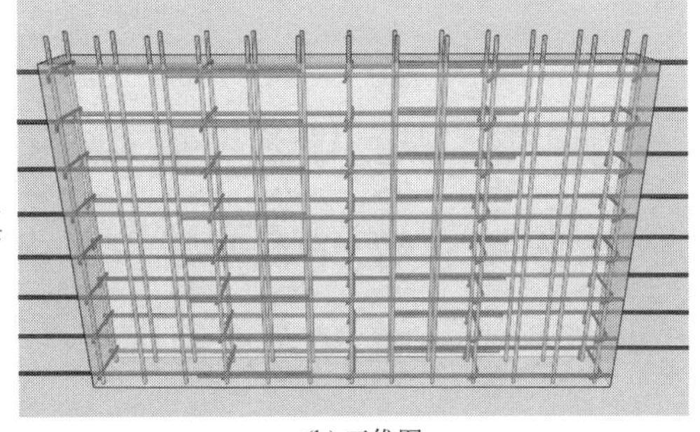

(b) 三维图

扫码观看三维动画

图6-14三维动画

图 6-14 剪力墙水平分布钢筋交错搭接

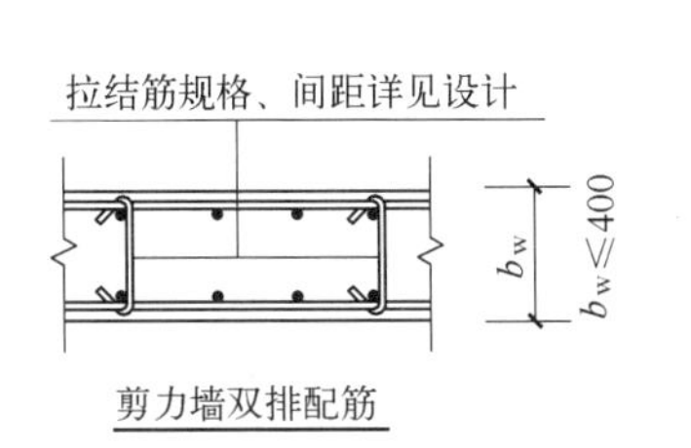

剪力墙双排配筋

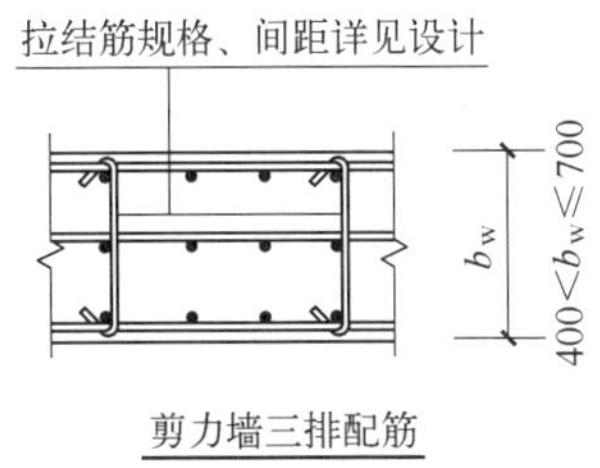

剪力墙三排配筋

拉结筋规格、间距详见设计

b_w

$b_w > 700$

剪力墙四排配筋

图 6-15 剪力墙水平配筋

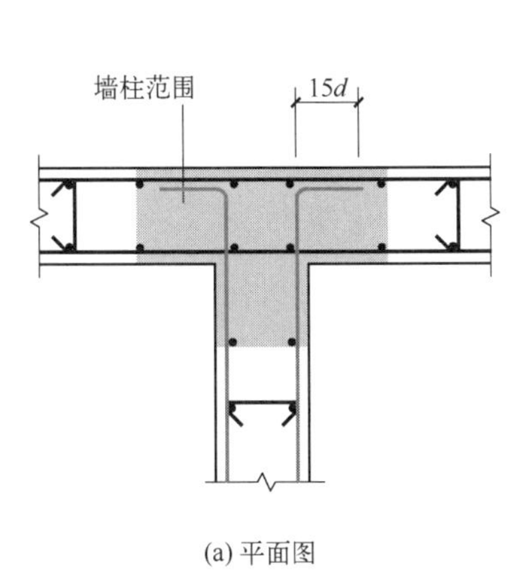

(a) 平面图

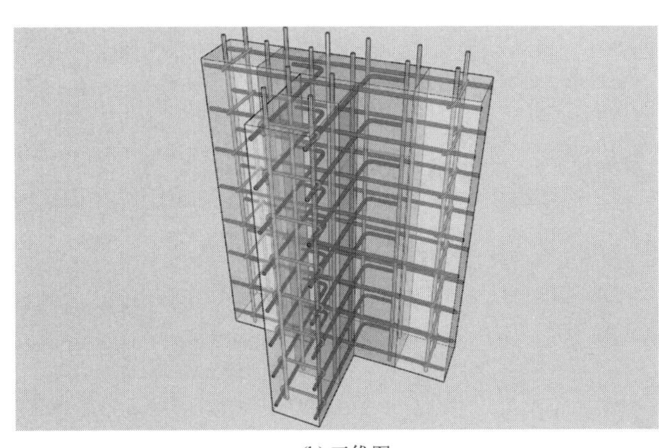

(b) 三维图

扫码观看三维动画

图6-16三维动画

图 6-16 翼墙水平分布钢筋构造（一）

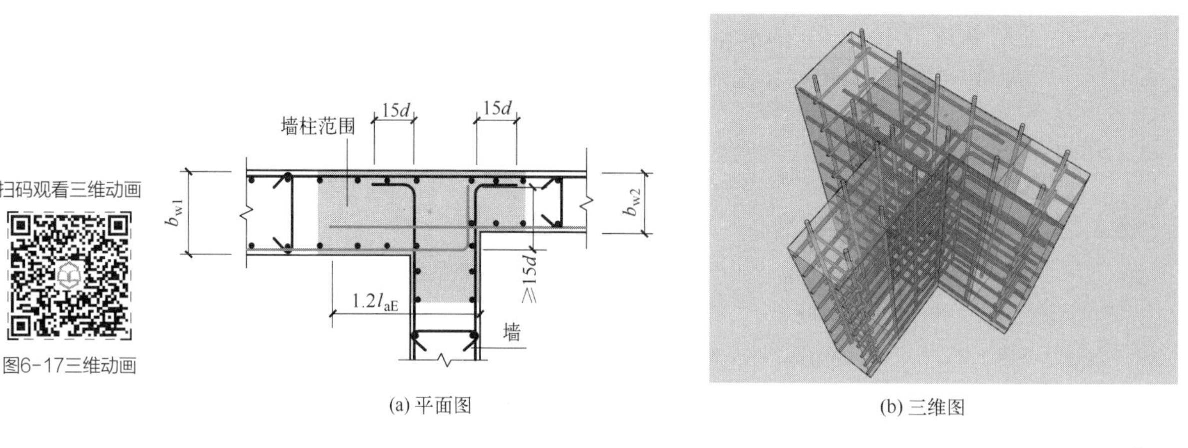

(a) 平面图　　(b) 三维图

图 6-17　翼墙水平分布钢筋构造（二）（$b_{w1}>b_{w2}$）

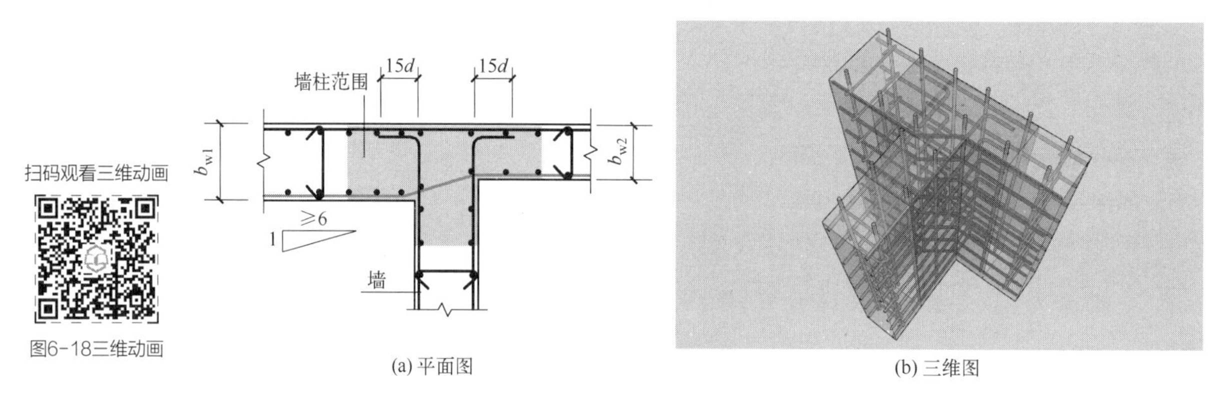

(a) 平面图　　(b) 三维图

图 6-18　翼墙水平分布钢筋构造（三）（$b_{w1}>b_{w2}$）

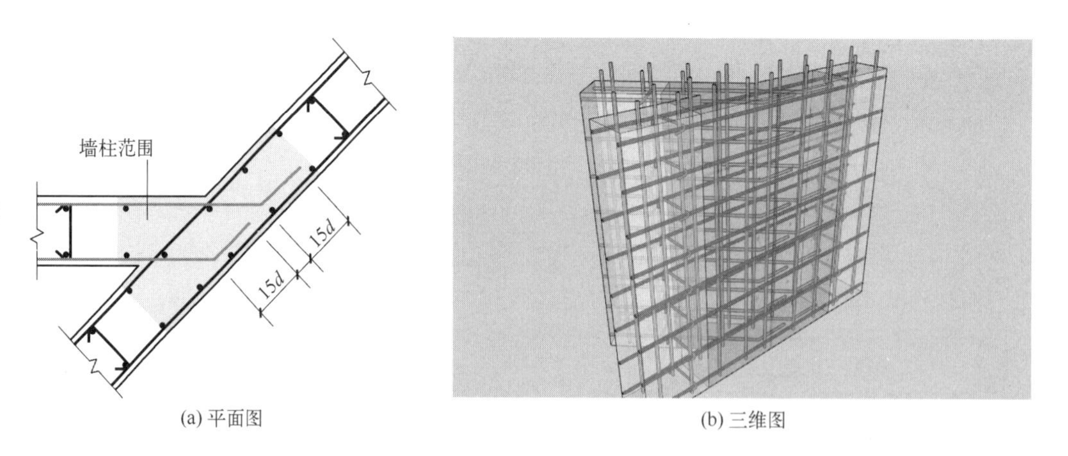

(a) 平面图　　(b) 三维图

图 6-19　斜交翼墙水平分布钢筋构造

（5）端柱转角墙水平分布钢筋构造如图 6-20～图 6-22 所示，端柱翼墙水平分布钢筋构造如图 6-23～图 6-25 所示，端柱端部墙水平分布钢筋构造如图 6-26 和图 6-27 所示。当位于端柱纵向钢筋内侧的墙水平分布钢筋伸入端柱的长度不小于 l_{aE} 时，可直锚，弯锚时应伸至端柱对边后弯折。

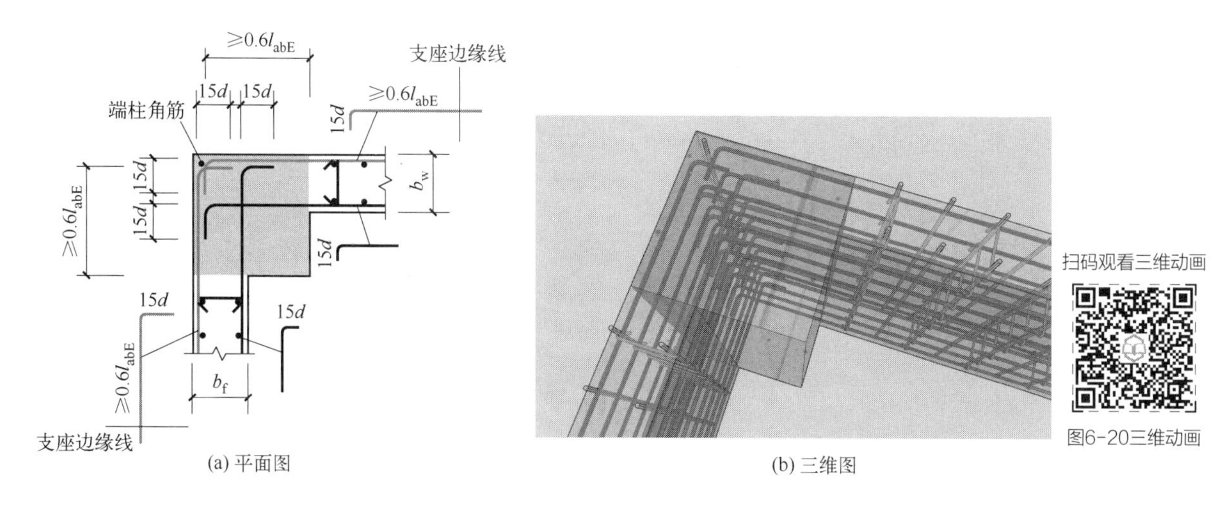

图 6-20 端柱转角墙水平分布钢筋构造（一）

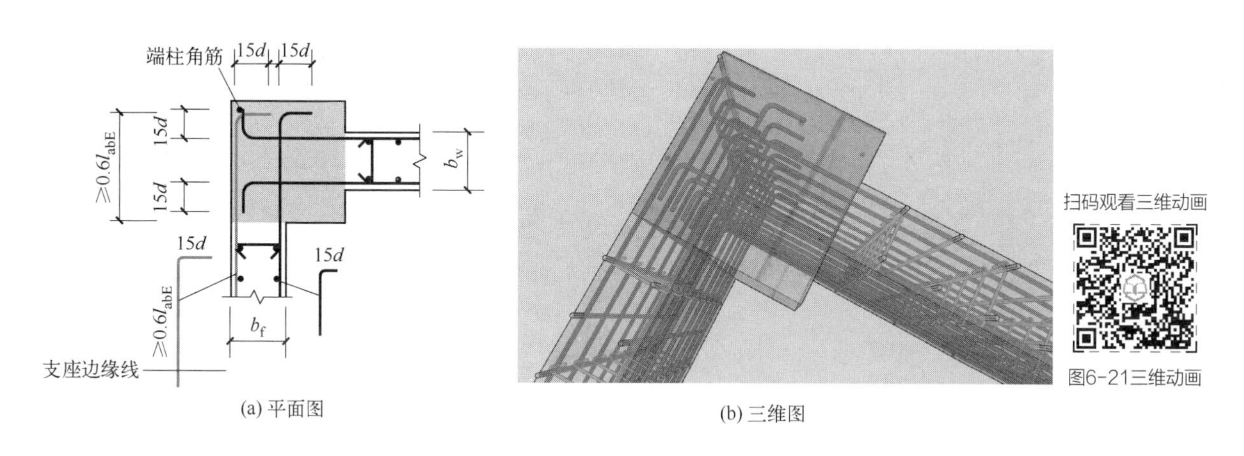

图 6-21 端柱转角墙水平分布钢筋构造（二）

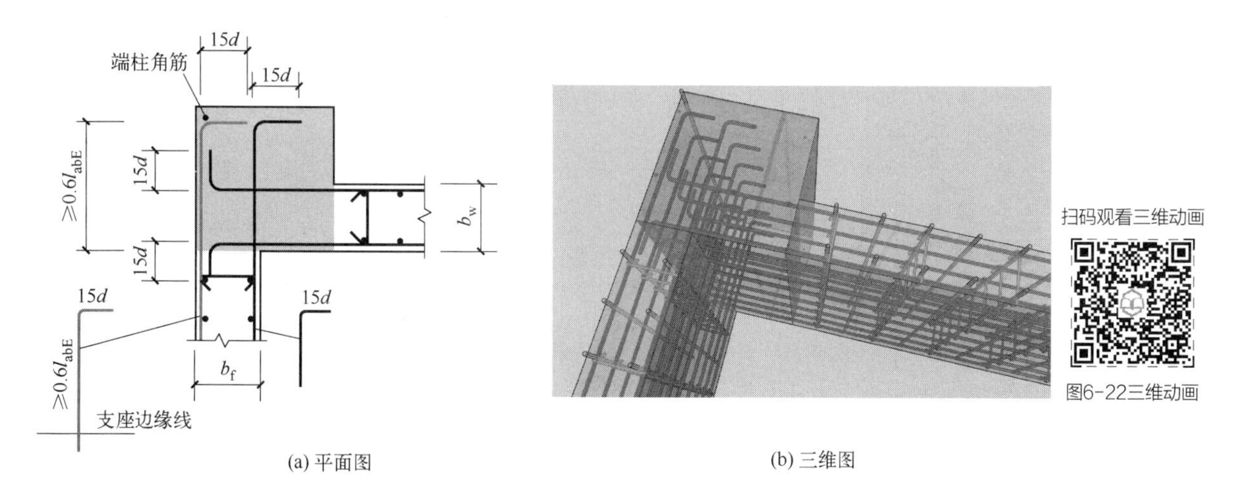

图 6-22 端柱转角墙水平分布钢筋构造（三）

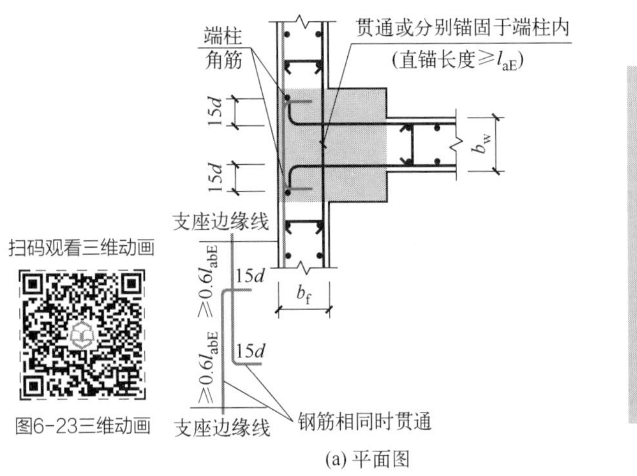

(a) 平面图

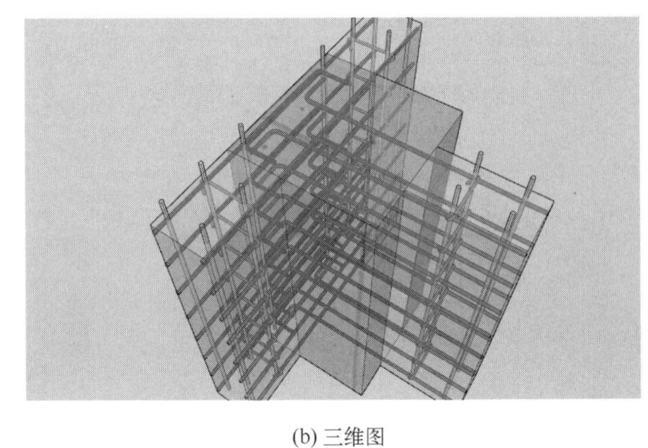

(b) 三维图

图 6-23　端柱翼墙水平分布钢筋构造（一）

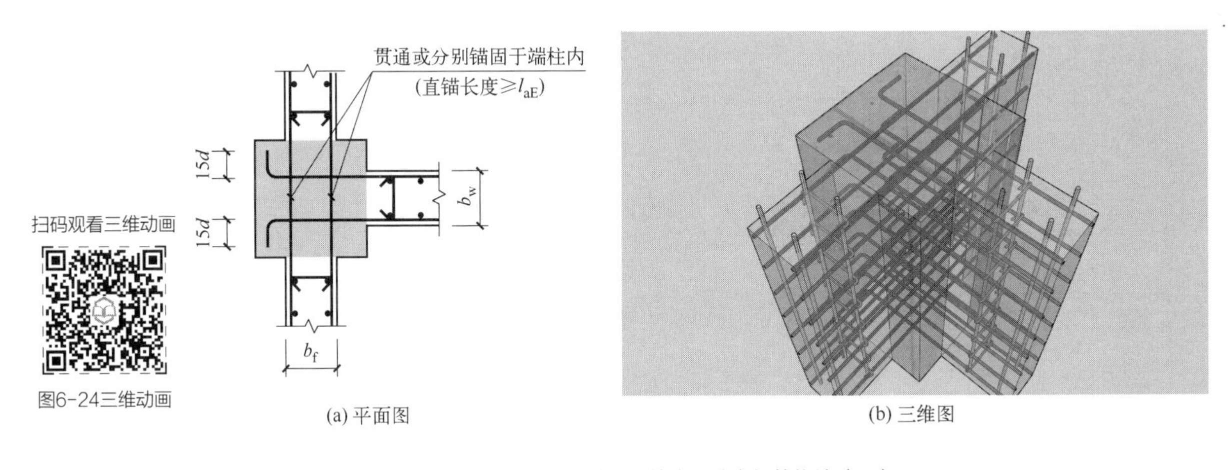

(a) 平面图　　(b) 三维图

图 6-24　端柱翼墙水平分布钢筋构造（二）

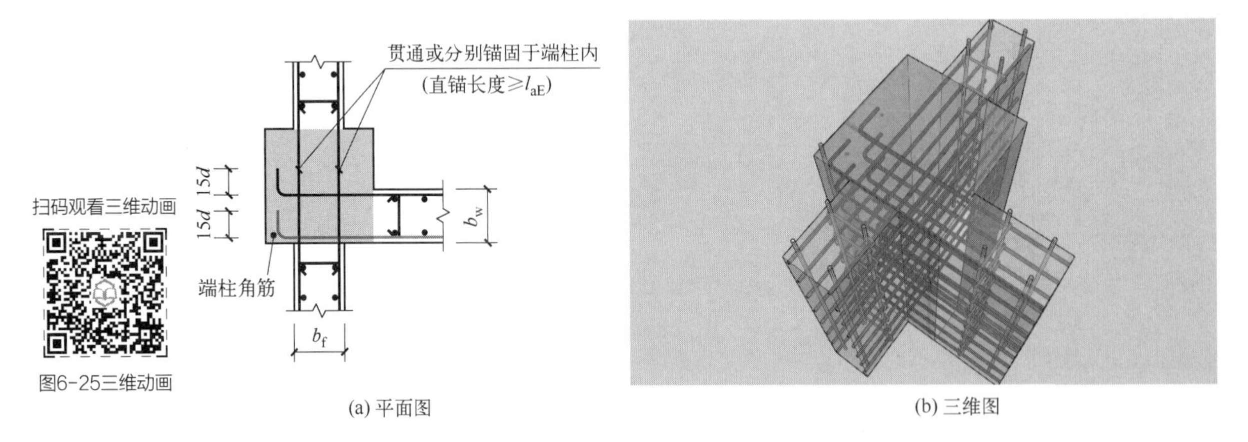

(a) 平面图　　(b) 三维图

图 6-25　端柱翼墙水平分布钢筋构造（三）

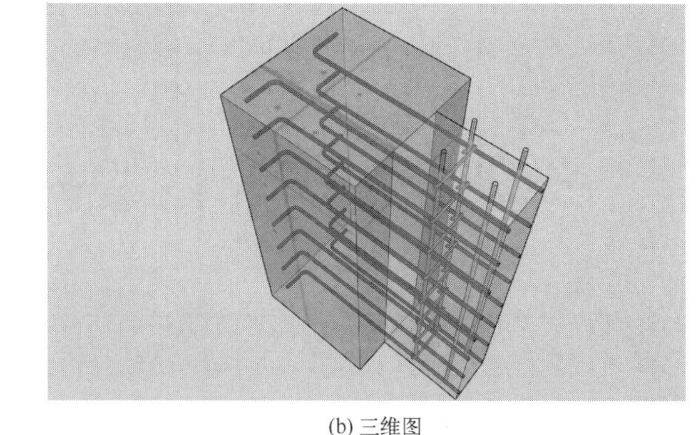

扫码观看三维动画

图6-26三维动画

(a) 平面图 (b) 三维图

图 6-26 端柱端部墙水平分布钢筋构造（一）

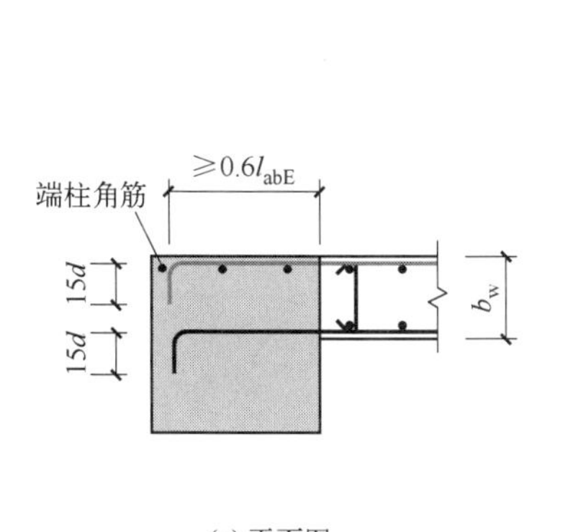

扫码观看三维动画

图6-27三维动画

(a) 平面图 (b) 三维图

图 6-27 端柱端部墙水平分布钢筋构造（二）

6.2.2.2 剪力墙身竖向钢筋构造

（1）剪力墙身竖向分布钢筋连接构造如图 6-28～图 6-31 所示。

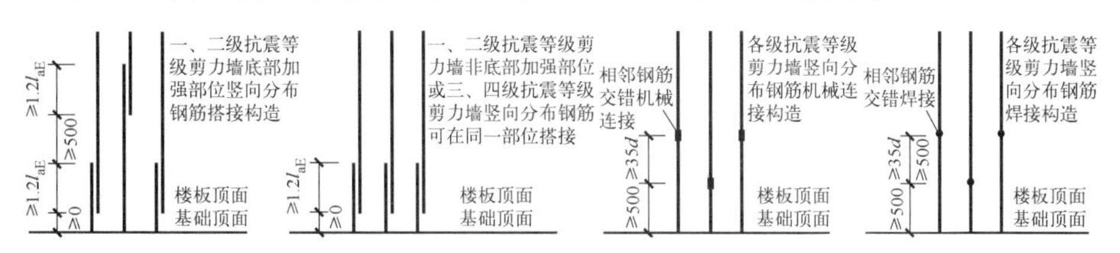

图 6-28 剪力墙身竖向分布钢筋连接构造（一）

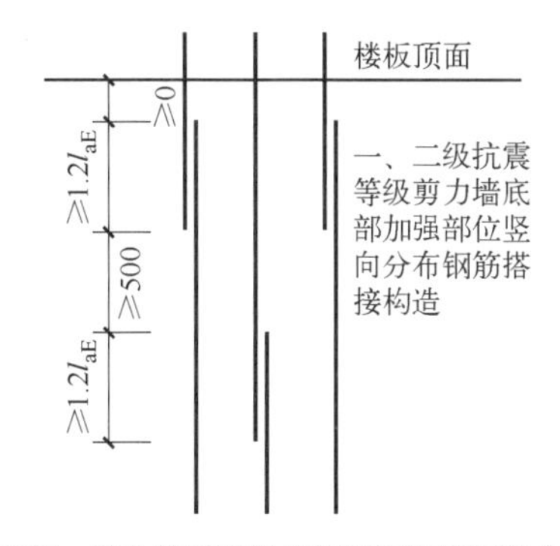

图 6-29 剪力墙身竖向分布钢筋连接构造（二）

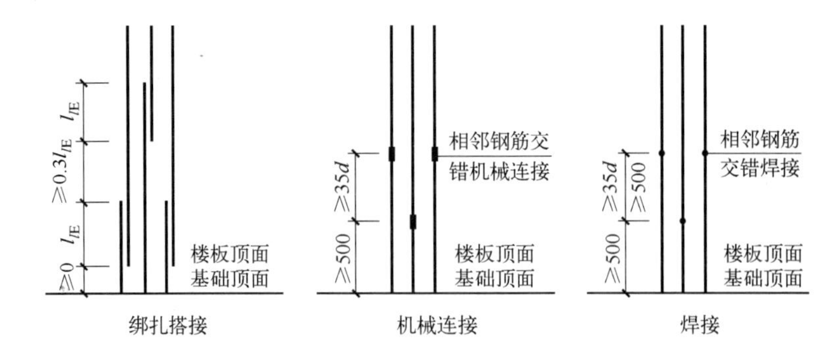

图 6-30 剪力墙身边缘构件纵向钢筋连接构造（一）

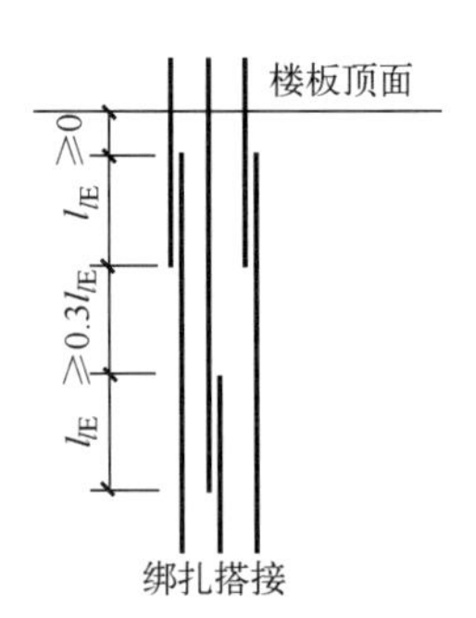

图 6-31 剪力墙身边缘构件纵向钢筋连接构造（二）

小贴士

剪力墙身竖向分布钢筋连接构造(二)（图 6-29）适用于剪力墙竖向分布钢筋上层钢筋直径大于下层钢筋直径时，剪力墙身边缘构件纵向钢筋连接构造(一)适用于侧向构件阴影部分和构造边缘构件的纵向钢筋，剪力墙身边缘构件纵向钢筋连接构造(二)（图 6-31）适用于约束边缘构件阴影部分和构造边缘构件的纵向钢筋，当上层钢筋直径大于下层钢筋直径时。

端柱竖向钢筋和箍筋构造与框架柱相同。矩形截面独立墙肢，当截面高度不大于截面厚度的竖向钢筋和箍筋的构造要求与框架柱相同或按设计要求。

约束边缘构件阴影部分、构造边缘构件、扶壁柱及非边缘暗柱的纵筋搭接长度范围内，箍筋直径应不小于纵向搭接钢筋最大直径的 25%，箍筋间距不大于 100mm。

对于上层钢筋直径大于下层钢筋直径的情况，图 6-28～图 6-31 中为绑扎搭接，也可采用机械连接或焊接连接，并满足相应连接区段长度的要求。对于一、二级抗震等级剪力墙非底部加强部位或三、四级抗震等级剪力墙竖向分布钢筋，可在同一部位搭接。

（2）剪力墙竖向配筋如图 6-32 所示。

（3）剪力墙竖向钢筋顶部构造如图 6-33 所示。

（4）剪力墙竖向分布钢筋锚入连梁构造如图 6-34 所示。剪力墙上起边缘构件纵筋构造如图 6-35 所示。

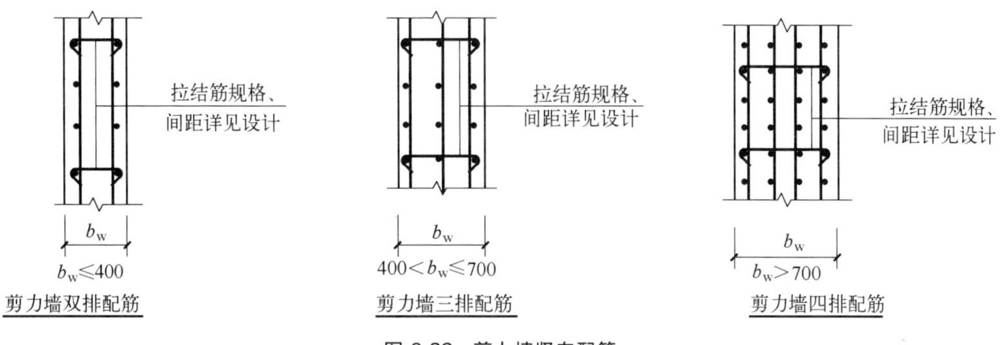

图 6-32 剪力墙竖向配筋

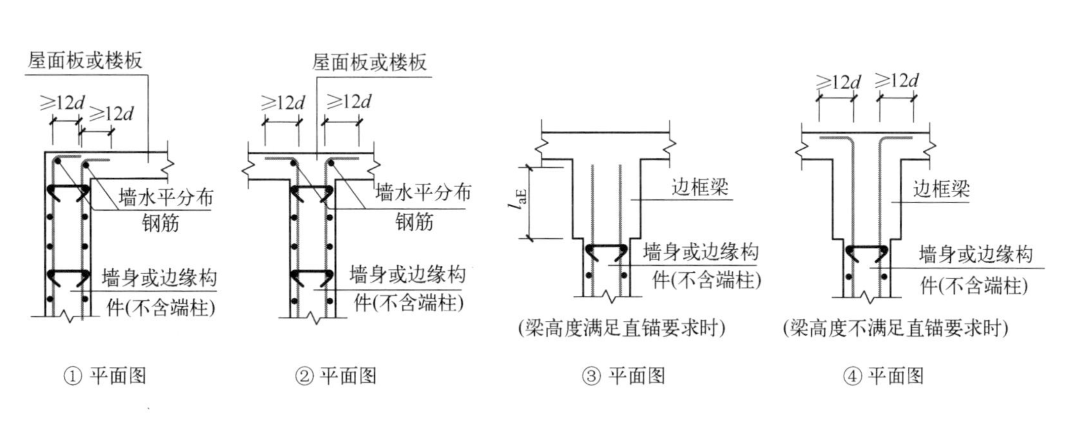

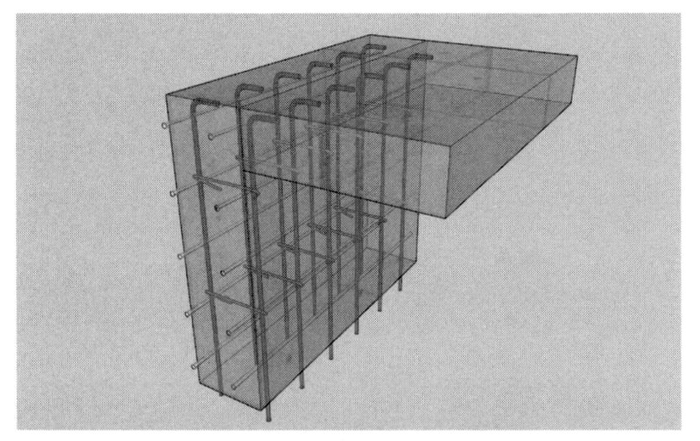

① 三维图

扫码观看三维动画

图6-33①三维动画

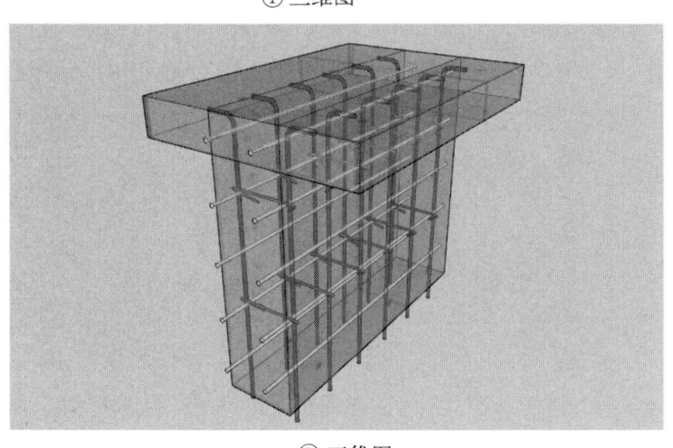

② 三维图

扫码观看三维动画

图6-33②三维动画

图 6-33

扫码观看三维动画

图6-33③三维动画

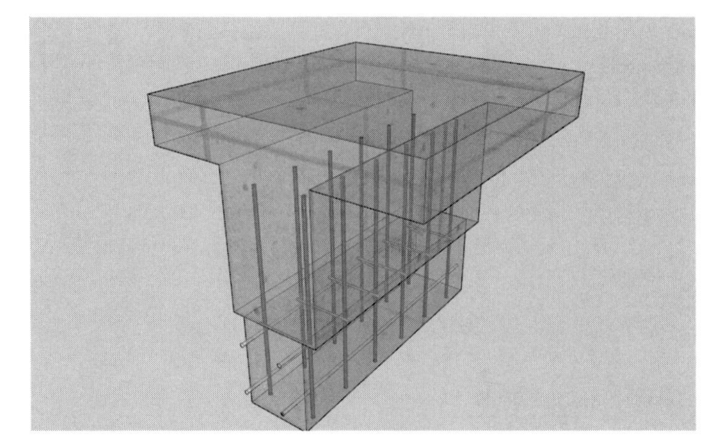

③ 三维图

扫码观看三维动画

图6-33④三维动画

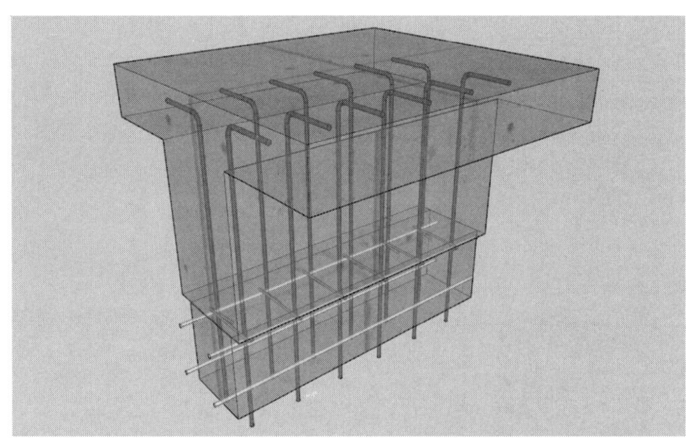

④ 三维图

图 6-33 剪力墙竖向钢筋顶部构造

扫码观看三维动画

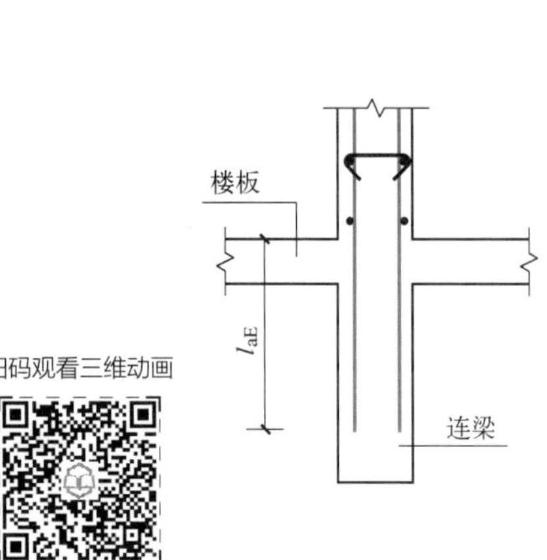

图6-34三维动画

(a) 平面图

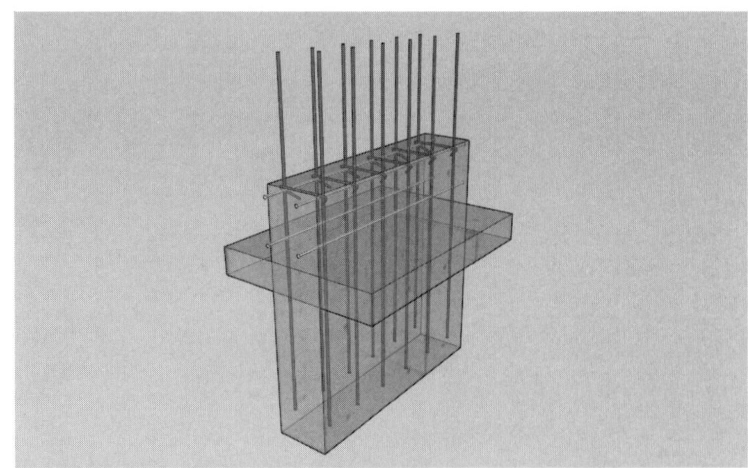

(b) 三维图

图 6-34 剪力墙竖向分布钢筋锚入连梁构造

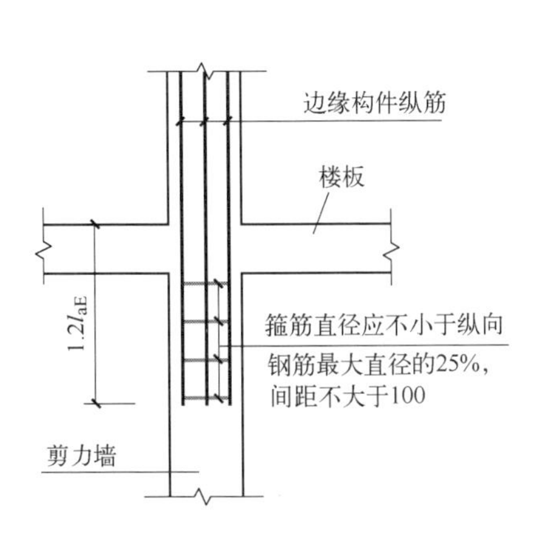

(a) 平面图

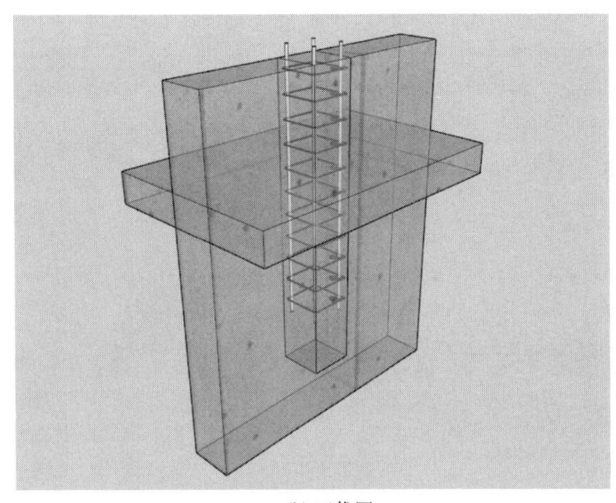

(b) 三维图

扫码观看三维动画

图6-35三维动画

图 6-35 剪力墙上起边缘构件纵筋构造

（5）剪力墙变截面处竖向钢筋构造如图 6-36 所示。

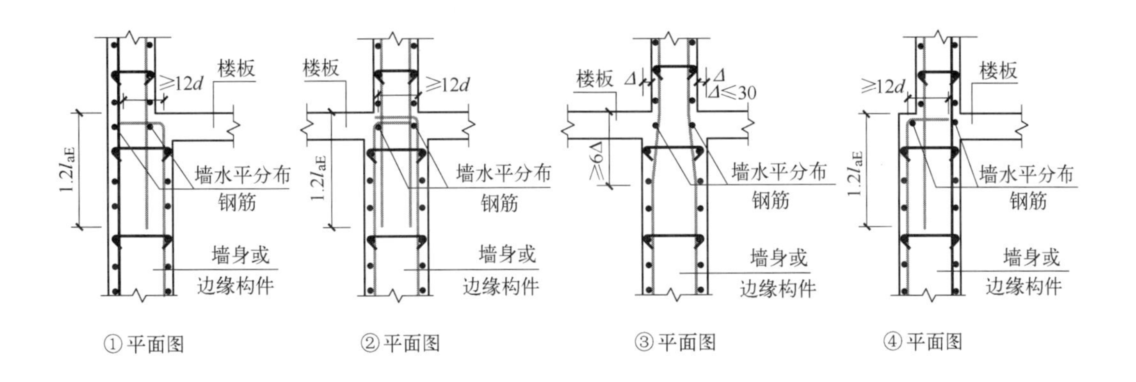

① 平面图 ② 平面图 ③ 平面图 ④ 平面图

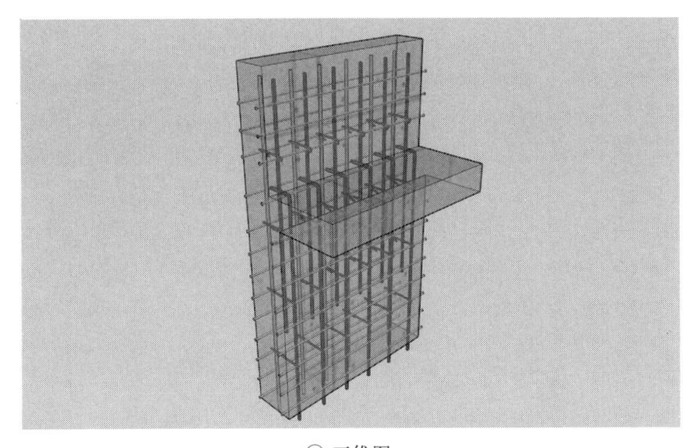

① 三维图

扫码观看三维动画

图6-36①三维动画

图 6-36

扫码观看三维动画

图6-36②三维动画

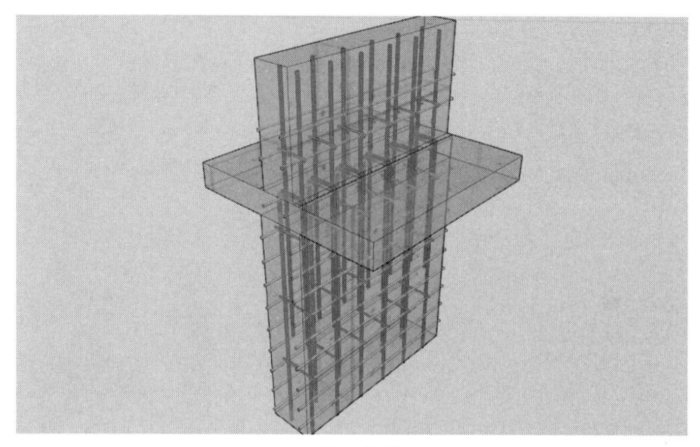

②三维图

扫码观看三维动画

图6-36③三维动画

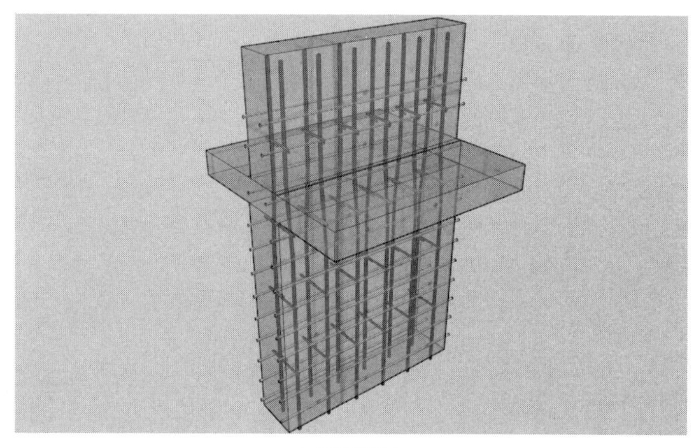

③三维图

扫码观看三维动画

图6-36④三维动画

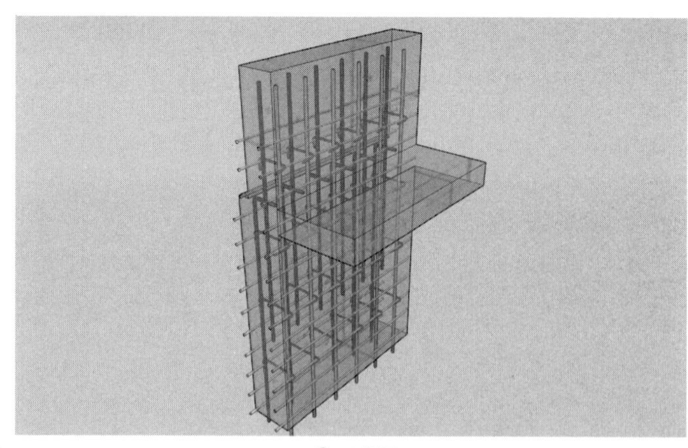

④ 三维图

图 6-36 剪力墙变截面处竖向钢筋构造

6.2.2.3 约束边缘构件 YBZ 构造

（1）约束边缘暗柱如图 6-37 和图 6-38 所示，约束边缘端柱如图 6-39 和图 6-40 所示。

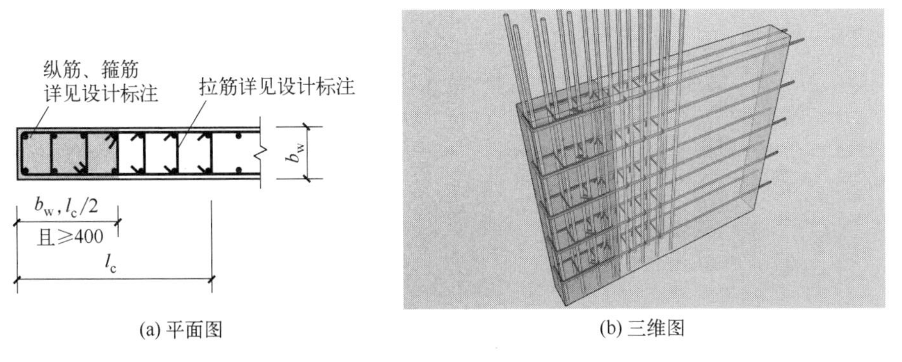

(a) 平面图　(b) 三维图

扫码观看三维动画

图6-37三维动画

图 6-37 约束边缘暗柱（一）（非阴影区设置拉筋）

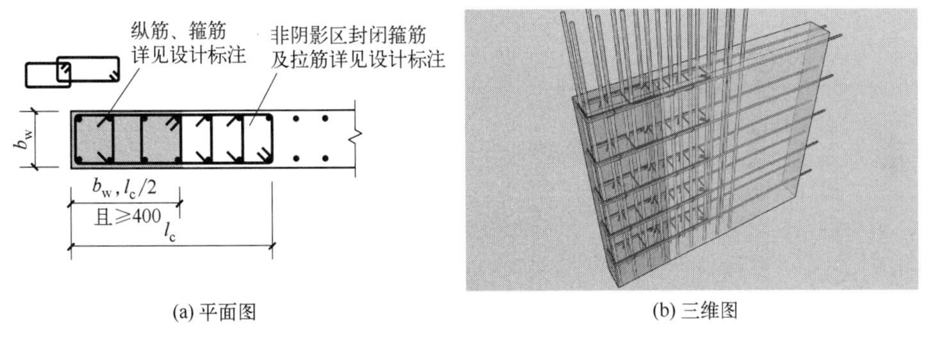

(a) 平面图　(b) 三维图

扫码观看三维动画

图6-38三维动画

图 6-38 约束边缘暗柱（二）（非阴影区外圈设置封闭箍筋）

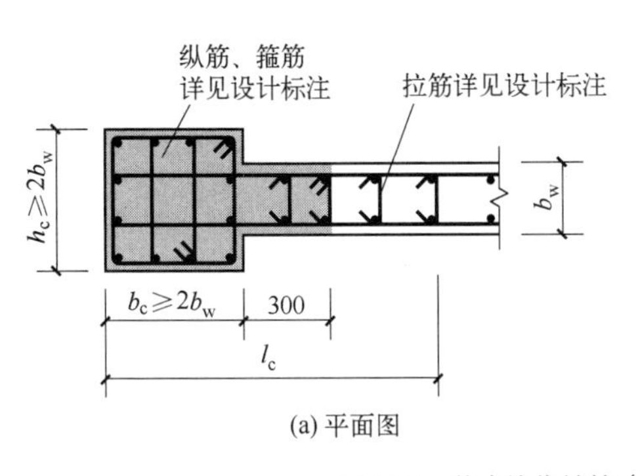

(a) 平面图

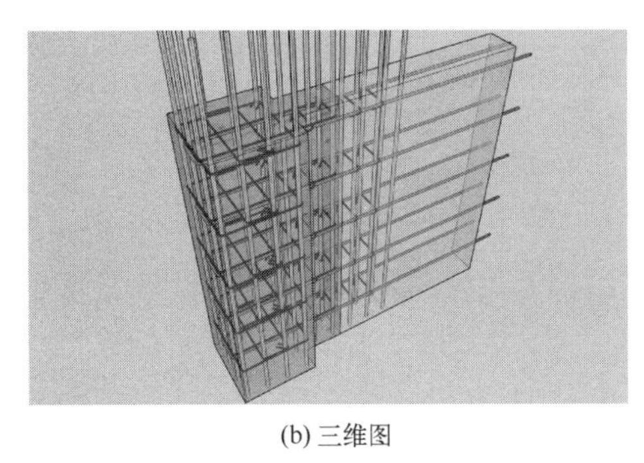
(b) 三维图

扫码观看三维动画

图6-39三维动画

图 6-39 约束边缘端柱（一）（非阴影区设置拉筋）

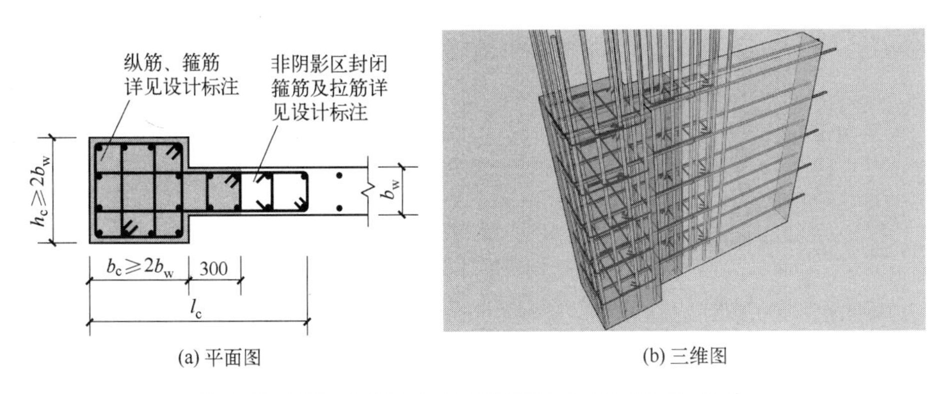

(a) 平面图　(b) 三维图

扫码观看三维动画

图6-40三维动画

图 6-40 约束边缘端柱（二）（非阴影区外圈设置封闭箍筋）

（2）约束边缘翼墙如图 6-41 和图 6-42 所示。

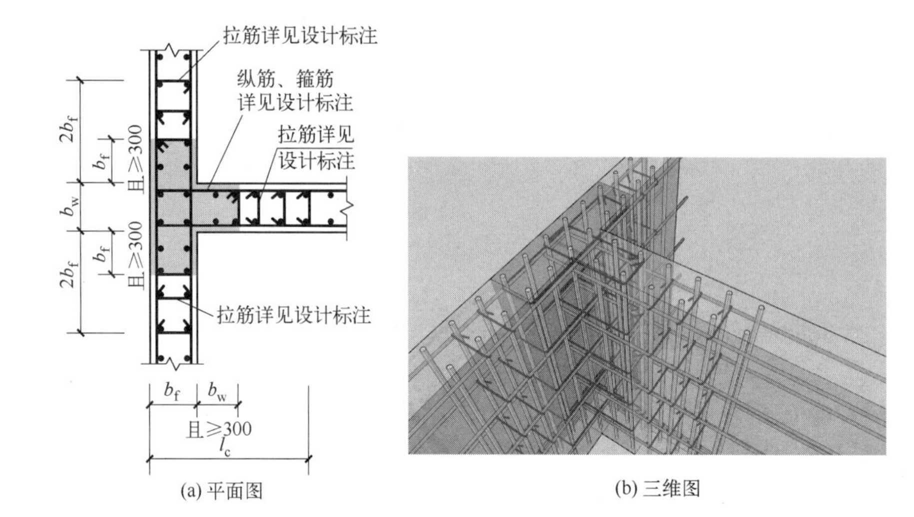

(a) 平面图　　(b) 三维图

扫码观看三维动画

图6-41三维动画

图 6-41　约束边缘翼墙（一）（非阴影区设置拉筋）

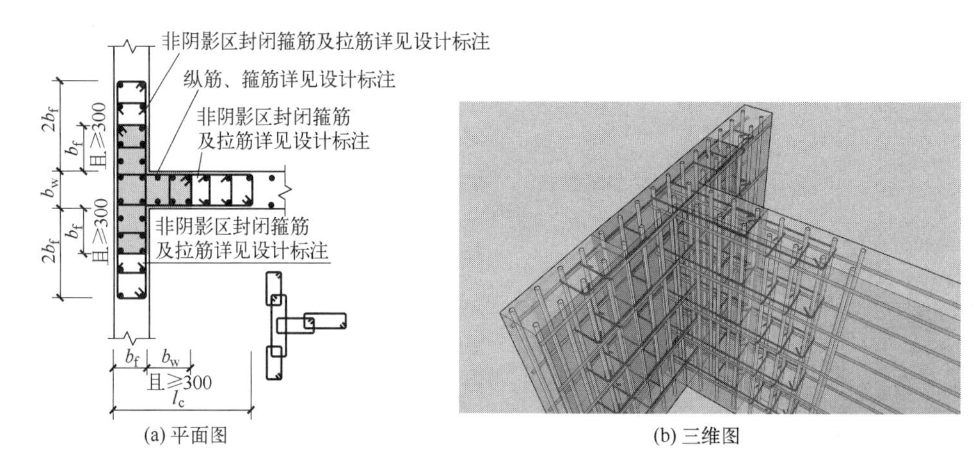

(a) 平面图　　(b) 三维图

扫码观看三维动画

图6-42三维动画

图 6-42　约束边缘翼墙（二）（非阴影区外圈设置封闭箍筋）

（3）约束边缘转角墙如图 6-43 和图 6-44 所示。

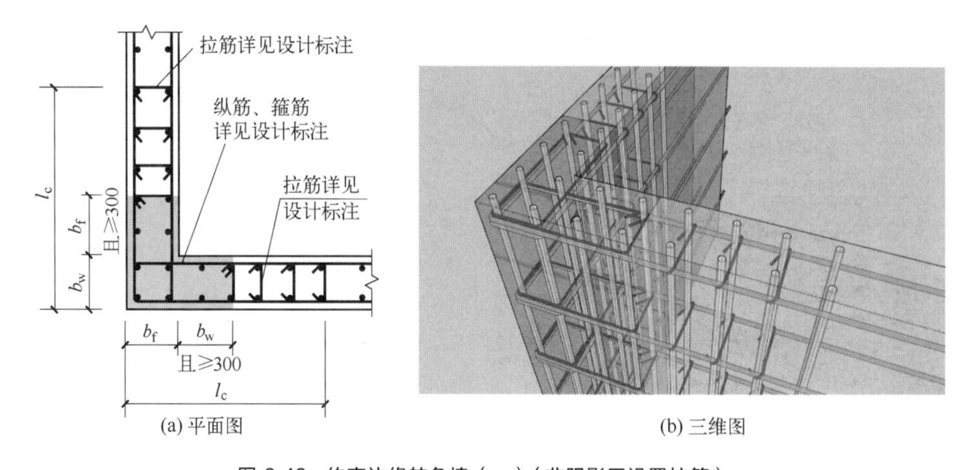

(a) 平面图　　(b) 三维图

扫码观看三维动画

图6-43三维动画

图 6-43　约束边缘转角墙（一）（非阴影区设置拉筋）

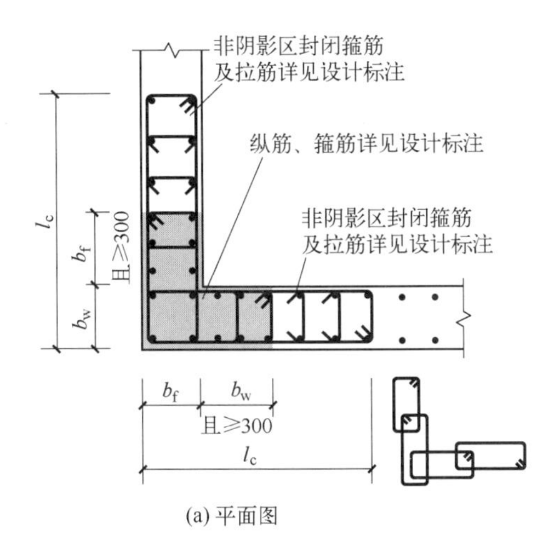

(a) 平面图

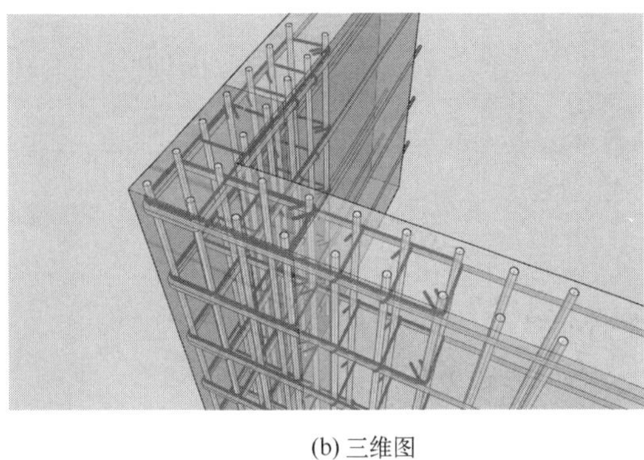

(b) 三维图

扫码观看三维动画

图6-44三维动画

图 6-44　约束边缘转角墙（二）（非阴影区外圈设置封闭箍筋）

6.2.2.4　构造边缘构件 GBZ、扶壁柱 FBZ、非边缘暗柱 AZ 构造

（1）构造边缘暗柱如图 6-45～图 6-47 所示，构造边缘翼墙如图 6-48～图 6-50 所示，构造边缘转角墙如图 6-51 和图 6-52 所示。

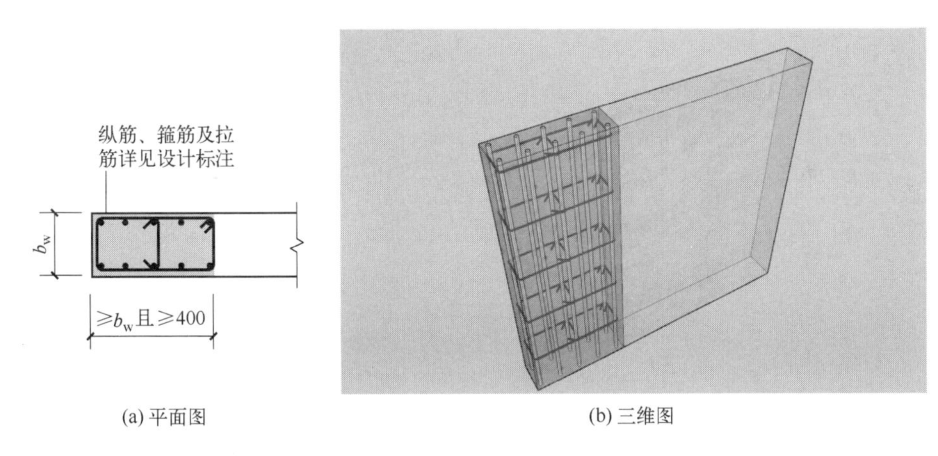

(a) 平面图　　(b) 三维图

扫码观看三维动画

图6-45三维动画

图 6-45　构造边缘暗柱（一）

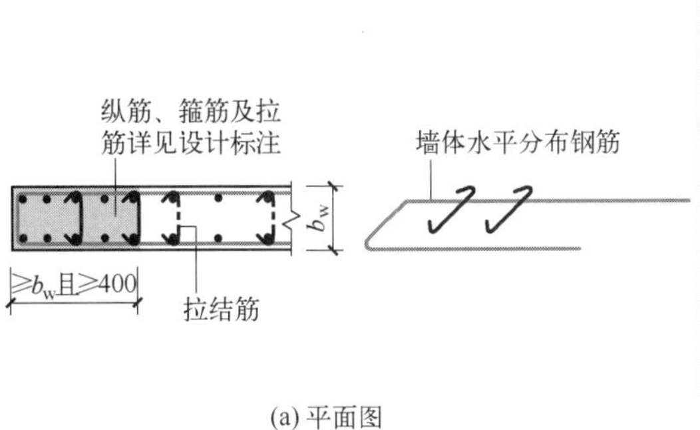

(a) 平面图

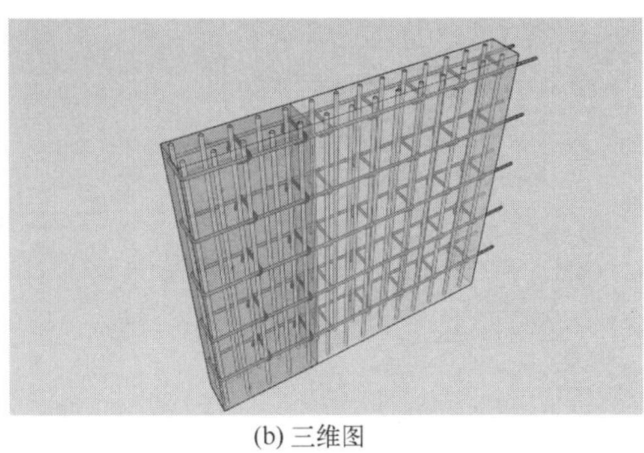

(b) 三维图

扫码观看三维动画

图6-46三维动画

图 6-46　构造边缘暗柱（二）

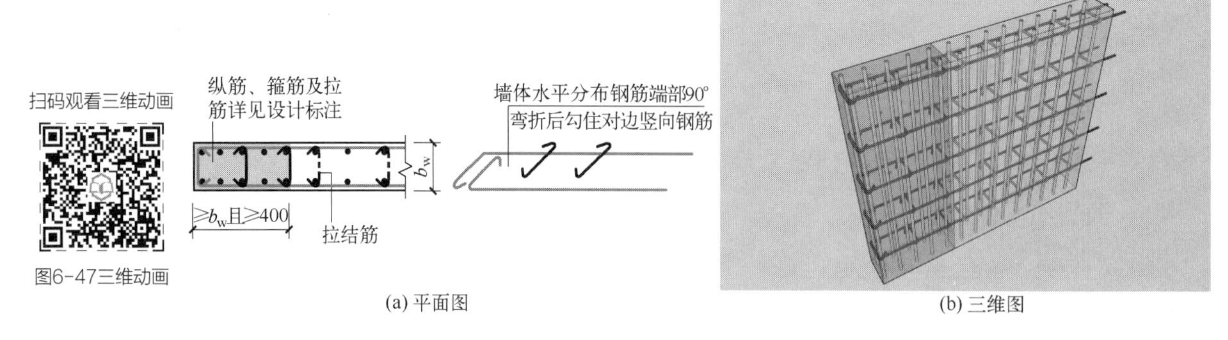

(a) 平面图　　(b) 三维图

图 6-47　构造边缘暗柱（三）

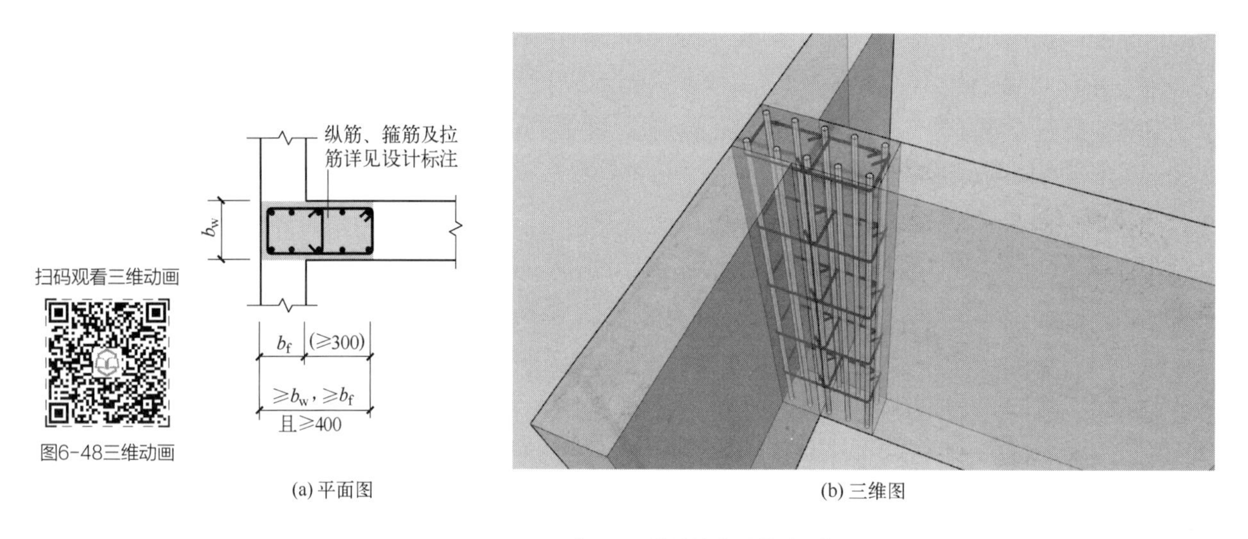

(a) 平面图　　(b) 三维图

图 6-48　构造边缘翼墙（一）

注：括号内数字用于高层建筑

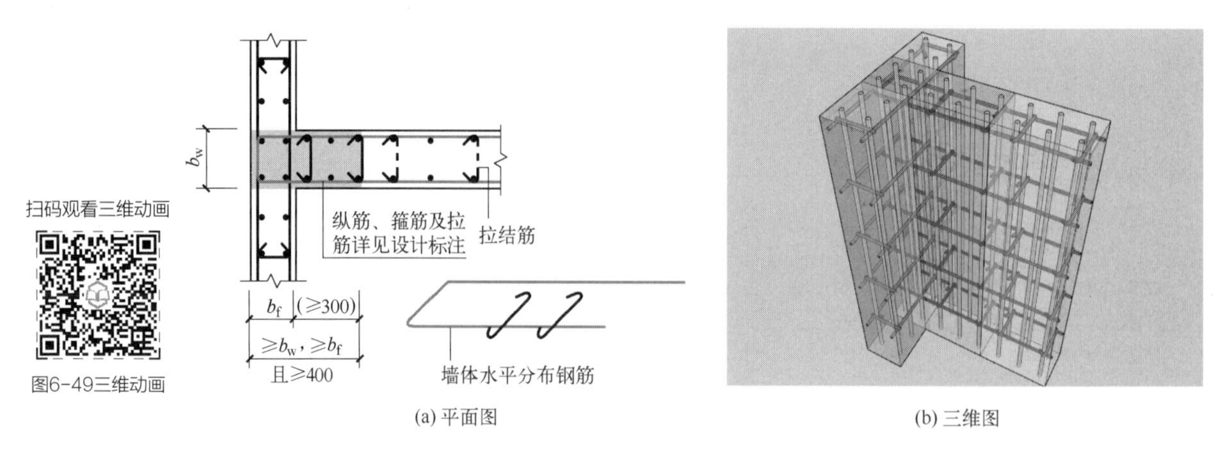

(a) 平面图　　(b) 三维图

图 6-49　构造边缘翼墙（二）

注：括号内数字用于高层建筑

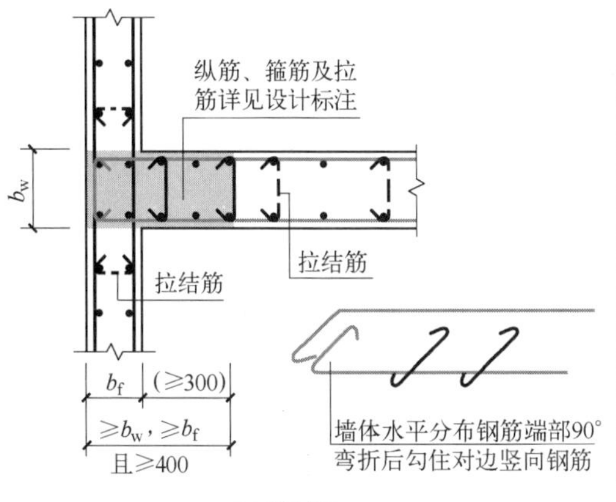

(a) 平面图

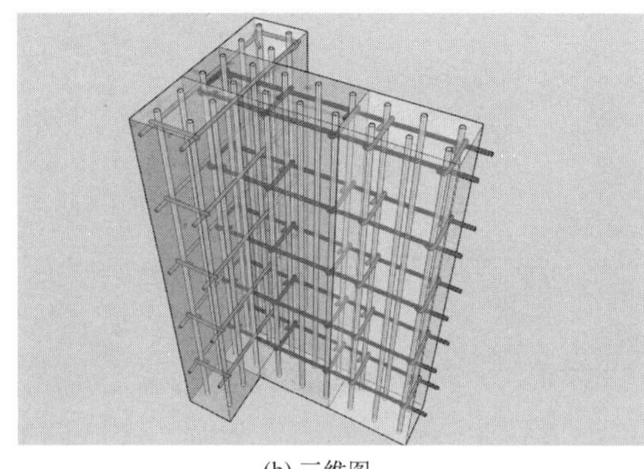

(b) 三维图

扫码观看三维动画

图6-50三维动画

图 6-50　构造边缘翼墙（三）

注：括号内数字用于高层建筑

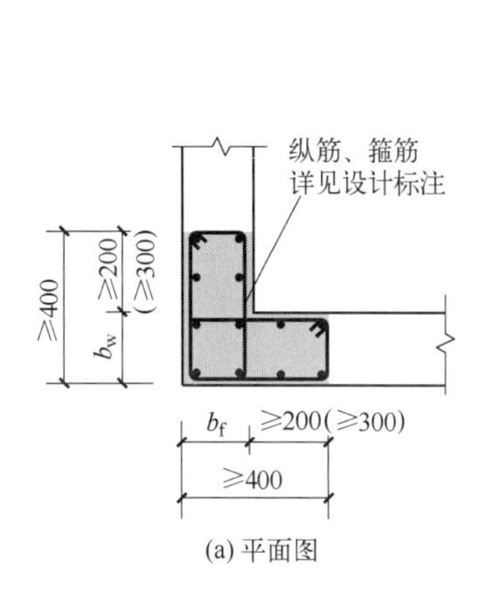

(a) 平面图

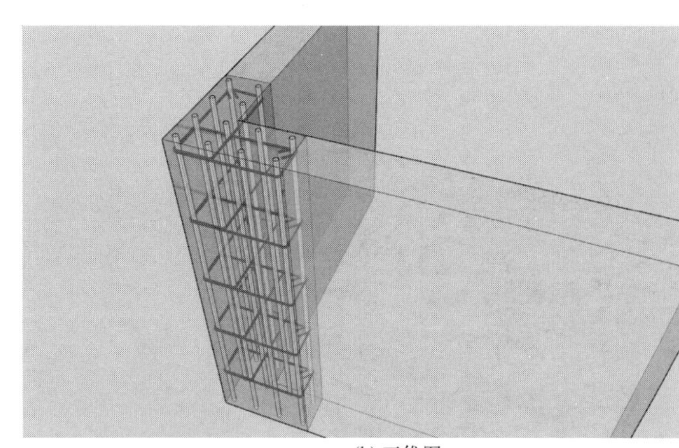

(b) 三维图

扫码观看三维动画

图6-51三维动画

图 6-51　构造边缘转角墙（一）

注：括号内数字用于高层建筑

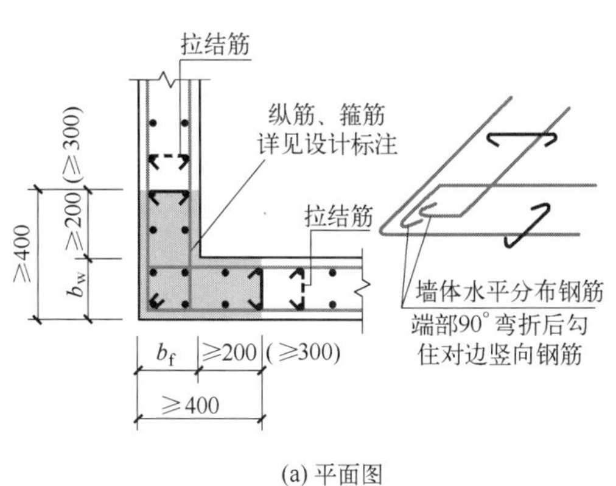

(a) 平面图

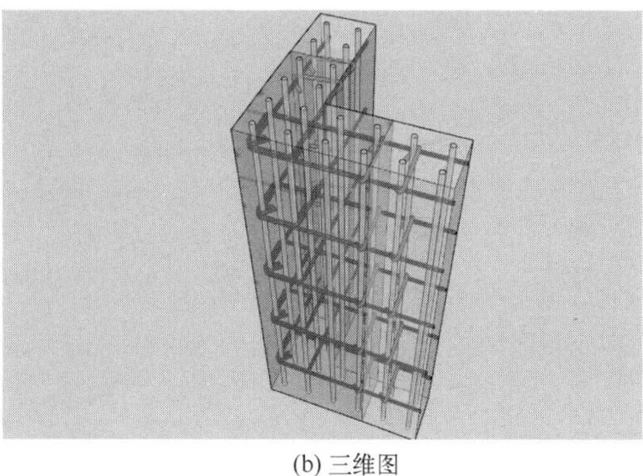

(b) 三维图

扫码观看三维动画

图6-52三维动画

图 6-52　构造边缘转角墙（二）

注：括号内数字用于高层建筑

（2）扶壁柱 FBZ 如图 6-53 所示，非边缘暗柱 AZ 如图 6-54 所示。

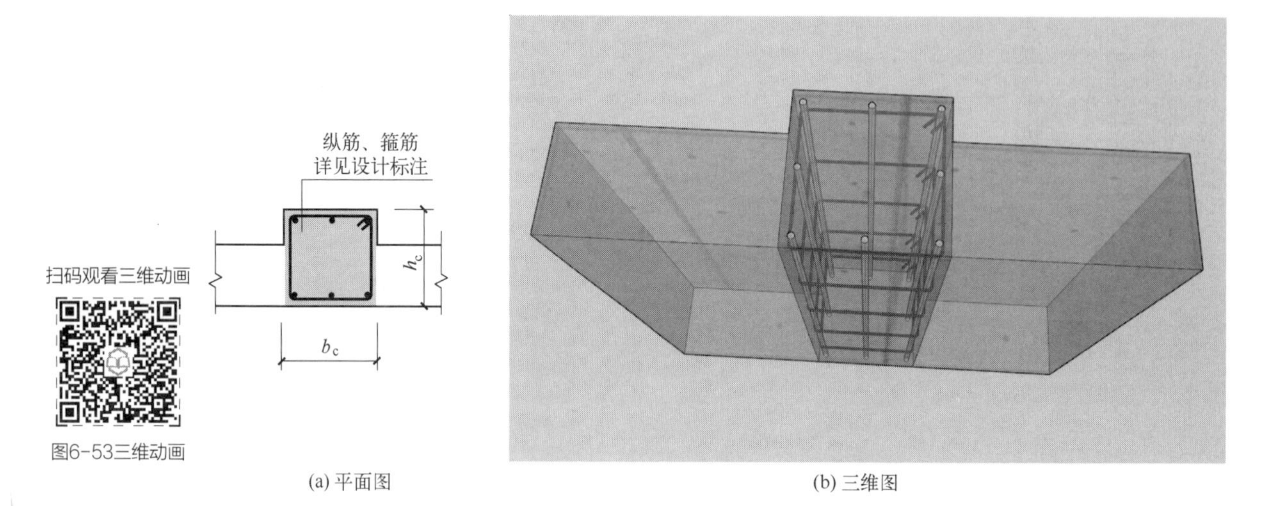

(a) 平面图　　(b) 三维图

图 6-53　扶壁柱 FBZ

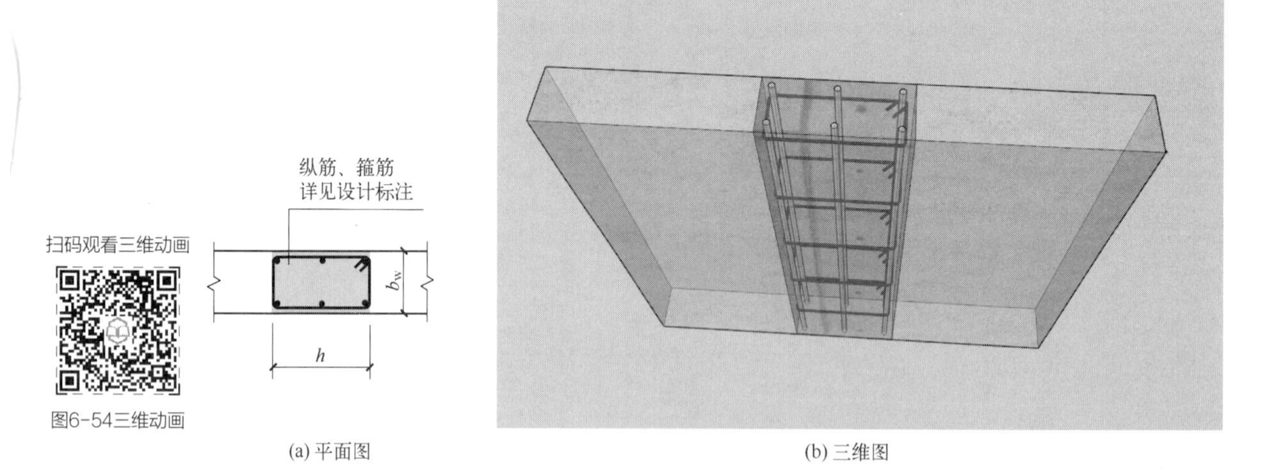

(a) 平面图　　(b) 三维图

图 6-54　非边缘暗柱 AZ

6.2.2.5　连梁 LL 配筋构造

（1）连梁 LL 配筋构造如图 6-55 所示。当端部洞口连梁的纵向钢筋在端支座的直锚长度不小于 l_{aE} 且不小于 600mm 时，可不必往上（下）弯折。洞口范围内的连梁箍筋详见具体工程设计。

（2）连梁、暗梁和边框梁侧面纵筋和拉筋构造如图 6-56 所示。侧面纵筋详见具体工程设计。拉筋直径：梁宽不大于 350mm 时，为 6mm；梁宽大于 350mm 时，为 8mm。拉筋间距为 2 倍箍筋间距。当设有多排拉筋时，上下两排拉筋竖向错开设置。

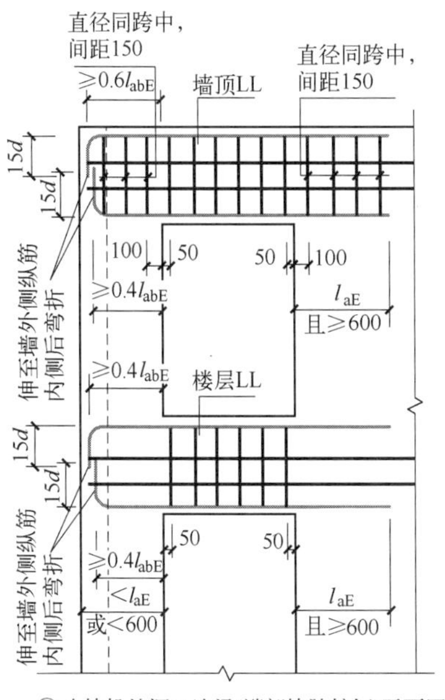

① 小墙垛处洞口连梁(端部墙肢较短)平面图

① 小墙垛处洞口连梁(端部墙肢较短)三维图

扫码观看三维动画

图6-55①三维动画

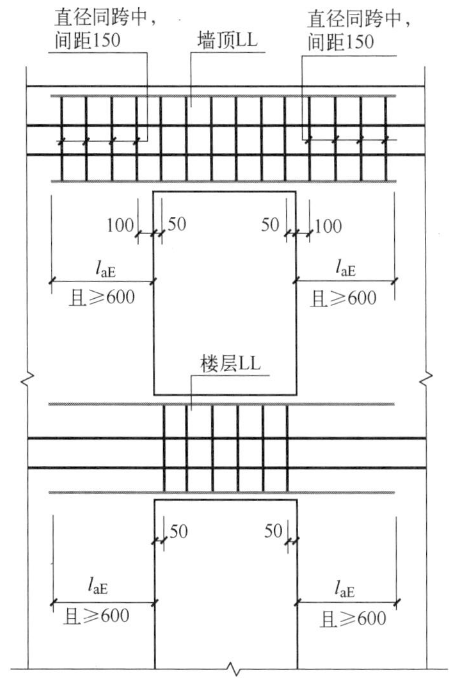

② 单洞口连梁(单跨)平面图

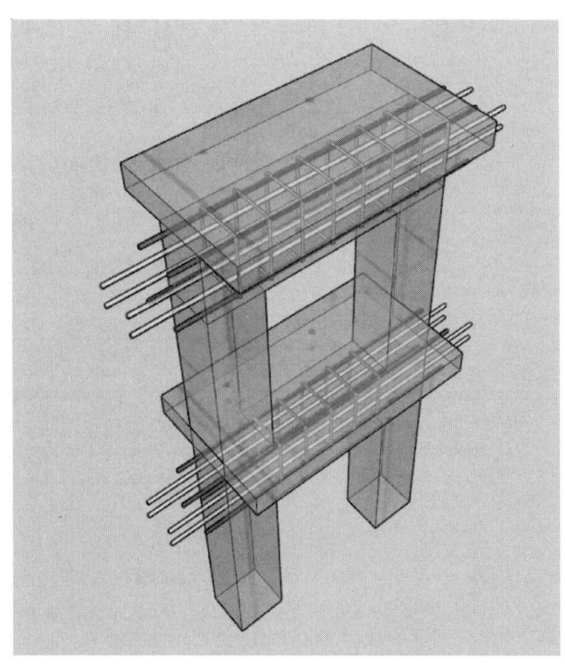

② 单洞口连梁(单跨)三维图

扫码观看三维动画

图6-55②三维动画

图 6-55

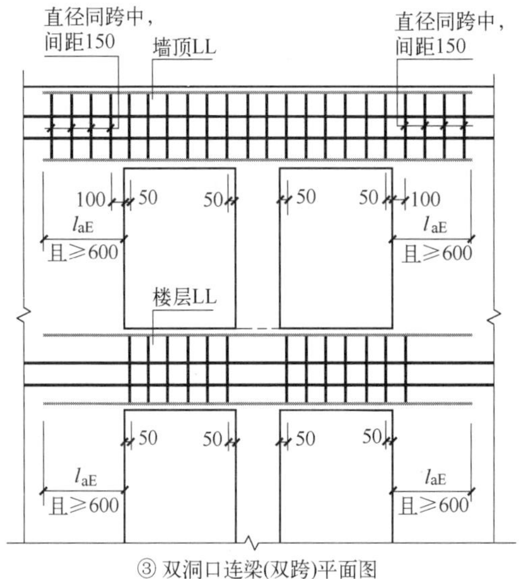

③ 双洞口连梁(双跨)平面图

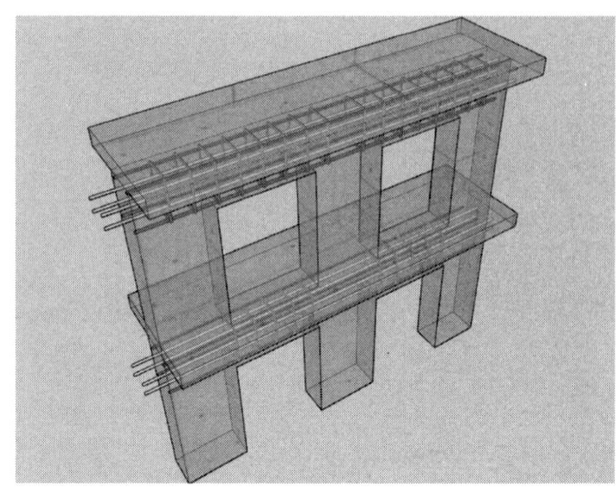
③ 双洞口连梁(双跨)三维图

扫码观看三维动画

图6-55③三维动画

图 6-55　连梁 LL 配筋构造

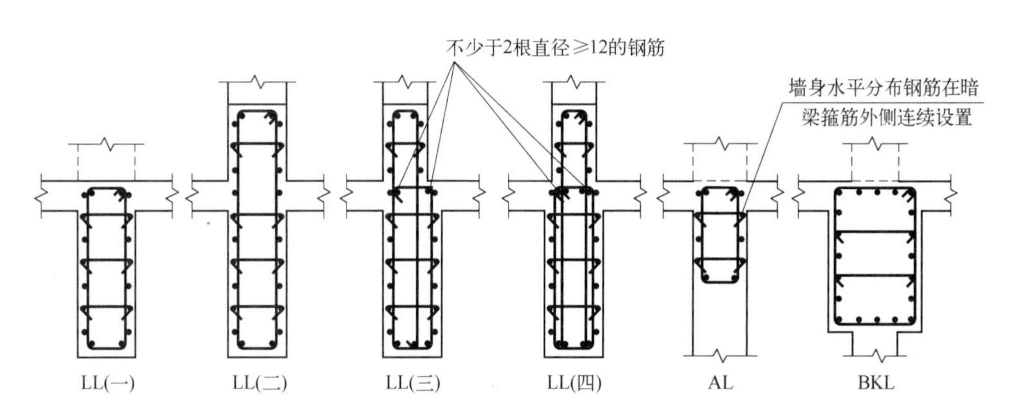

图 6-56　连梁、暗梁和边框梁侧面纵筋和拉筋构造

6.2.2.6　剪力墙 BKL 或 AL 与 LL 重叠时配筋构造

剪力墙 BKL 或 AL 与 LL 重叠时配筋构造如图 6-57 和图 6-58 所示。

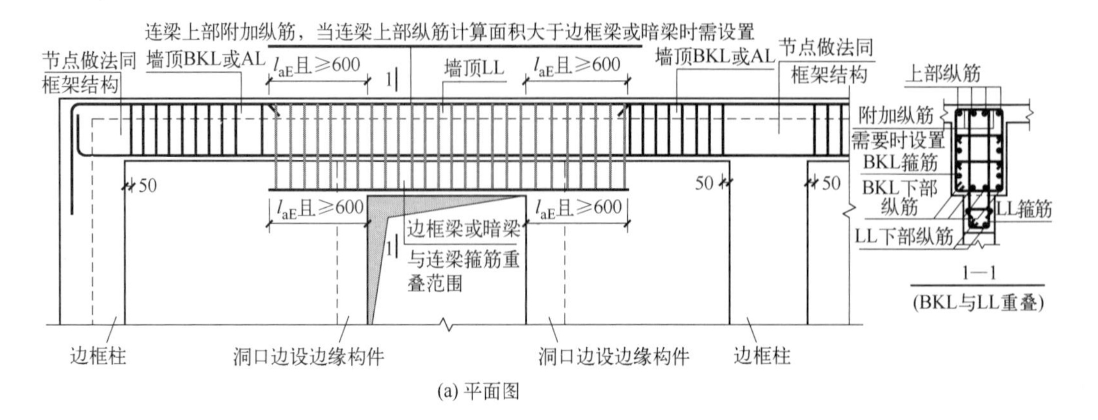

(a) 平面图

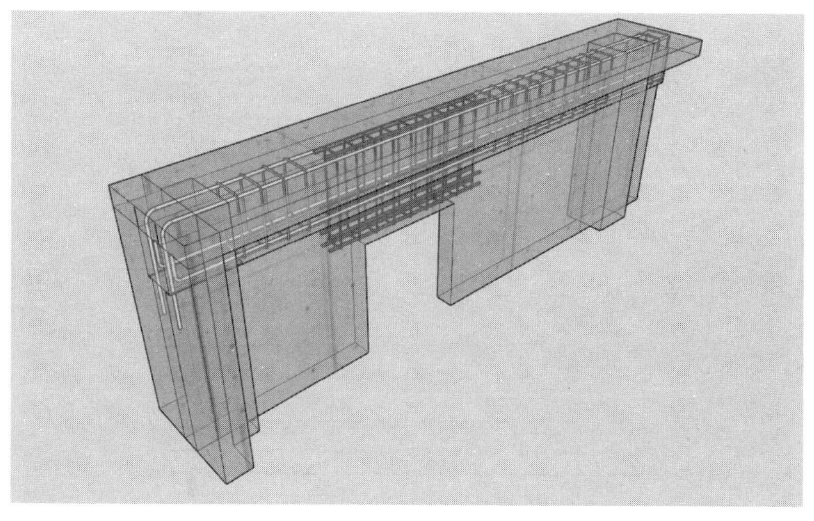

(b) 三维图

扫码观看三维动画
图6-57三维动画

图 6-57 剪力墙 BKL 与 LL 重叠时配筋构造

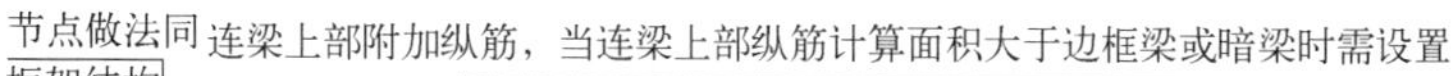

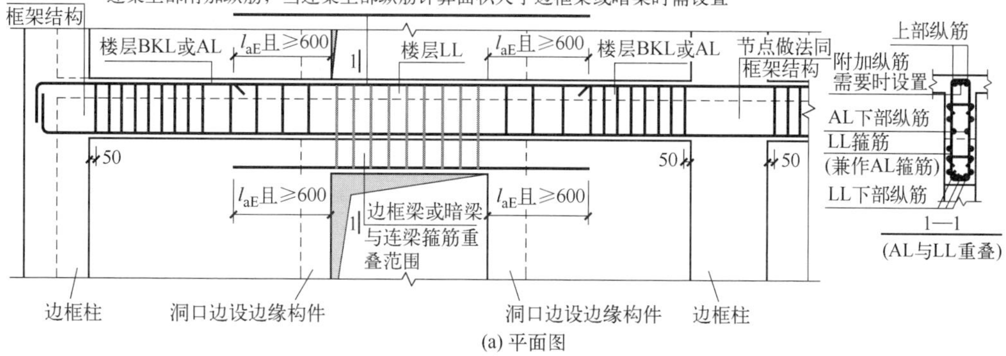

(a) 平面图

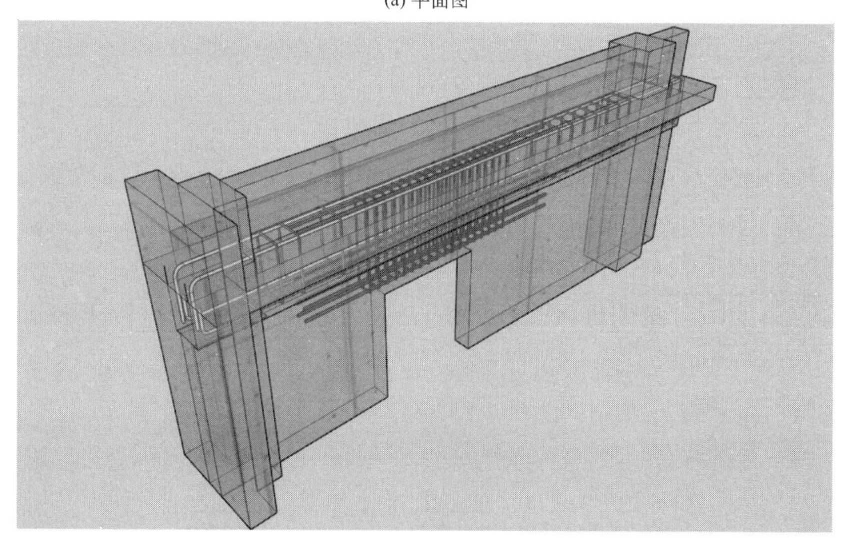

(b) 三维图

扫码观看三维动画
图6-58三维动画

图 6-58 剪力墙 AL 与 LL 重叠时配筋构造

6.2.2.7 连梁LLk纵向钢筋、箍筋加密区构造

连梁LLk纵向钢筋、箍筋加密区构造如图6-59所示。

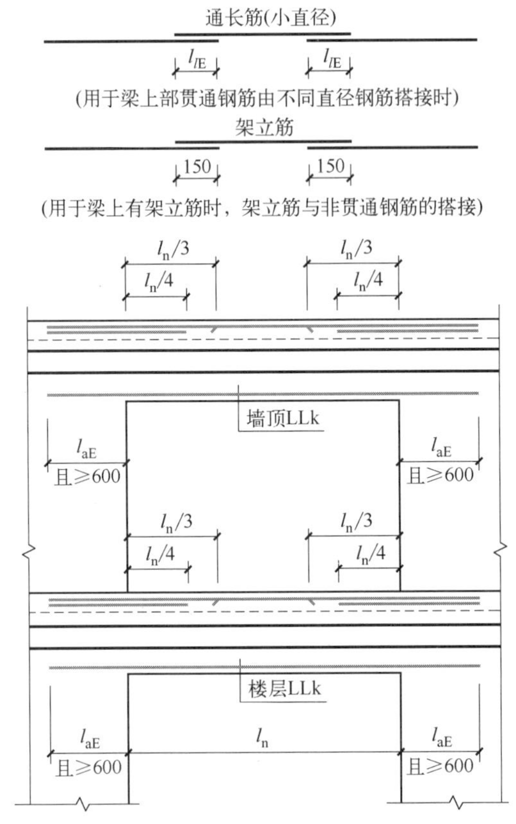

(a) 连接LLk纵向配筋构造平面图

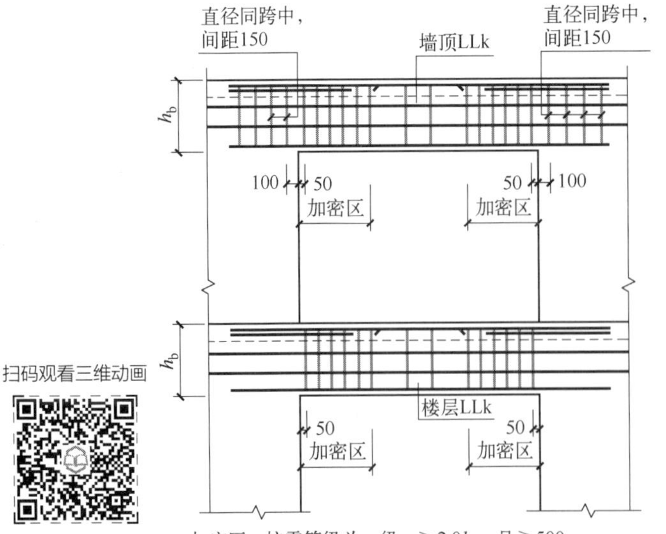

加密区：抗震等级为一级：≥2.0h_b，且≥500
抗震等级为二～四级：≥1.5h_b，且≥500

(b) 连梁LLk箍筋加密区范围

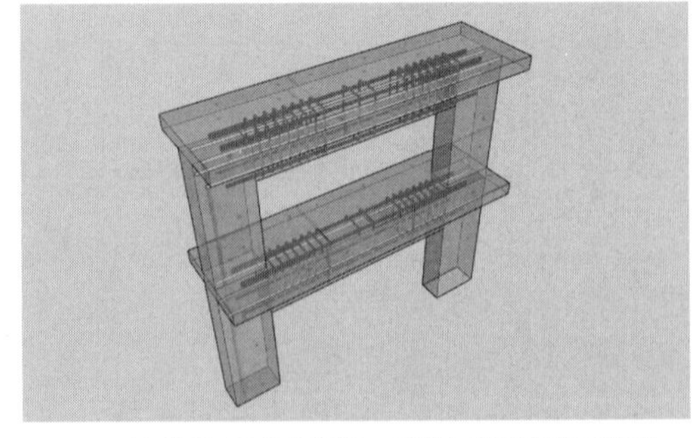

(c) 连梁LLk纵向钢筋、箍筋加密区构造三维图

扫码观看三维动画

图6-59三维动画

图6-59 连梁LLk纵向钢筋、箍筋加密区构造

6.2.2.8 连梁交叉斜筋LL（JX）、连梁集中对角斜筋LL（DX）、连梁对角暗撑LL（JC）配筋构造

（1）当洞口连梁截面宽度不小于250mm时，可采用交叉斜筋配筋；当连梁截面宽度不小于400mm时，可采用集中对角斜筋配筋或对角暗撑配筋。交叉斜筋配筋连梁、对角暗撑配筋连梁的水平钢筋及箍筋形成的钢筋网之间应采用拉筋拉结，拉筋直径不宜小于6mm，间距不宜大于400mm。

（2）连梁交叉斜筋配筋构造如图6-60所示。交叉斜筋配筋连梁的对角斜筋在梁端部位应设置拉筋，具体值见设计标注。

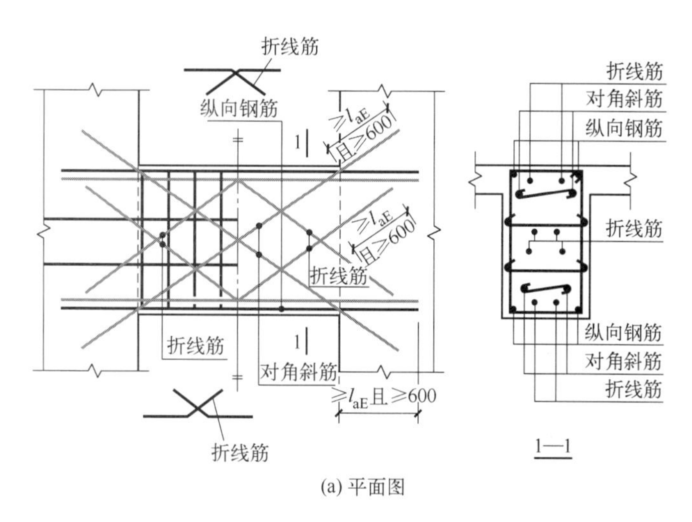

(a) 平面图

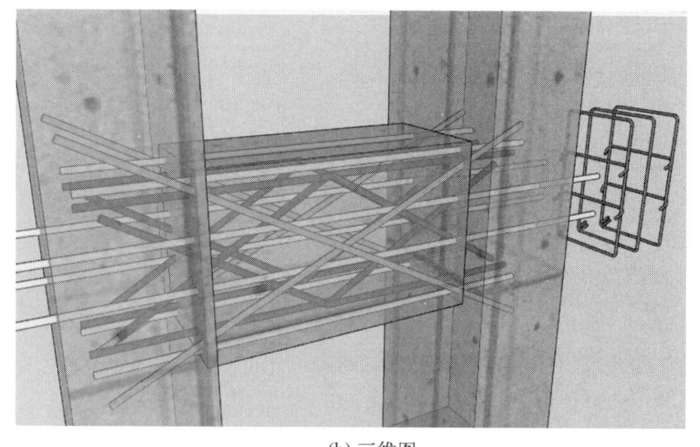

(b) 三维图

图6-60 连梁交叉斜筋配筋构造

（3）连梁集中对角斜筋配筋构造如图6-61所示。集中对角斜筋配筋连梁应在梁截面内沿水平方向及竖直方向设置双向拉筋，拉筋应勾住外侧纵向钢筋，间距不应大于200mm，直径不应小于8mm。

（4）连梁对角暗撑配筋构造如图6-62所示。对角暗撑配筋连梁中暗撑箍筋的外缘沿梁截面宽度方向不宜小于梁宽的一半，另一方向不宜小于梁宽的1/5；对角暗撑约束箍筋肢距不应大于350mm。

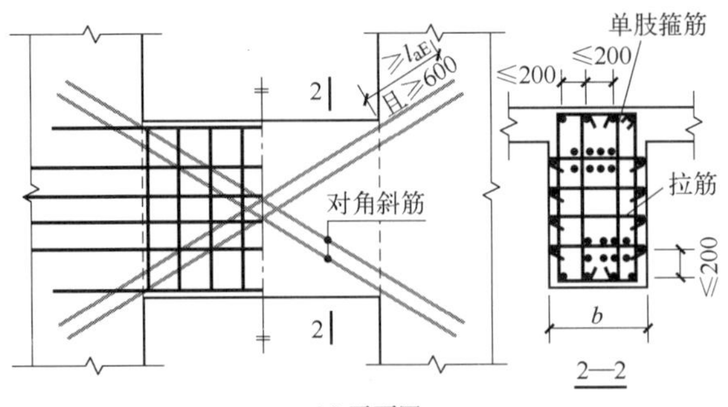

(a) 平面图

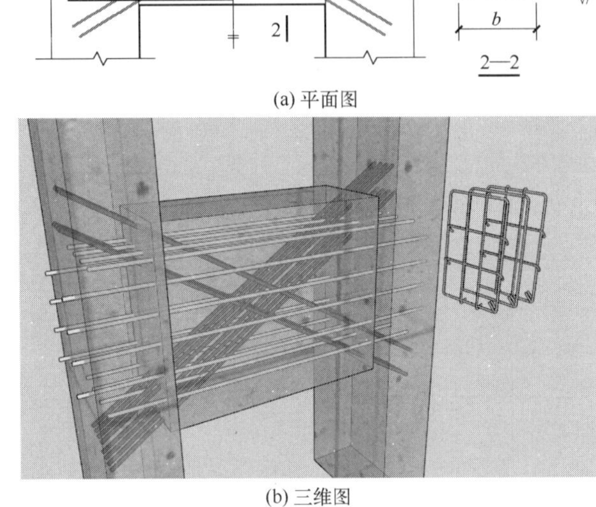

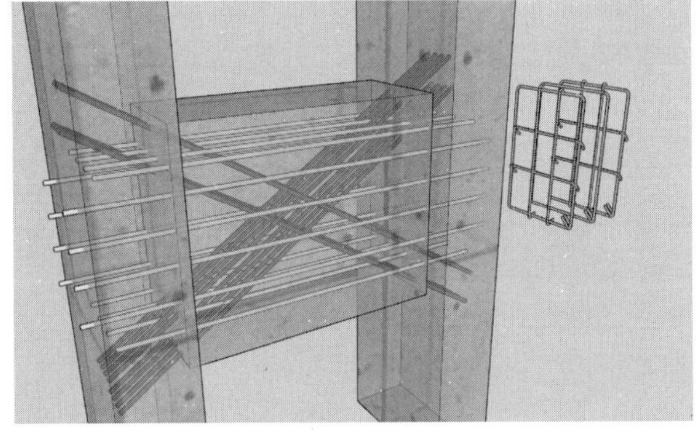

(b) 三维图

扫码观看三维动画

图6-61三维动画

图 6-61　连梁集中对角斜筋配筋构造

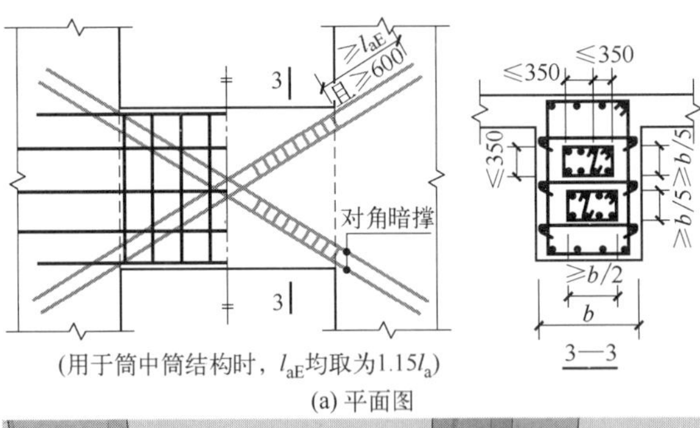

(用于筒中筒结构时，l_{aE}均取为1.15l_a)

(a) 平面图

(b) 三维图

扫码观看三维动画

图6-62三维动画

图 6-62　连梁对角暗撑配筋构造

6.2.2.9 地下室外墙 DWQ 钢筋构造

（1）地下室外墙水平钢筋构造如图 6-63 所示。

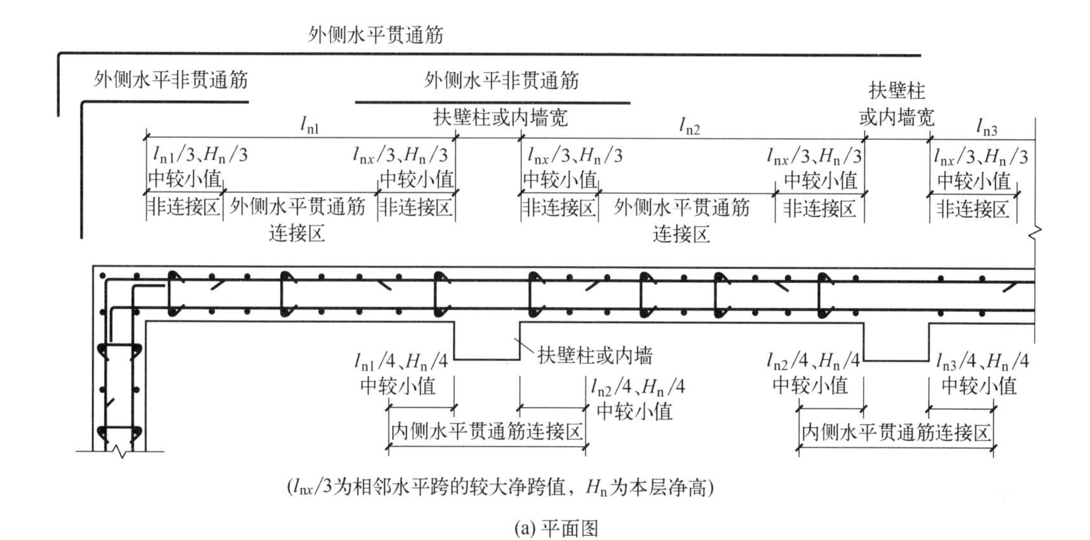

（$l_{nx}/3$为相邻水平跨的较大净跨值，H_n为本层净高）

(a) 平面图

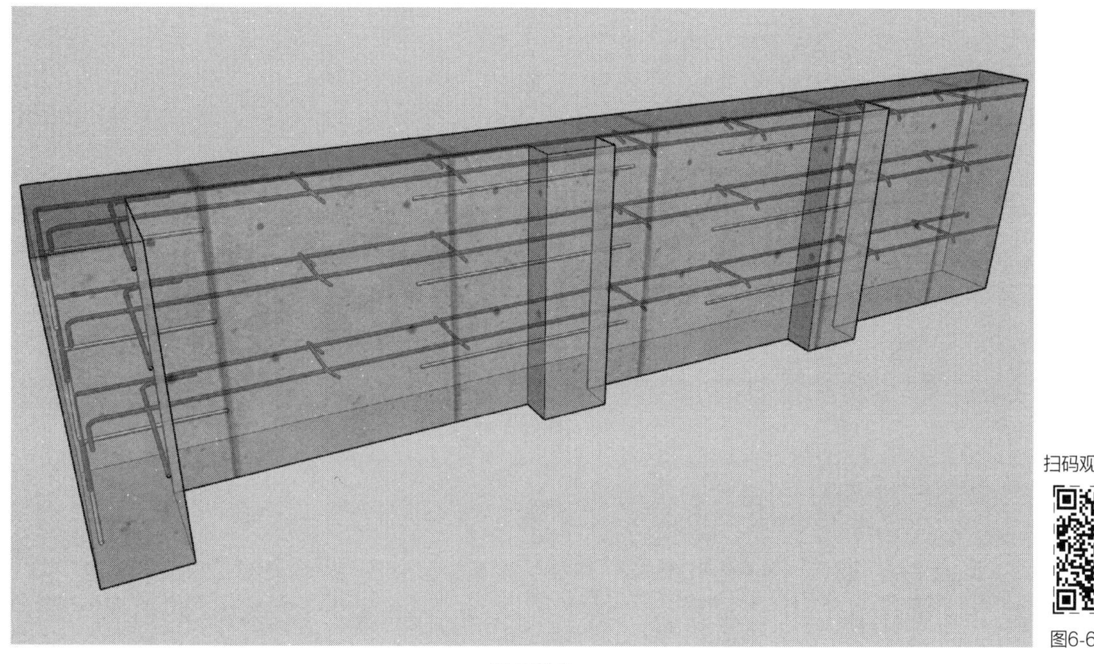

(b) 三维图

图 6-63 地下室外墙水平钢筋构造

（2）地下室外墙竖向钢筋构造如图 6-64 所示。外墙和顶板的连接节点做法②、③的选用由设计人员在图纸中注明。

6.2.2.10 剪力墙洞口补强构造

（1）矩形洞宽和洞高均不大于 800mm 时，洞口补强纵筋构造如图 6-65 所示。矩形洞宽和洞高均大于 800mm 时，洞口补强暗梁构造如图 6-66 所示。

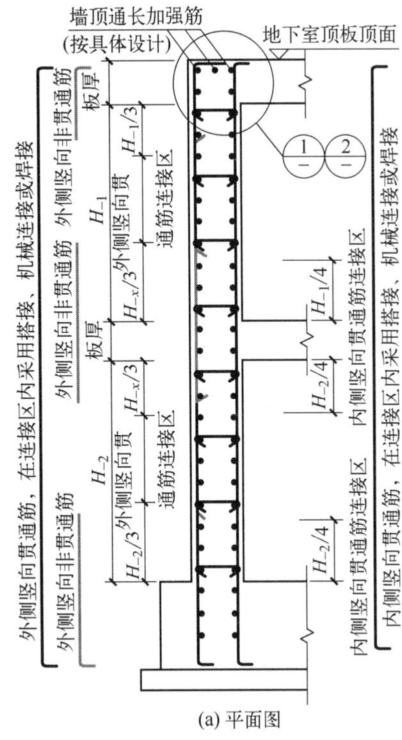

(a) 平面图

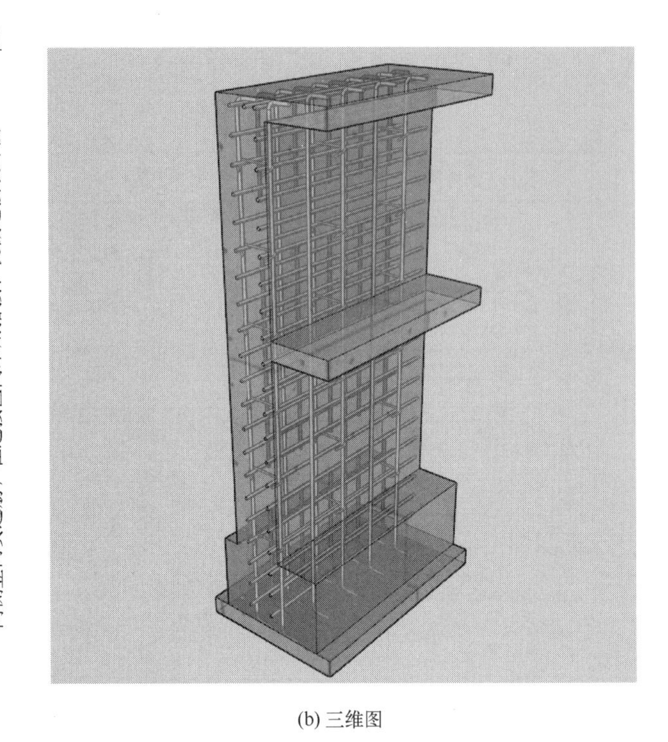

(b) 三维图

扫码观看三维动画

图6-64三维动画

图 6-64 地下室外墙竖向钢筋构造（H_{-x} 为 H_{-1} 和 H_{-2} 的较大值）

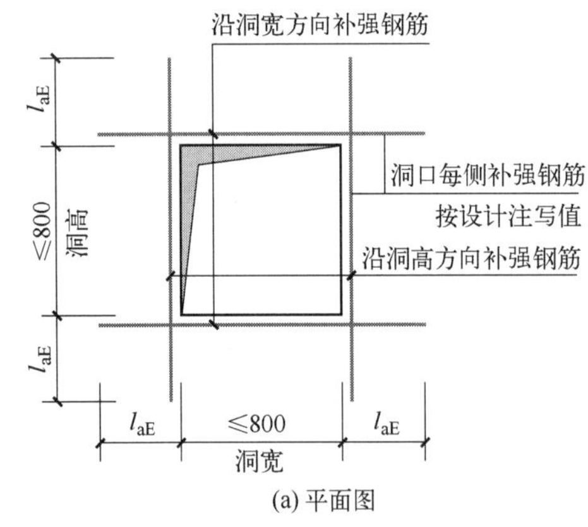

(a) 平面图

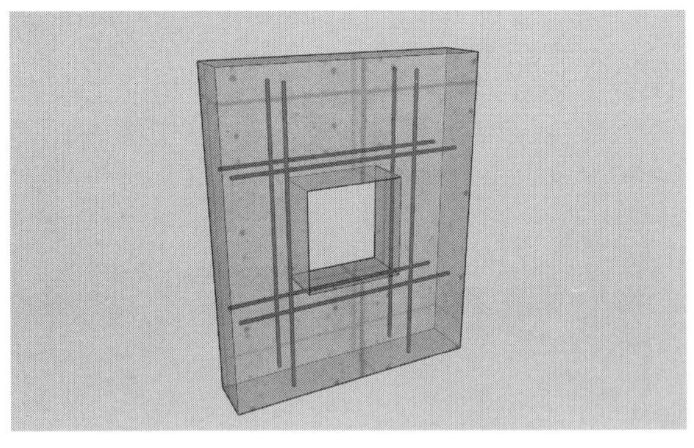

(b) 三维图

扫码观看三维动画

图6-65三维动画

图 6-65 剪力墙洞口矩形洞宽和洞高均不大于 800mm 时洞口补强纵筋构造

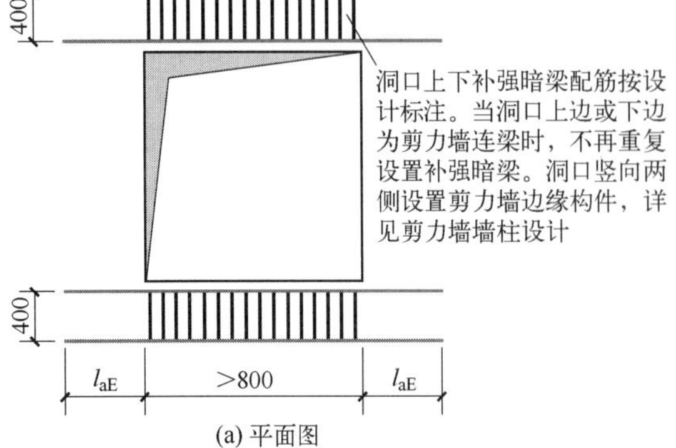

(a) 平面图

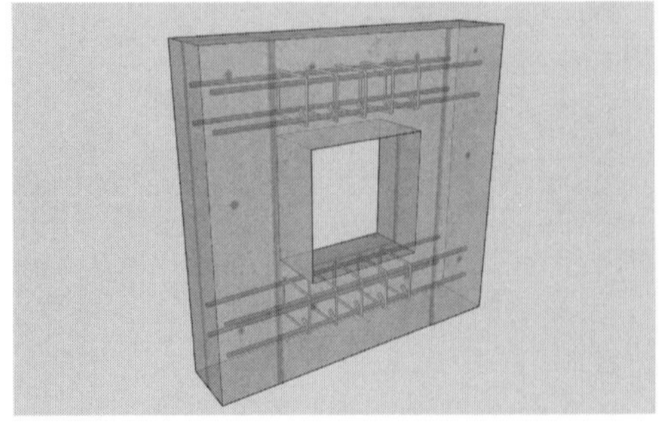

(b) 三维图

扫码观看三维动画

图6-66三维动画

图 6-66 剪力墙洞口矩形洞宽和洞高均大于 800mm 时洞口补强暗梁构造

（2）剪力墙圆形洞口补强钢筋构造如图 6-67～图 6-69 所示。

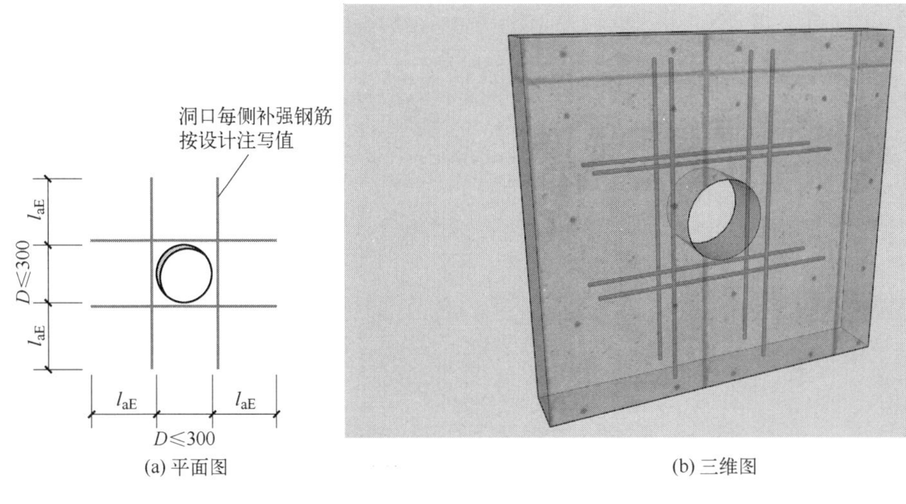

(a) 平面图　　(b) 三维图

图 6-67　剪力墙圆形洞口直径不大于 300mm 时补强钢筋构造

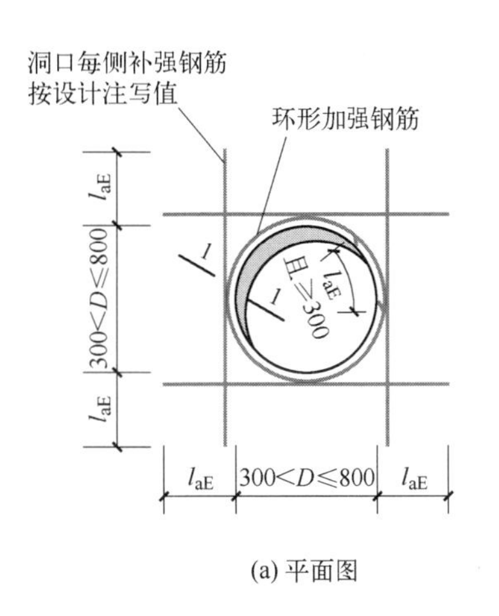

(a) 平面图

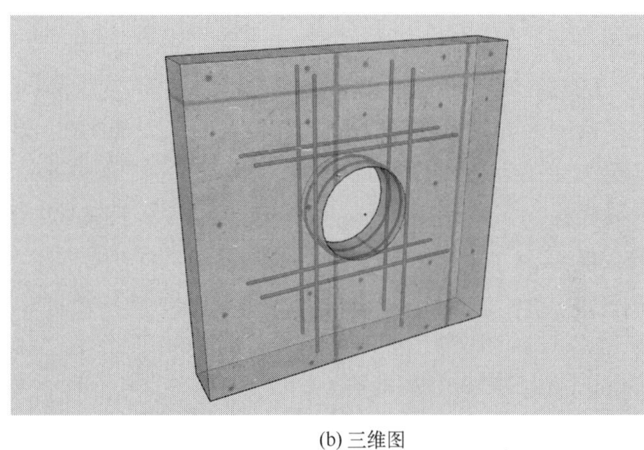

(b) 三维图

图 6-68　剪力墙圆形洞口直径大于 300mm 且不大于 800mm 时补强钢筋构造

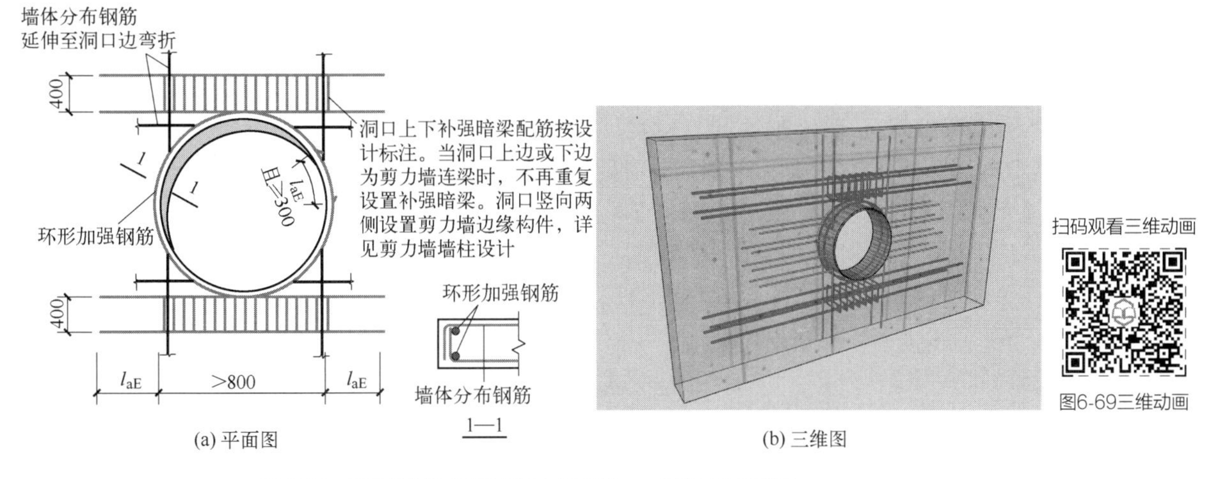

(a) 平面图　　(b) 三维图

图 6-69　剪力墙圆形洞口直径大于 800mm 时补强钢筋构造

（3）连梁中部圆形洞口补强钢筋构造如图 6-70 所示。

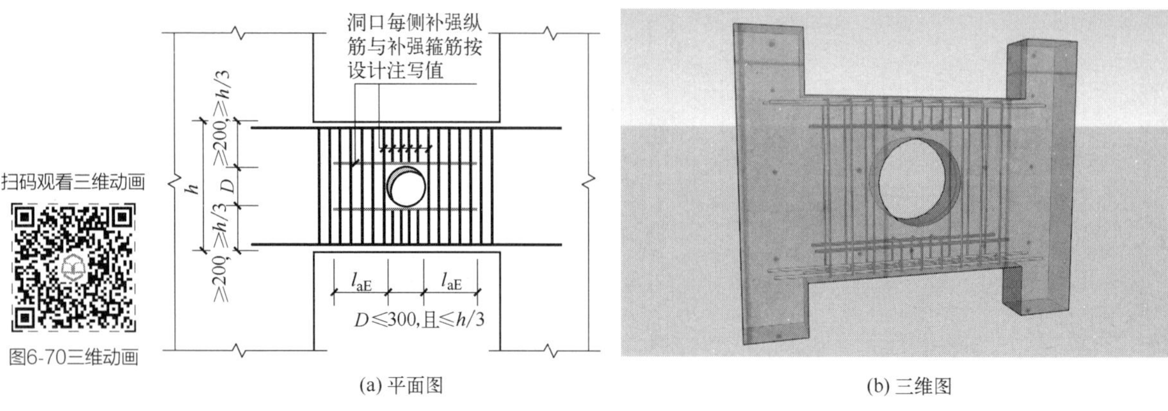

(a) 平面图 (b) 三维图

图 6-70 剪力墙连梁中部圆形洞口补强钢筋构造

注：圆形洞口预埋钢套管

6.3 剪力墙构件识图实例

【例】 某标准层顶梁平法施工图如图 6-71 所示。

从图 6-71 中的顶梁平法施工图中，可知图中共有 8 种连梁，其中 LL-1 和 LL-8 各 1 根，LL-2 和 LL-5 各 2 根，LL-3、LL-6 和 LL-7 各 3 根，LL-4 共 6 根。各个编号连梁的梁底标高、截面宽度和高度、连梁跨度、上部纵向钢筋、下部纵向钢筋及箍筋可由连梁表得知。

从图 6-71 可知，连梁的侧面构造钢筋即为剪力墙配置的水平分布筋，其在 3、4 层为直径 12mm、间距 250mm 的 HRB400 级钢筋，在 5～16 层为直径 10mm、间距 250mm 的 HPB300 级钢筋。

因为转换层以上两层（3、4 层）剪力墙的抗震等级为三级，以上各层抗震等级为四级，所以 3、4 层（标高 6.950～12.550m）纵向钢筋锚固长度为 $31d$，5～16 层（标高 12.550～49.120m）纵向钢筋锚固长度为 $30d$。顶层洞口连梁纵向钢筋伸入墙内的长度范围内，应设置间距为 150mm 的箍筋，箍筋直径与连梁跨内箍筋直径相同。

图 6-71 中剪力墙身的编号只有一种，墙厚 200mm。由剪力墙身表可知，剪力墙水平分布钢筋和垂直分布钢筋均相同，在 3、4 层为直径是 12mm、间距为 250mm 的 HRB400 级钢筋，在 5～16 层为直径是 10mm、间距为 250mm 的 HPB300 级钢筋。拉筋为直径是 8mm 的 HPB300 级钢筋，间距为 500mm。

因为转换层以上两层（3、4 层）剪力墙的抗震等级为三级，以上各层抗震等级为四级，所以 3、4 层（标高 6.950～12.550m）墙身竖向钢筋在转换梁内的锚固长度不小于 l_{aE}，水平分布筋锚固长度 l_{aE} 为 $31d$，5～16 层（标高 12.550～49.120m）水平分布筋锚固长度 l_{aE} 为 $24d$，各层搭接长度为 $1.4l_{aE}$；3、4 层（标高 6.950～12.550m）水平分布筋锚固长度 l_{aE} 为 $31d$，5～16 层（标高 12.550～49.120m）水平分布筋锚固长度 l_{aE} 为 $24d$，各层搭接长度为 $1.6l_{aE}$。

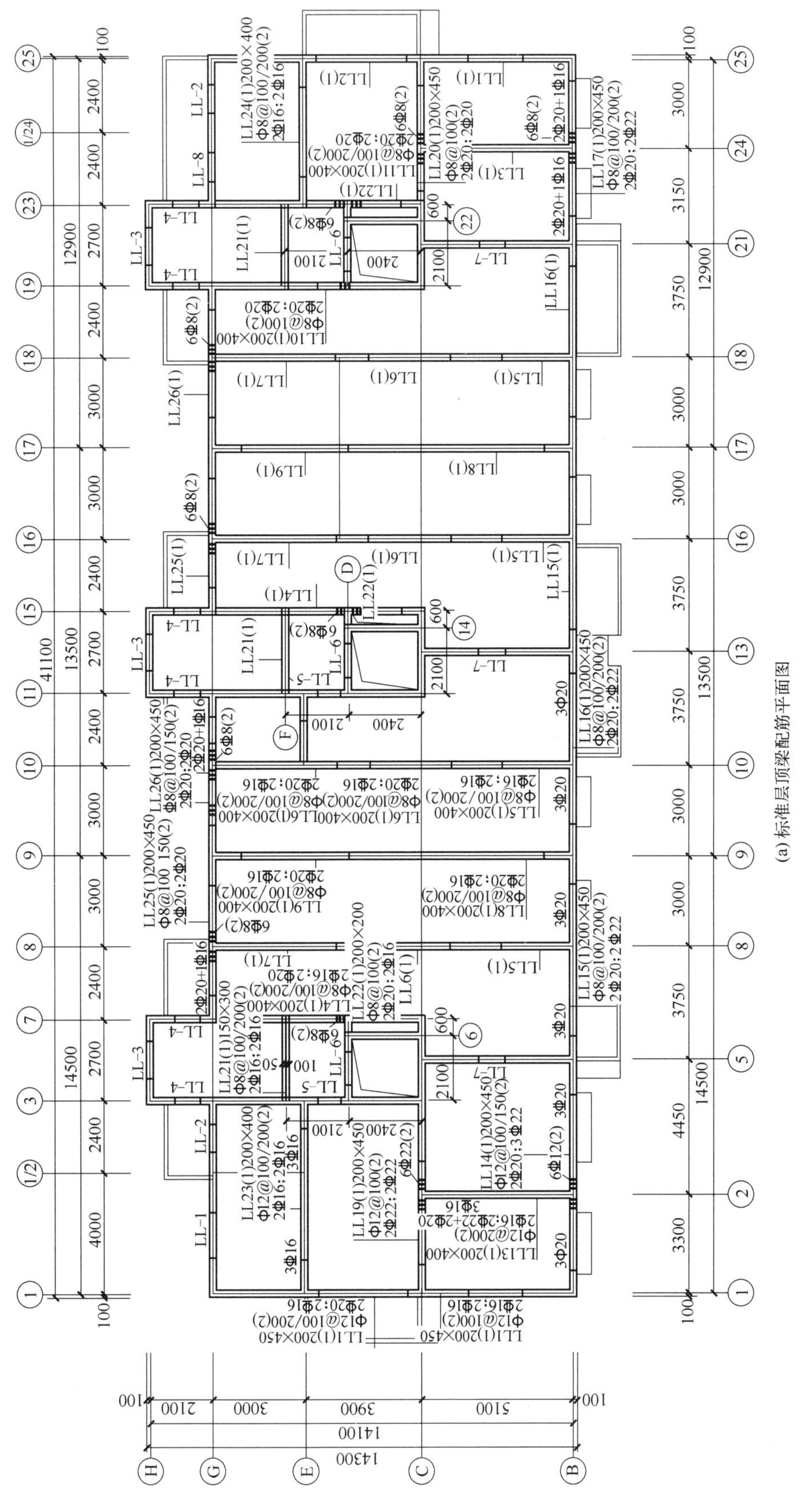

(a) 标准层顶梁配筋平面图

图 6-71

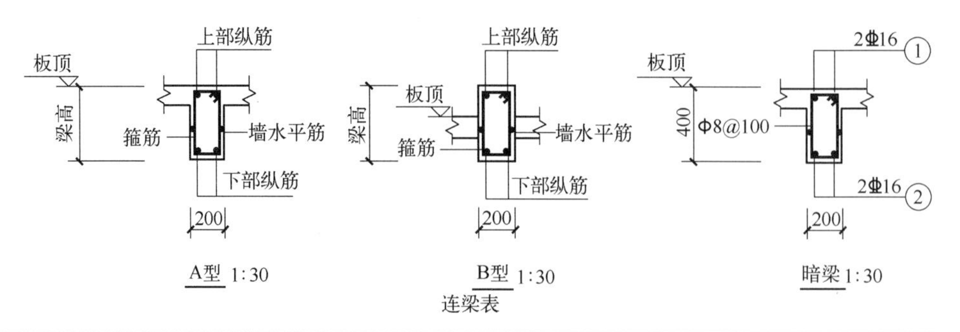

连梁表

梁号	类型	上部纵筋	下部纵筋	梁箍筋	梁宽/mm	梁高/mm	跨度/mm	梁底标高/mm(相对本层顶板结构标高，下沉为正)
LL-1	B	2Φ25	2Φ25	Φ8@100	200	1500	1400	450
LL-2	A	2Φ18	2Φ18	Φ8@100	200	900	450	450
LL-3	B	2Φ25	2Φ25	Φ8@100	200	1200	1300	1800
LL-4	A	4Φ20	4Φ20	Φ8@100	200	800	1800	0
LL-5	A	2Φ18	2Φ18	Φ8@100	200	900	750	750
LL-6	A	2Φ18	2Φ18	Φ8@100	200	1100	580	580
LL-7	A	2Φ18	2Φ18	Φ8@100	200	900	750	750
LL-8	B	2Φ25	2Φ25	Φ8@100	200	900	1800	1350

(b) 连接类型和连接表

设计说明：

1.混凝土强度等级为C30，钢筋采用HPB300(Φ)、HRB400(Φ)。

2.所有混凝土剪力墙上楼层板顶标高(建筑标高−0.05)处均设暗梁。

3.未注明墙均为Q1，轴线居中。

4.未注明主次梁相交处的次梁两侧各加设3根间距为50mm、直径同主梁箍筋直径的箍筋。

5.未注明处梁配筋及墙梁配筋见22G101−1图集，施工人员必须阅读图集说明，理解各种规定，严格按设计要求施工。

(c) 标准层顶梁配筋平面图图纸说明

墙号	水平分布钢筋	垂直分布钢筋	拉筋	备注
Q1	Φ12@250	Φ12@250	Φ8@500	3、4层
Q2	Φ10@250	Φ10@250	Φ8@500	5～16层

(d) 剪力墙身表

图 6-71 某标准层顶梁平法施工图

根据图纸说明，所有混凝土剪力墙上楼层板顶标高处均设暗梁，梁高 400mm，上部纵向钢筋和下部纵向钢筋同为 2 根直径 16mm 的 HRB400 级钢筋，箍筋为直径为 8mm、间距为 100mm 的 HPB300 级钢筋，梁侧面构造钢筋即为剪力墙配置的水平分布筋，在 3、4 层设直径为 12mm、间距为 250mm 的 HRB400 级钢筋，在 5～16 层设直径为 10mm、间距为 250mm 的 HPB300 级钢筋。

7 梁构件识图方法与实例

7.1 梁构件平法制图规则

7.1.1 梁平法施工图的表示方法

（1）梁平法施工图系在梁平面布置图上采用平面注写方式或截面注写方式表达。

（2）梁平面布置图，应分别按梁的不同结构层（标准层），将全部梁和与其相关联的柱、墙、板一起采用适当比例绘制。

（3）在梁平法施工图中，应按规定注明各结构层的顶面标高及相应的结构层号。

（4）对于轴线未居中的梁，应标注其与定位轴线的尺寸（贴柱边的梁可不注）。

7.1.2 平面注写方式

平面注写方式，系在梁平面布置图上，分别在不同编号的梁中各选一根梁，用在其上注写截面尺寸和配筋具体数值的方式来表达梁平法施工图。

平面注写包括集中标注与原位标注。集中标注表达梁的通用数值，原位标注表达梁的特殊数值。当集中标注中的某项数值不适用于梁的某部位时，则将该项数值原位标注，施工时，原位标注取值优先。

7.1.2.1 集中标注

梁集中标注的内容，有五项必注值及一项选注值（集中标注可以从梁的任意一跨引出），规定如下。

（1）梁编号（必注值）由梁类型、代号、序号、跨数及有无悬挑几项组成，见表 7-1。

表 7-1 梁编号

梁类型	代号	序号	跨数及是否带有悬挑
楼层框架梁	KL	××	(××)、(××A)或(××B)
楼层框架扁梁	KBL	××	(××)、(××A)或(××B)

续表

梁类型	代号	序号	跨数及是否带有悬挑
楼层框架扁梁节点核心区	KBH	××	(××)、(××A)或(××B)
屋面框架梁	WKL	××	(××)、(××A)或(××B)
框支梁	KZL	××	(××)、(××A)或(××B)
托柱转换梁	TZL	××	(××)、(××A)或(××B)
非框架梁	L	××	(××)、(××A)或(××B)
悬挑梁	XL	××	(××)、(××A)或(××B)
井字梁	JZL	××	(××)、(××A)或(××B)

小贴士

(1)(××A)为一端有悬挑,(××B)为两端有悬挑,悬挑不计入跨数。

(2)非框架梁 L、井字梁 JZL 表示端支座为铰接；当非框架梁 L、井字梁 JZL 端支座上部纵筋为充分利用钢筋的抗拉强度时，在梁代号后加“g”。

(3)当非框架梁 L 按受扭设计时，在梁代号后加“N”。

(2) 梁截面尺寸，该项为必注值。

当为等截面梁时，用 $b \times h$ 表示；

当为竖向加腋梁时，用 $b \times h$　Y$c_1 \times c_2$ 表示，其中 c_1 为腋长，c_2 为腋高（图 7-1）；

当为水平加腋梁时，一侧加腋时用 $b \times h$　PY$c_1 \times c_2$ 表示，其中 c_1 为腋长，c_2 为腋宽，加腋部位应在平面图中绘制（图 7-2）；

当有悬挑梁且根部和端部的高度不同时，用斜线分隔根部与端部的高度值，即为 $b \times h_1/h_2$（图 7-3）。

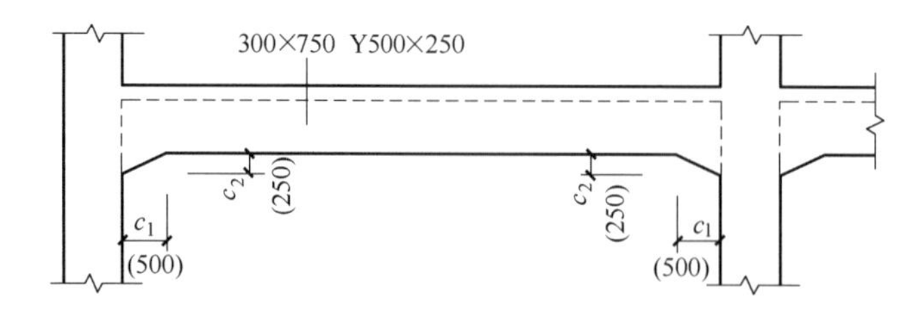

图 7-1 竖向加腋梁截面注写示意

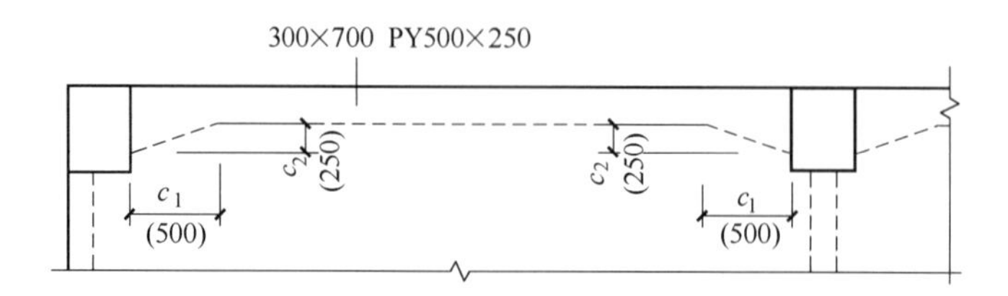

图 7-2 水平加腋梁截面注写示意

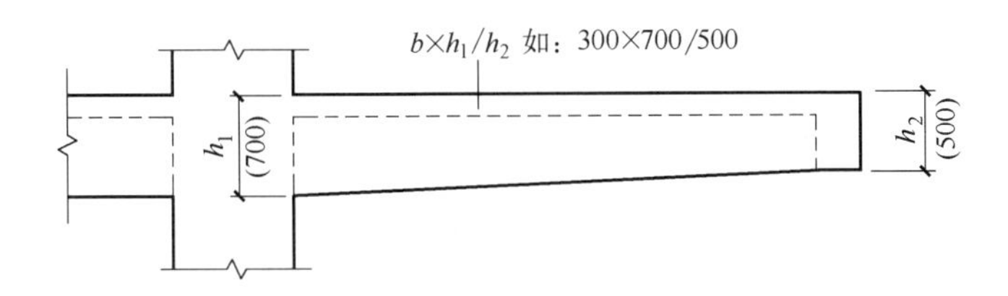

图 7-3 悬挑梁不等高截面注写示意

（3）梁箍筋，包括钢筋种类、直径、加密区与非加密区间距及肢数，该项为必注值。箍筋加密区与非加密区的不同间距及肢数需用斜线“/”分隔；当梁箍筋为同一种间距及肢数时，则不需用斜线；当加密区与非加密区的箍筋肢数相同时，则将肢数注写一次；箍筋肢数应写在括号内。加密区范围见相应抗震等级的标准构造详图。

举例说明

Φ10@100/200（4），表示箍筋为 HPB300 钢筋，直径为 10mm，加密区间距为 100mm，非加密区间距为 200mm，均为四肢箍。

Φ8@100（4）/150（2），表示箍筋为 HPB300 钢筋，直径为 8mm，加密区间距为 100mm，四肢箍；非加密区间距为 150mm，两肢箍。

非框架梁、悬挑梁、井字梁采用不同的箍筋间距及肢数时，也用斜线“/”将其分隔开来。注写时，先注写梁支座端部的箍筋（包括箍筋的箍数、钢筋种类、直径、间距与肢数），在斜线后注写梁跨中部分的箍筋间距及肢数。

举例说明

13Φ10@150/200（4），表示箍筋为 HPB300 钢筋，直径为 10mm；梁的两端各有 13 个四肢箍，间距为 150mm；梁跨中部分间距为 200mm，四肢箍。

18Φ12@150（4）/200（2），表示箍筋为 HPB300 钢筋，直径为 12mm；梁的两端各有 18 个四肢箍，间距为 150mm；梁跨中部分，间距为 200mm，两肢箍。

（4）梁上部通长筋或架立筋配置（通长筋可为相同或不同直径采用搭接连接、机械连接或焊接的钢筋），该项为必注值。所注规格与根数应根据结构受力要求及箍筋肢数等构造要求而定。当同排纵筋中既有通长筋又有架立筋时，应用加号“+”将通长筋和架立筋相连。注写时需将角部纵筋写在加号的前面，架立筋写在加号后面的括号内，以示不同直径及与通长筋的区别。当全部采用架立筋时，则将其写入括号内。

举例说明

2Φ22 用于双肢箍；2Φ22 +（4Φ12）用于六肢箍，其中 2Φ22 为通长筋，4Φ12 为架立筋。

当梁的上部纵向钢筋和下部纵向钢筋为全跨相同，且多数跨配筋相同时，此项可加注下部纵筋的配筋值，用分号“；”将上部与下部纵筋的配筋值分隔开来。

举例说明

3Φ22；3Φ20，表示梁的上部配置 3Φ22 的通长筋，梁的下部配置 3Φ20 的通长筋。

（5）梁侧面纵向构造钢筋或受扭钢筋配置，该项为必注值。

当梁腹板高度 $h_w \geqslant 450$mm 时，需配置纵向构造钢筋，所注规格与根数应符合规范规定。此项注写值以大写字母 G 打头，接续注写设置在梁两个侧面的总配筋值，且对称配置。

举例说明

G4Φ12，表示梁的两个侧面共配置 4Φ12 的纵向构造钢筋，每侧各配置 2Φ12。

当梁侧面需配置受扭纵向钢筋时，此项注写值以大写字母 N 打头，接续注写配置在梁两个侧面的总配筋值，且对称配置。受扭纵向钢筋应满足梁侧面纵向构造钢筋的间距要求，且不再重复配置纵向构造钢筋。

举例说明

N6Φ22，表示梁的两个侧面共配置 6Φ22 的受扭纵向钢筋，每侧各配置 3Φ22。

（6）梁顶面标高高差，该项为选注值。

梁顶面标高高差，系指相对于结构层楼面标高的高差值。对于位于结构夹层的梁，则指相对于结构夹层楼面标高的高差。有高差时，需将其写入括号内，无高差时不注。

当某梁的顶面高于所在结构层的楼面标高时，其标高高差为正值，反之为负值。

举例说明

某结构标准层的楼面标高分别为 44.950m 和 48.250m，当这两个标准层中某梁的梁顶面标高高差注写为（－0.100）时，即表明该梁顶面标高分别相对于 44.950m 和 48.250m 低 0.100m。

7.1.2.2　原位标注

梁原位标注的内容规定如下。

（1）梁支座上部纵筋，该部位含通长筋在内的所有纵筋。

① 当上部纵筋多于一排时，用斜线“/”将各排纵筋自上而下分开。

举例说明

梁支座上部纵筋注写为 6 Φ 25 4/2，则表示上一排纵筋为 4 Φ 25，下一排纵筋为 2 Φ 25。

② 当同排纵筋有两种直径时，用加号“+”将两种直径的纵筋相连，注写时将角部纵筋写在前面。

举例说明

梁支座上部有 4 根纵筋，2 Φ 25 放在角部，2 Φ 22 放在中部，在梁支座上部应注写为 2 Φ 25+ 2 Φ 22。

③ 当梁中间支座两边的上部纵筋不同时，需在支座两边分别标注；当梁中间支座两边的上部纵筋相同时，可仅在支座的一边标注配筋值，另一边省去不注（如图 7-4 所示）。

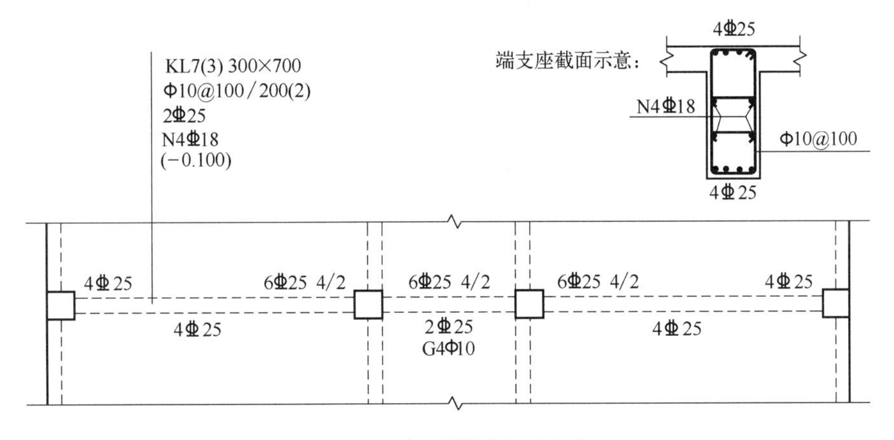

图 7-4 大小跨梁的注写示例

④ 对于端部带悬挑的梁，其上部纵筋注写在悬挑梁根部支座部位。当支座两边的上部纵筋相同时，可仅在支座的一边标注配筋值。

（2）梁下部纵筋的标注说明如下。

① 当下部纵筋多于一排时，用斜线“/”将各排纵筋自上而下分开。

举例说明

梁下部纵筋注写为 6 Φ 25 2/4，则表示上排纵筋为 2 Φ 25，下排纵筋为 4 Φ 25，全部伸入支座。

② 当同排纵筋有两种直径时，用加号“+”将两种直径的纵筋相连，注写时角筋写在前面。

③ 当梁下部纵筋不全部伸入支座时，将不伸入梁支座的下部纵筋数量写在括号内。

举例说明

梁下部纵筋注写为 6⏀25　2（-2）/4，则表示上排纵筋为 2⏀25，且不伸入支座；下排纵筋为 4⏀25，全部伸入支座。

梁下部纵筋注写为 2⏀25+ 3⏀22（-3）/5⏀25，表示上排纵筋为 2⏀25 和 3⏀22，其中 3⏀22 不伸入支座；下排纵筋为 5⏀25，全部伸入支座。

④当梁的集中标注中已按规定分别注写了梁上部和下部均为通长的纵筋值时，则不需在梁下部重复做原位标注。

⑤ 当梁设置竖向加腋时，加腋部位下部斜向纵筋应在支座下部以“Y”打头注写在括号内（如图 7-5 所示）。当梁设置水平加腋时，水平加腋内上、下部斜纵筋应在加腋支座上部以“Y”打头注写在括号内，上、下部斜纵筋之间用“/”分隔（如图 7-6 所示）。

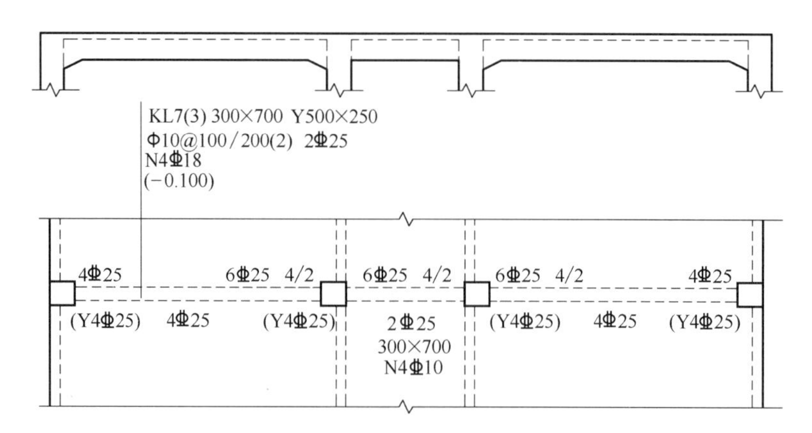

图 7-5　梁竖向加腋平面注写方式表达示例

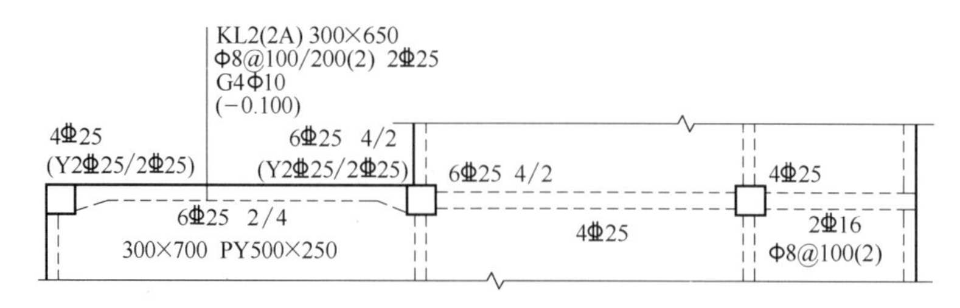

图 7-6　梁水平加腋平面注写方式表达示例

（3）当在梁上集中标注的内容（即梁截面尺寸、箍筋、上部通长筋或架立筋，梁侧面纵向构造钢筋或受扭纵向钢筋及梁顶面标高高差中的某一项或几项数值）不适用于某跨或某悬挑部分时，则将其不同数值原位标注在该跨或该悬挑部位，施工时应按原位标注数值取用。

当在多跨梁的集中标注中已注明加腋，而该梁某跨的根部却不需要加腋时，则应在该跨原位标注等截面的 $b \times h$，以修正集中标注中的加腋信息（如图 7-5 所示）。

（4）附加箍筋或吊筋，将其直接画在平面布置图中的主梁上，用线引注总配筋值。

对于附加箍筋，设计尚应注明附加箍筋的肢数，箍筋肢数注在括号内（如图 7-7 所示）。当多数附加箍筋或吊筋相同时，可在梁平法施工图上统一注明，少数与统一注明值不同时，再原位引注。

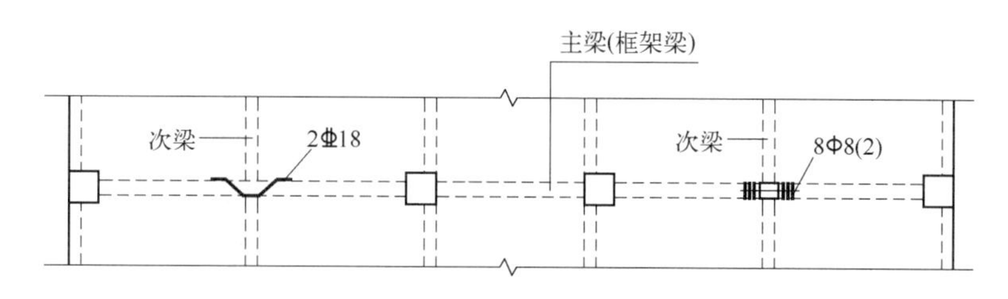

图 7-7 附加箍筋和吊筋的画法示例

（5）代号为 L 的非框架梁，当某一端支座上部纵筋为充分利用钢筋的抗拉强度时；对于一端与框架柱相连、另一端与梁相连的梁（代号为 KL），当其与梁相连的支座上部纵筋为充分利用钢筋的抗拉强度时，在梁平面布置图上原位标注，以符号“g”表示（如图 7-8 所示）。

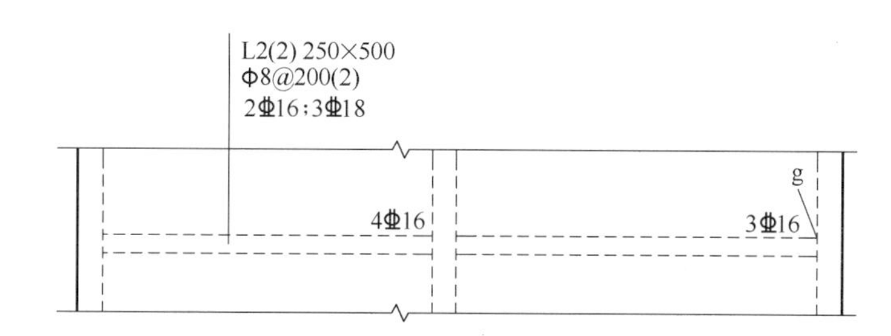

图 7-8 梁一端采用充分利用钢筋抗拉强度方式的注写示意

注：“g”表示右端支座按照非框架梁 Lg 配筋构造

（6）对于局部带屋面的楼层框架梁（代号为 KL），屋面部位梁跨原位标注 WKL。

7.1.3 截面注写方式

（1）截面注写方式，系在分标准层绘制的梁平面布置图上，分别在不同编号的梁中各选择一根梁用剖面号引出配筋图，并用在其上注写截面尺寸和配筋具体数值的方式来表达梁平法施工图。

（2）对所有梁按规定进行编号，从相同编号的梁中选择一根梁，用剖面号引出截面位置，再将截面配筋详图画在本图或其他图上。当某梁的顶面标高与结构层的楼面标高不同时，尚应继其梁编号后注写梁顶面标高高差（注写规定与平面注写方式相同）。

（3）在截面配筋详图上注写截面尺寸 $b \times h$、上部筋、下部筋、侧面构造筋或受扭筋以及箍筋的具体数值时，其表达形式与平面注写方式相同。

（4）对于框架扁梁，尚需在截面详图上注写未穿过柱截面的纵向受力筋根数。对于框架扁梁节点核心区附加钢筋，需采用平面图、剖面图表达节点核心区附加抗剪纵向钢筋、柱外核心区全部竖向拉筋以及端支座附加 U 形箍筋，注写其具体数值。

（5）截面注写方式既可以单独使用，也可与平面注写方式结合使用。当表达异形截面梁的尺寸与配筋时，用截面注写方式相对比较方便。

7.2 梁构件识图方法

7.2.1 梁构件平法施工图识图内容和步骤

7.2.1.1 梁构件平法施工图识图的内容

（1）图名和比例。

（2）轴线编号及其间距尺寸。

（3）建筑形式及概况。

（4）结构设计总说明或有关说明。

（5）平面标注或截面标注。

（6）其他。

7.2.1.2 梁构件平法施工图识图的步骤

（1）查看图名、比例。

（2）校核轴线编号及其间距尺寸，要求必须与建筑图、剪力墙施工图、柱施工图保持一致。

（3）与建筑图配合，明确梁的编号、数量和布置。

（4）阅读结构设计总说明或有关说明，明确梁的混凝土强度等级及其他要求。

（5）根据梁的编号，查阅图中平面标注或截面标注，明确梁的截面尺寸、配筋和标高。再根据抗震等级、设计要求和标准构造详图，确定纵向钢筋、箍筋和吊筋的构造要求（例如纵向钢筋的锚固长度，切断位置，弯折要求，连接方式和搭接长度，箍筋加密区的范围，附加箍筋、吊筋的构造）。

（6）其他有关要求。

7.2.2 梁构件标准构造识图

7.2.2.1 楼层框架梁 KL 纵向钢筋构造

（1）楼层框架梁 KL 纵向钢筋构造如图 7-9 所示。

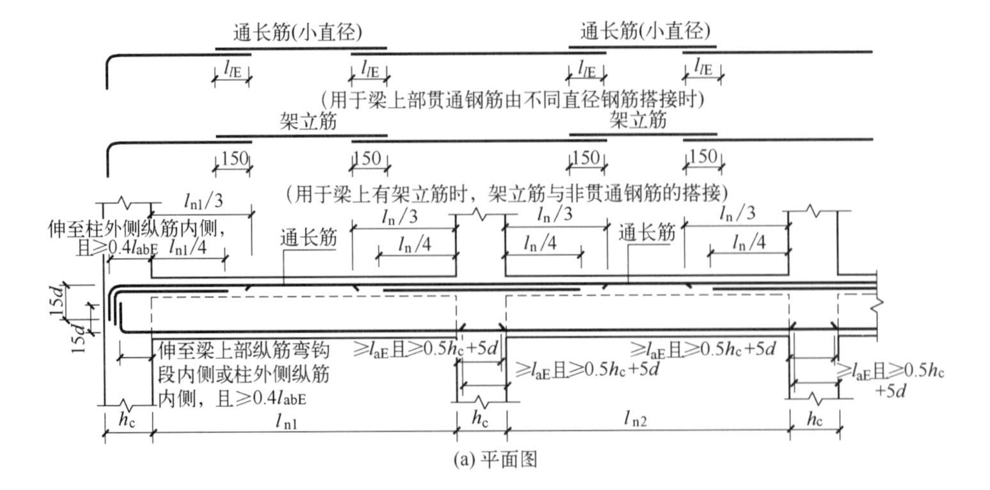

(a) 平面图

(b) 三维图

扫码观看三维动画

图7-9三维动画

图 7-9 楼层框架梁 KL 纵向钢筋构造

（2）端支座加锚头（锚板）锚固如图 7-10 所示，端支座直锚如图 7-11 所示。

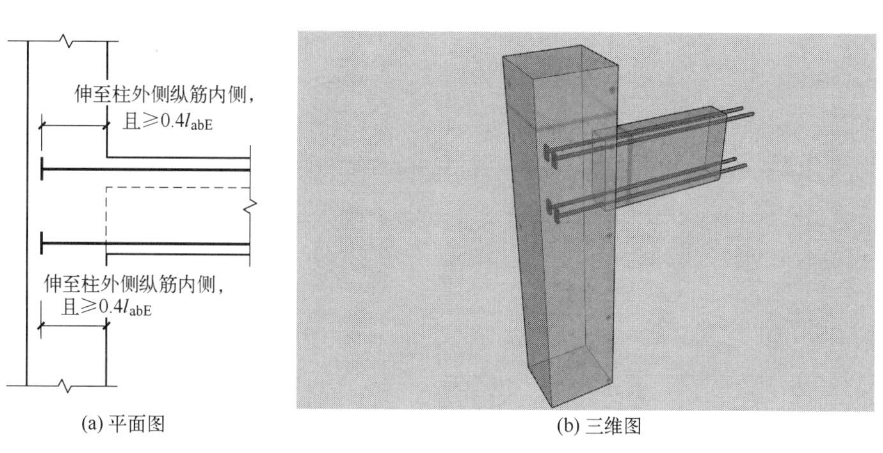

(a) 平面图　(b) 三维图

扫码观看三维动画

图7-10三维动画

图 7-10 端支座加锚头（锚板）锚固

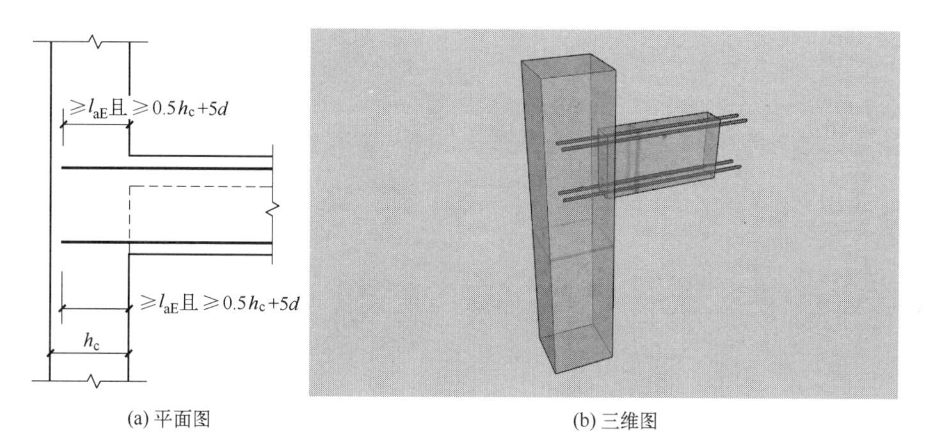

(a) 平面图　(b) 三维图

扫码观看三维动画

图7-11三维动画

图 7-11 端支座直锚

（3）中间层中间节点梁下部筋在节点外搭接如图 7-12 所示，梁下部钢筋也可在节点外搭接。相邻跨钢筋直径不同时，搭接位置位于较小直径一跨。

扫码观看三维动画

图7-12三维动画

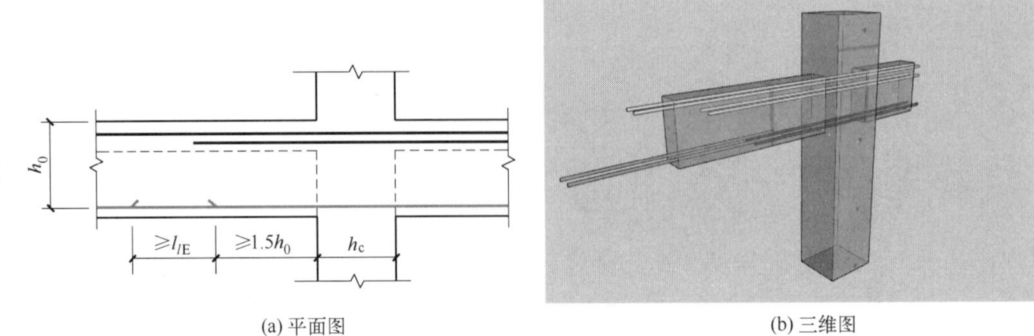

(a) 平面图　　(b) 三维图

图 7-12　中间层中间节点梁下部筋在节点外搭接

7.2.2.2　屋面框架梁 WKL 纵向钢筋构造

（1）屋面框架梁 WKL 纵向钢筋构造如图 7-13 所示。

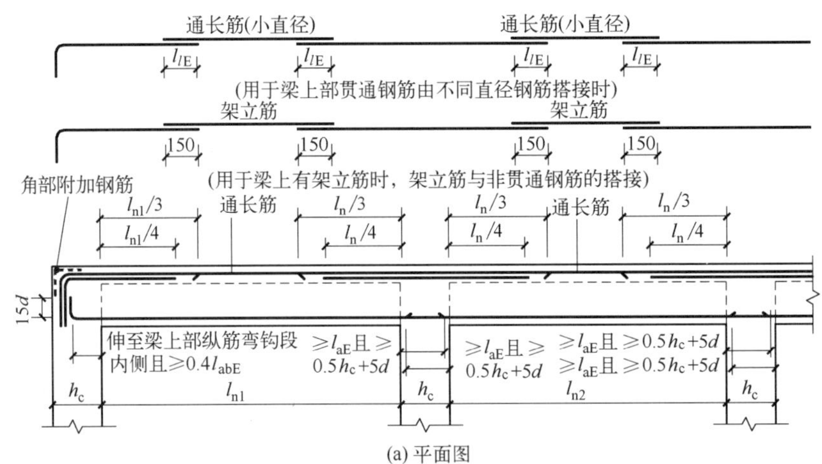

(a) 平面图

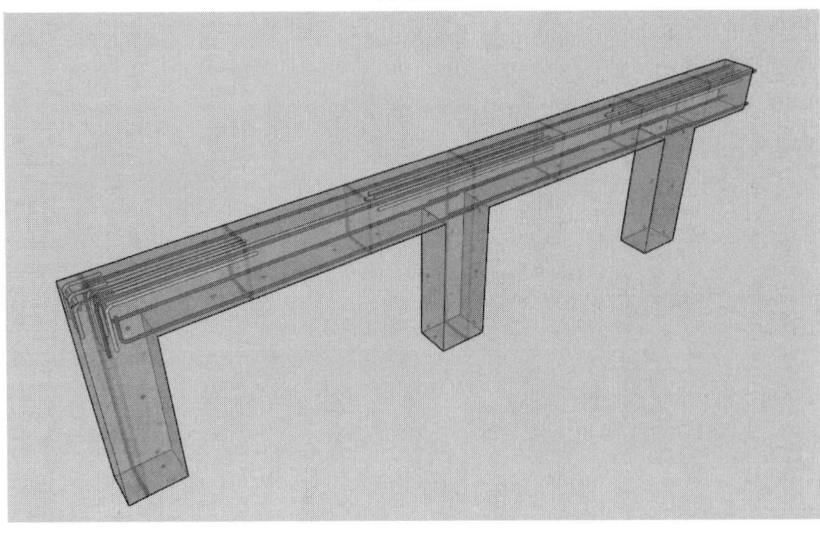

(b) 三维图

扫码观看三维动画

图7-13三维动画

图 7-13　屋面框架梁 WKL 纵向钢筋构造

（2）顶层端节点梁下部钢筋端头加锚头（锚板）锚固如图 7-14 所示，顶层端支座梁下部钢筋直锚如图 7-15 所示。

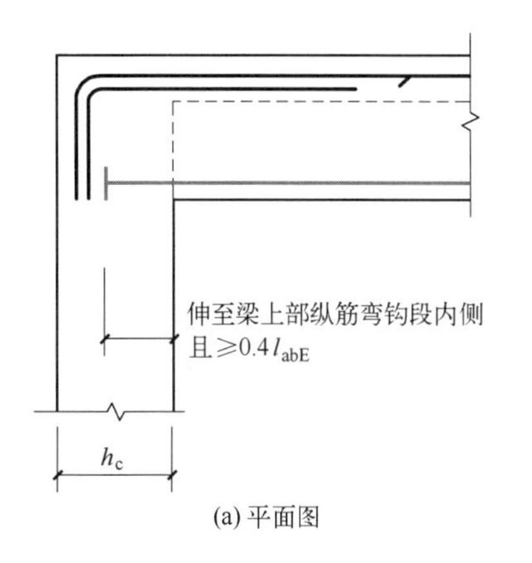

(a) 平面图

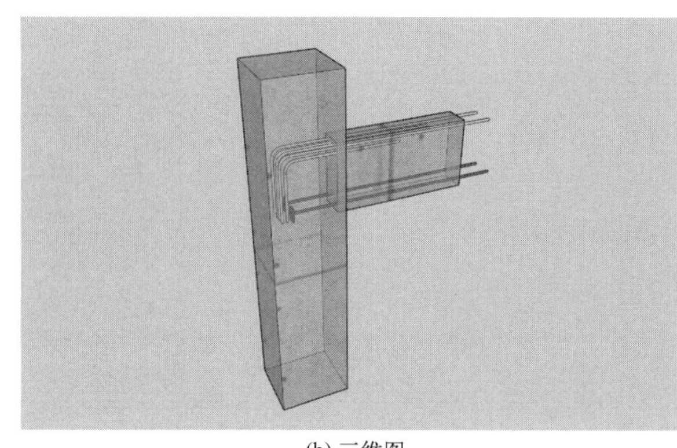

(b) 三维图

扫码观看三维动画

图7-14三维动画

图 7-14 顶层端节点梁下部钢筋端头加锚头（锚板）锚固

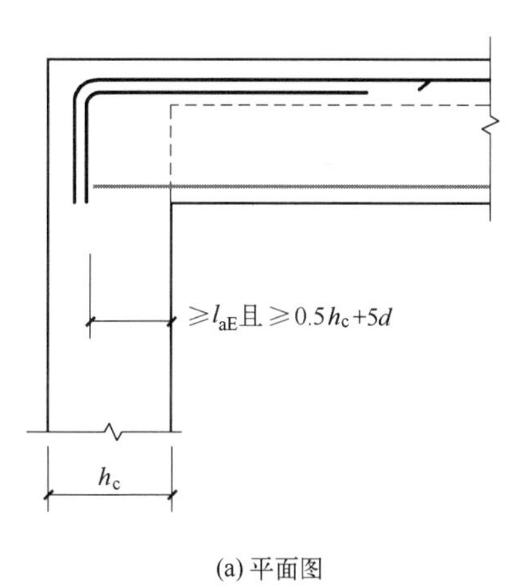

(a) 平面图

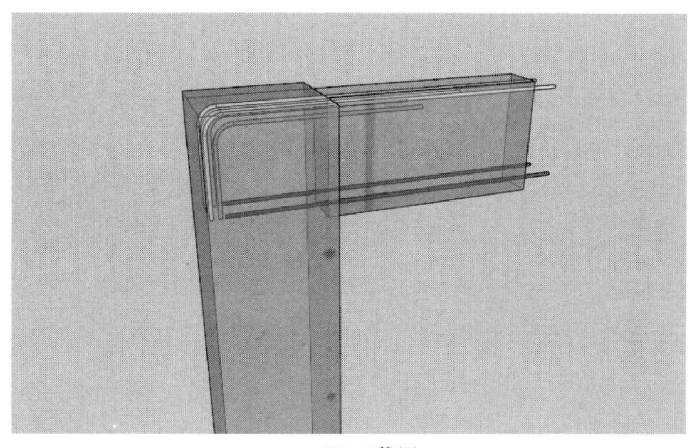

(b) 三维图

扫码观看三维动画

图7-15三维动画

图 7-15 顶层端支座梁下部钢筋直锚

（3）顶层中间节点梁下部筋在节点外搭接如图 7-16 所示，梁下部钢筋也可在节点外搭接。相邻跨钢筋直径不同时，搭接位置位于较小直径一跨。

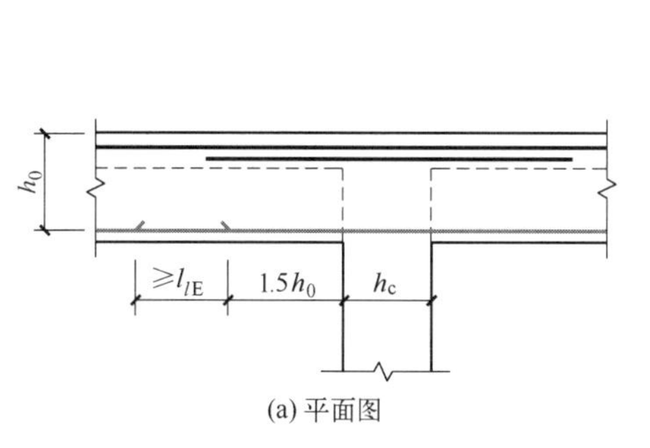

(a) 平面图

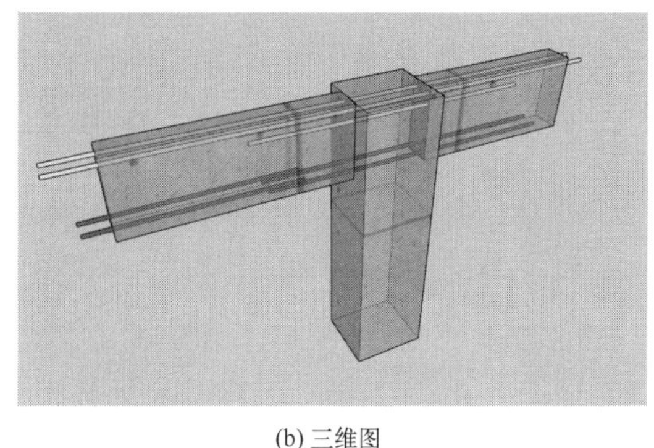

(b) 三维图

扫码观看三维动画

图7-16三维动画

图 7-16 顶层中间节点梁下部筋在节点外搭接

7.2.2.3　局部带屋面框架梁 KL 纵向钢筋构造

局部带屋面框架梁 KL 纵向钢筋构造如图 7-17 所示。

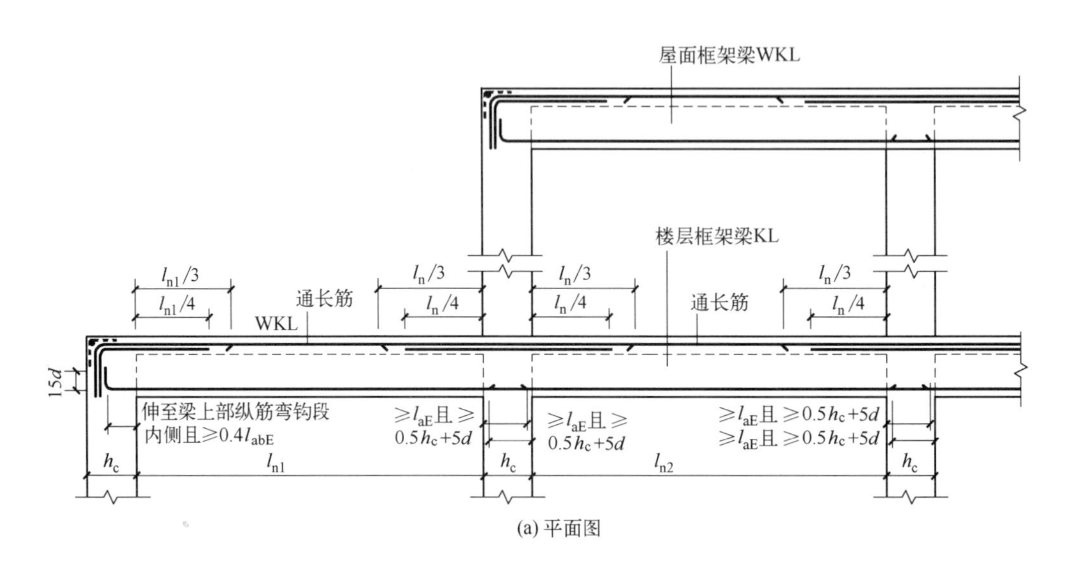

(a) 平面图

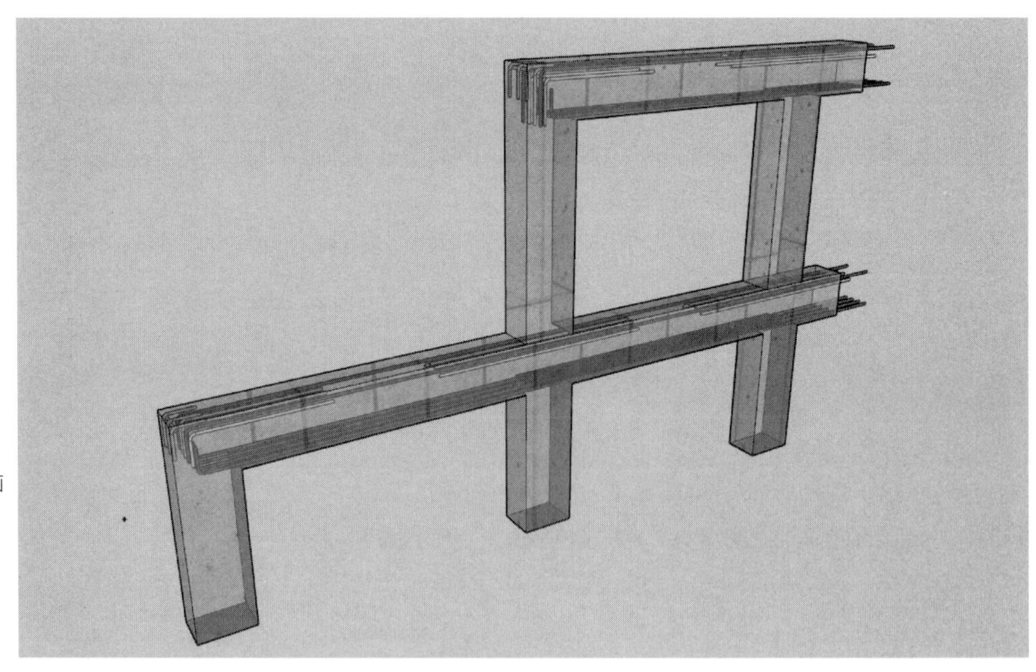

(b) 三维图

扫码观看三维动画

图7-17三维动画

图 7-17　局部带屋面框架梁 KL 纵向钢筋构造

7.2.2.4　框架梁加腋构造

（1）框架梁水平加腋构造如图 7-18 所示。当梁结构平法施工图中水平加腋部位的配筋设计未给出时，其梁腋上下部斜纵筋（仅设置第一排）直径分别同梁内上下纵筋，水平间距不宜大于 200mm；水平加腋部位侧面纵向构造筋的设置及构造要求同梁内侧面纵向构造筋。

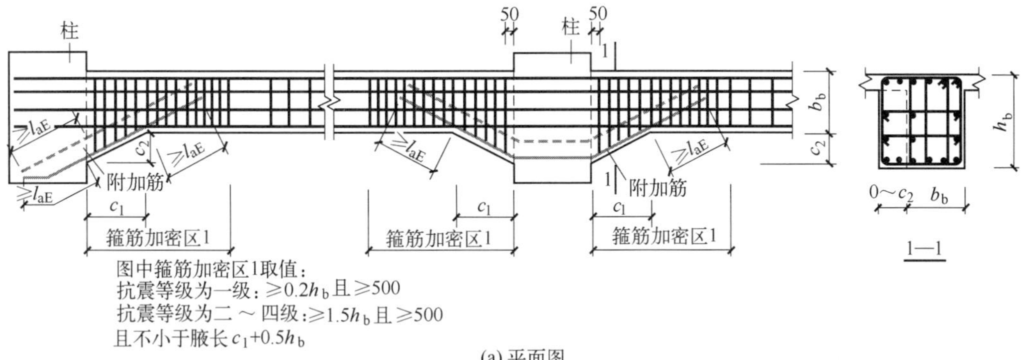

(a) 平面图

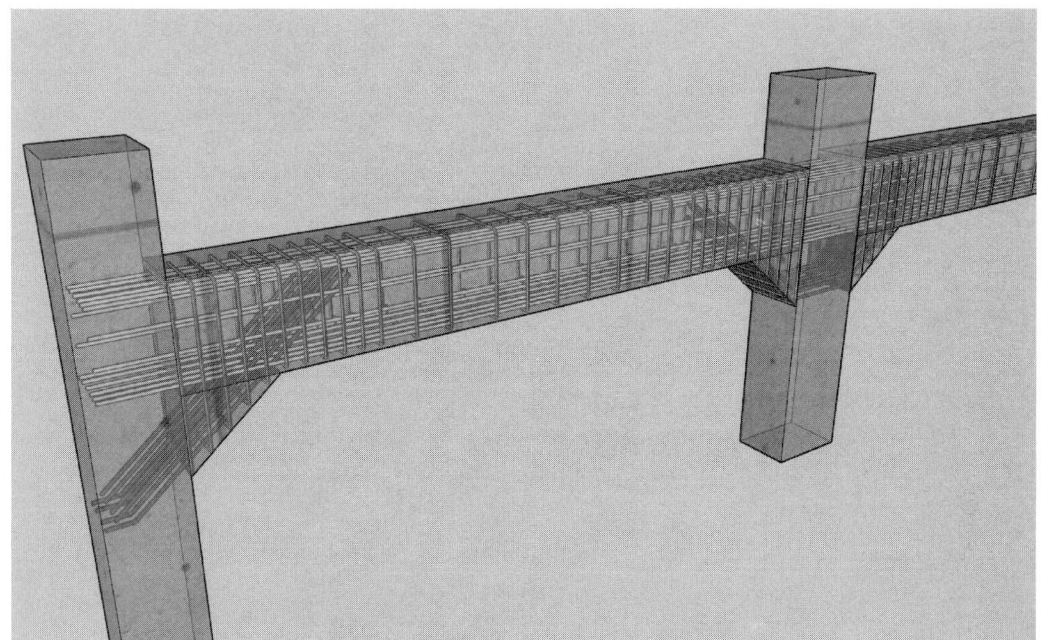

(b) 三维图

扫码观看三维动画

图7-18三维动画

图 7-18 框架梁水平加腋构造

(2) 框架梁竖向加腋构造如图 7-19 所示。

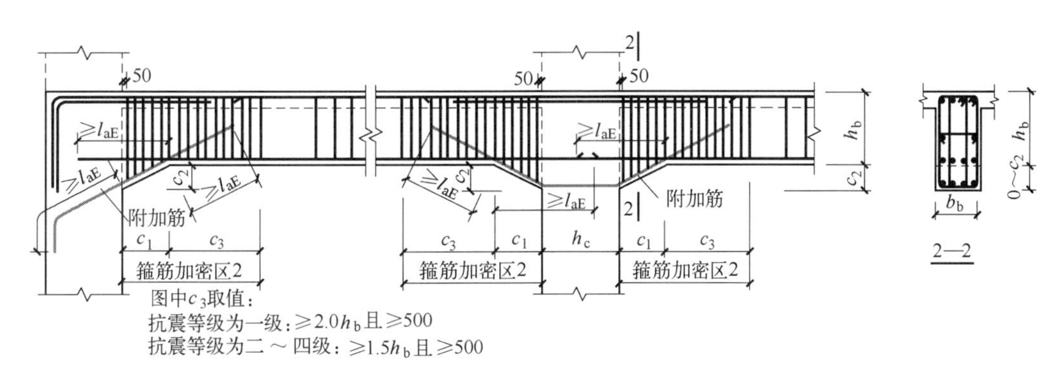

(a) 平面图

图 7-19

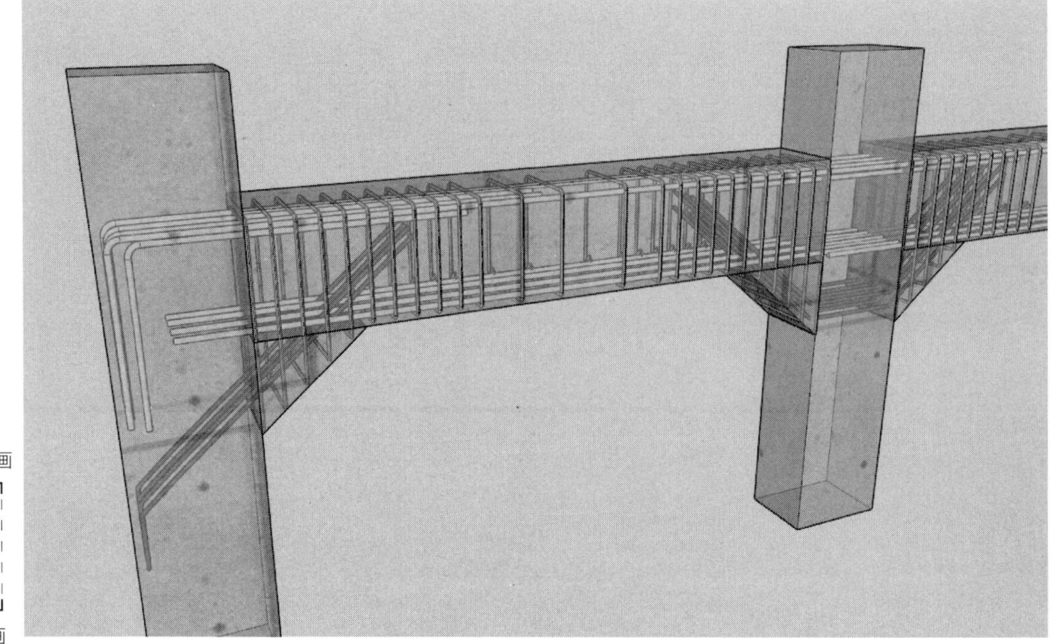

扫码观看三维动画

图7-19三维动画

(b) 三维图

图 7-19　框架梁竖向加腋构造

7.2.2.5　KL、WKL 中间支座纵向钢筋构造

（1）WKL 中间支座纵向钢筋构造如图 7-20～图 7-22 所示。

扫码观看三维动画

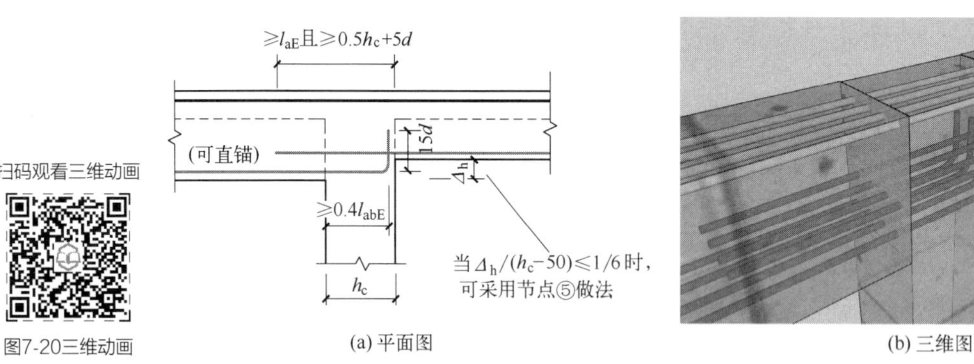

图7-20三维动画

(a) 平面图　　(b) 三维图

图 7-20　WKL 中间支座纵向钢筋构造①

扫码观看三维动画

图7-21三维动画

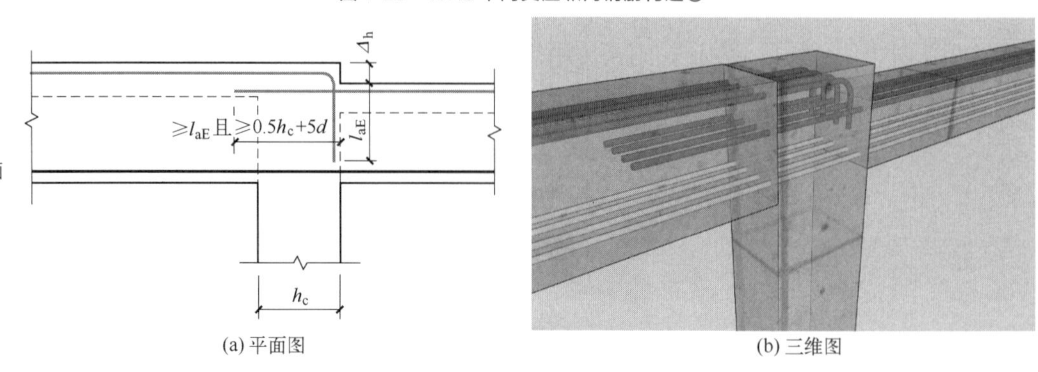

(a) 平面图　　(b) 三维图

图 7-21　WKL 中间支座纵向钢筋构造②

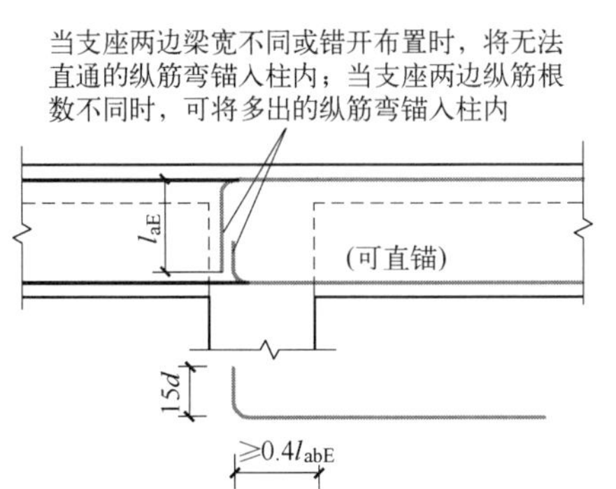

(a) 平面图

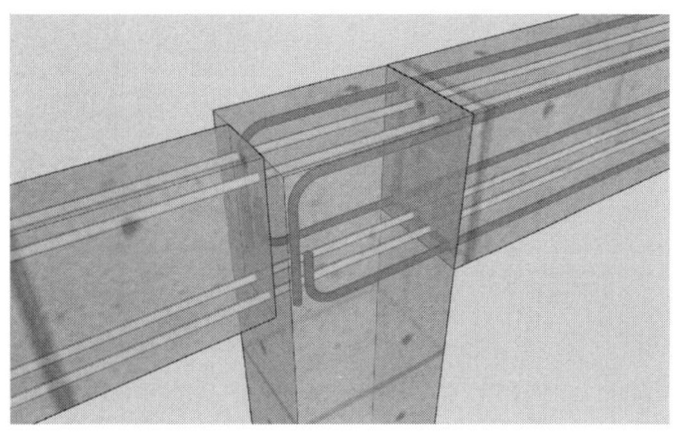

(b) 三维图

扫码观看三维动画

图7-22三维动画

图 7-22 WKL 中间支座纵向钢筋构造③

（2）KL 中间支座纵向钢筋构造如图 7-23～图 7-25 所示。

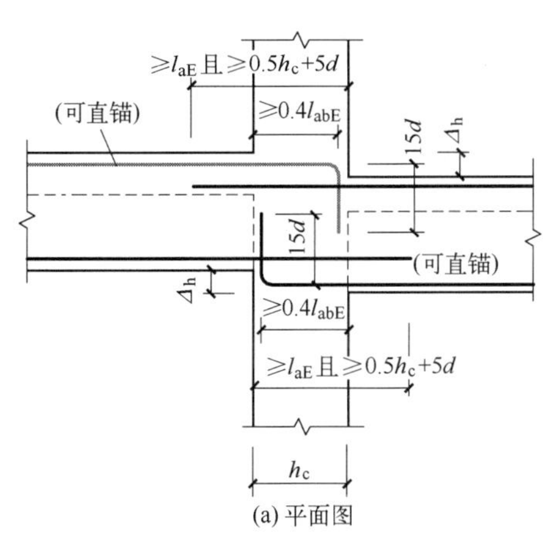

(a) 平面图

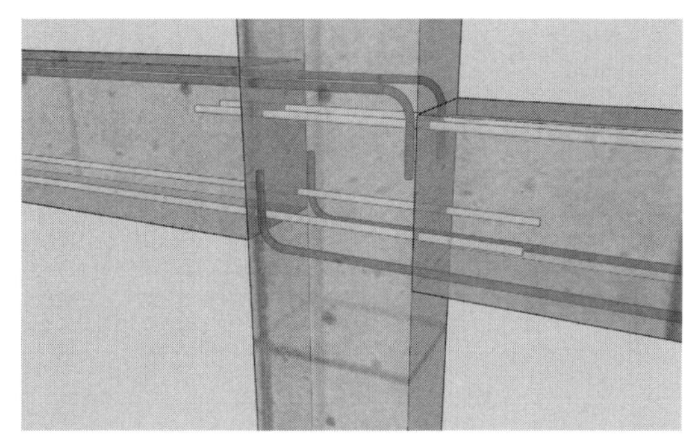

(b) 三维图

扫码观看三维动画

图7-23三维动画

图 7-23 KL 中间支座纵向钢筋构造①

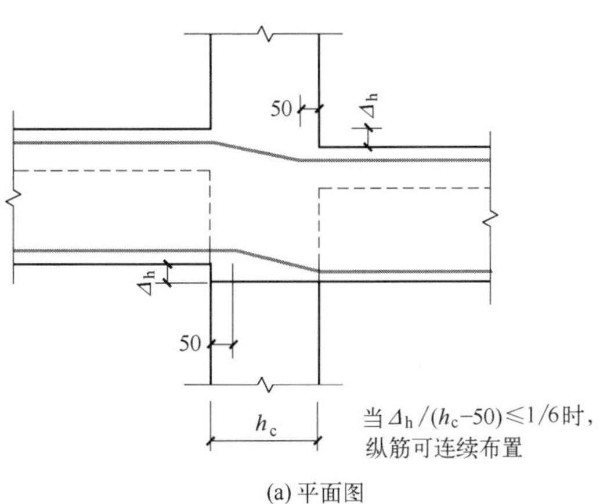

(a) 平面图

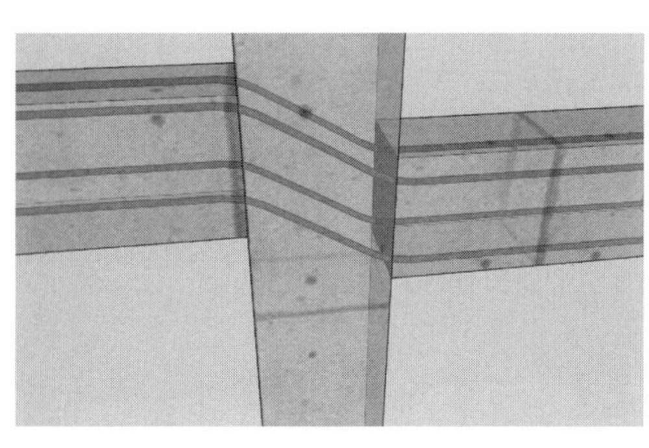

(b) 三维图

扫码观看三维动画

图7-24三维动画

图 7-24 KL 中间支座纵向钢筋构造②

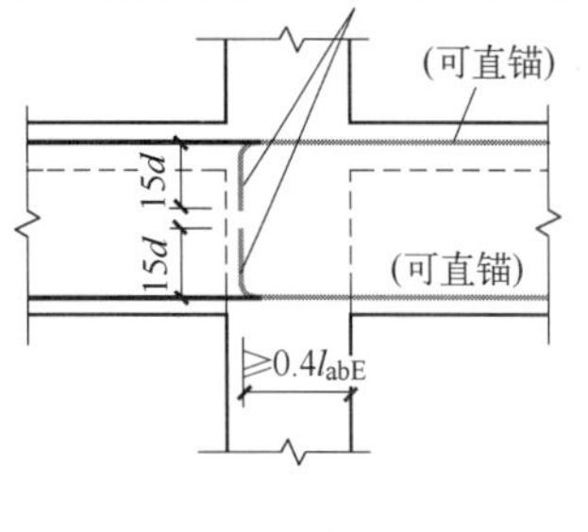

(a) 平面图

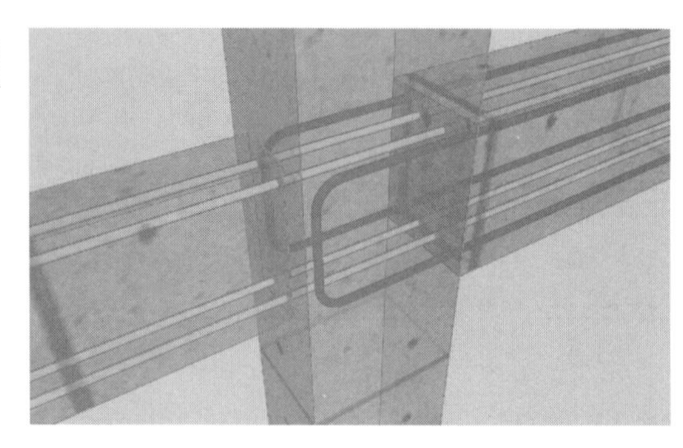

(b) 三维图

扫码观看三维动画

图7-25三维动画

图 7-25 KL 中间支座纵向钢筋构造③

7.2.2.6 框架梁与剪力墙平面内、平面外连接构造

框架梁（KL、WKL）与剪力墙平面内相交构造如图 7-26 所示。其中，箍筋加密区范围如下。

抗震等级为一级：≥2.0h_b，且≥500mm。

抗震等级为二～四级：≥1.5h_b，且≥500mm。

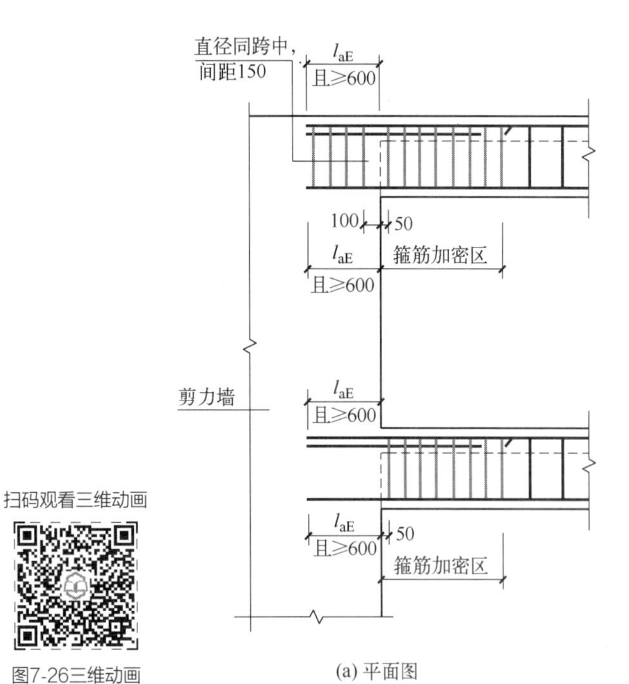

(a) 平面图

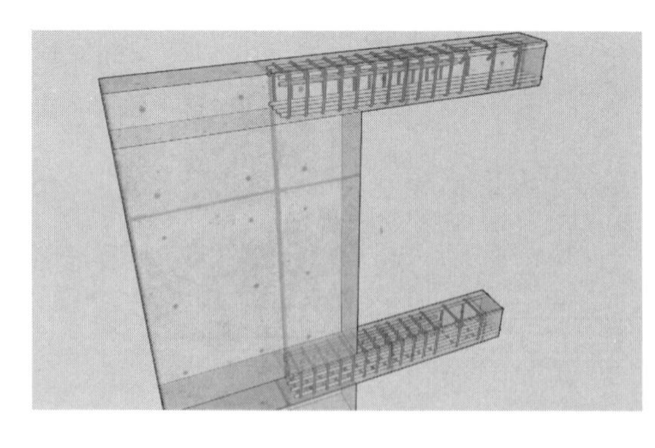

(b) 三维图

扫码观看三维动画

图7-26三维动画

图 7-26 框架梁（KL、WKL）与剪力墙平面内相交构造

框架梁（KL、WKL）与剪力墙平面外构造如图 7-27 和图 7-28 所示，其中，框架梁（KL、WKL）与剪力墙平面外构造（一）用于墙厚较小时，框架梁（KL、WKL）与剪力墙平面外构造（二）用于墙厚较大或设有扶壁柱时。

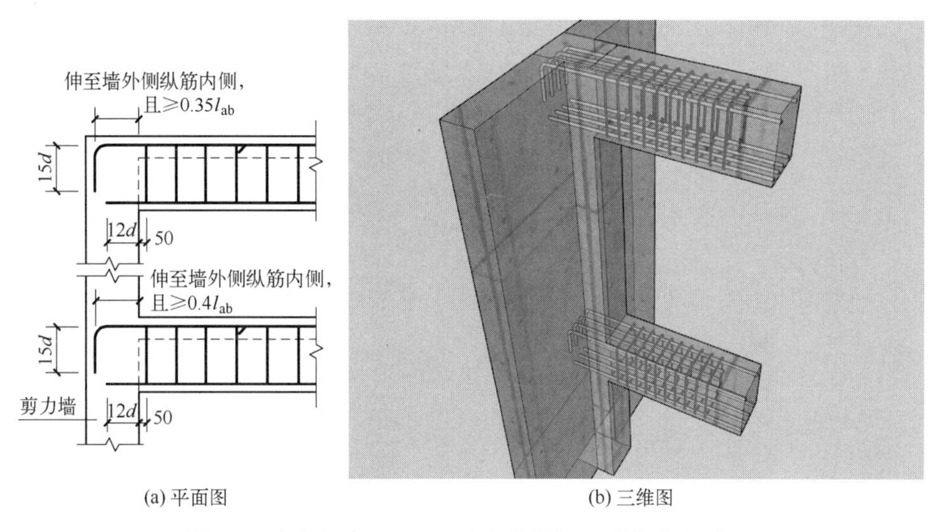

图 7-27 框架梁（KL、WKL）与剪力墙平面外构造（一）

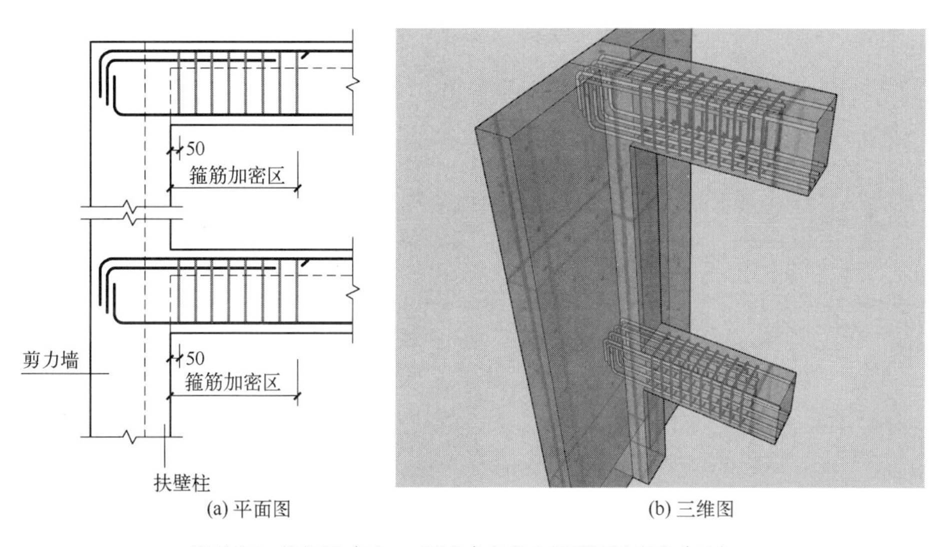

图 7-28 框架梁（KL、WKL）与剪力墙平面外构造（二）

7.2.2.7 非框架梁配筋构造

非框架梁配筋构造如图 7-29 所示。

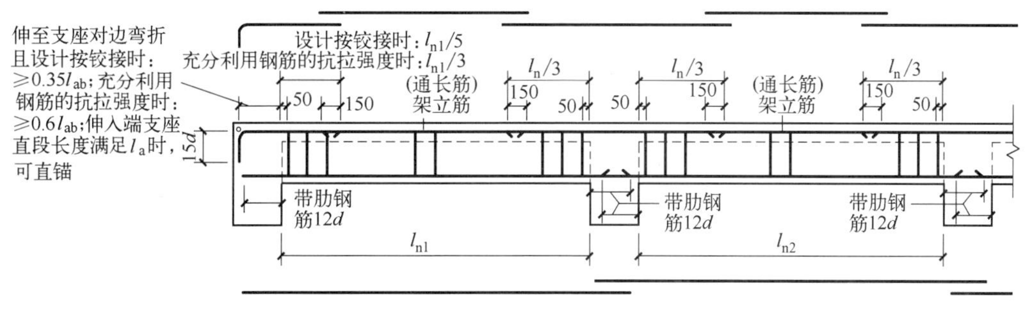

图 7-29

扫码观看三维动画

图7-29三维动画

(b) 三维图

图 7-29 非框架梁配筋构造

7.2.2.8 非框架梁 L 中间支座纵向钢筋构造

非框架梁 L 中间支座纵向钢筋构造如图 7-30 所示。

扫码观看三维动画

图7-30①三维动画

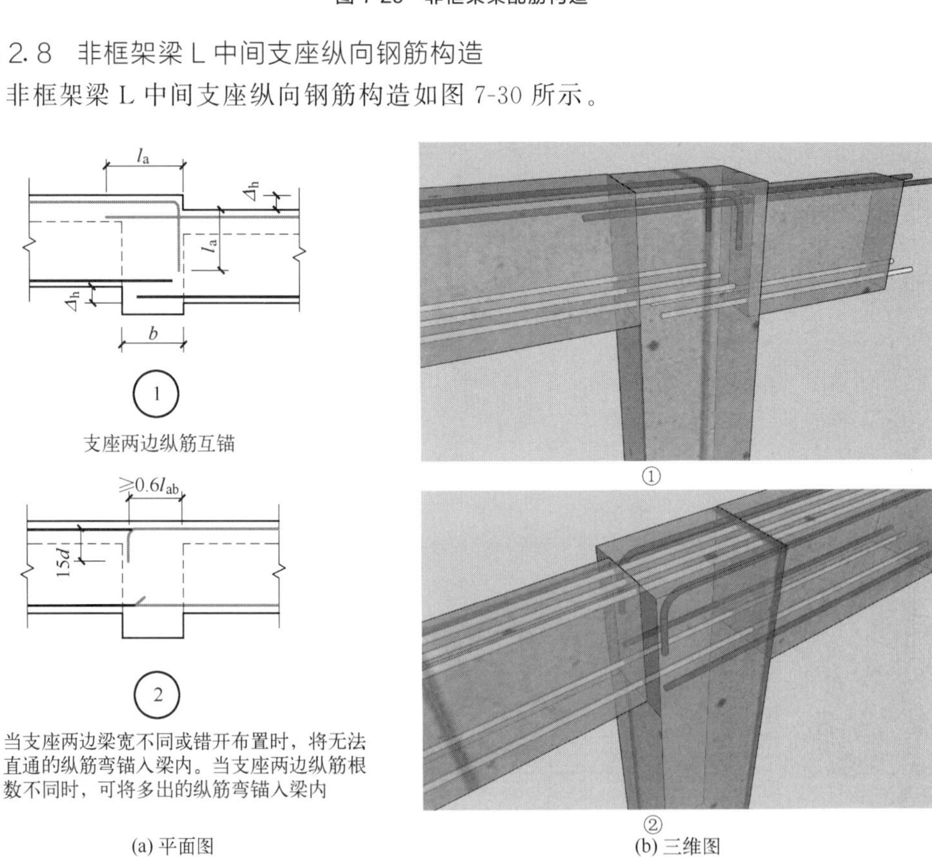

扫码观看三维动画

图7-30②三维动画

(a) 平面图　　(b) 三维图

图 7-30 非框架梁 L 中间支座纵向钢筋构造

7.2.2.9 水平折梁、竖向折梁钢筋构造

（1）水平折梁钢筋构造如图 7-31 所示。

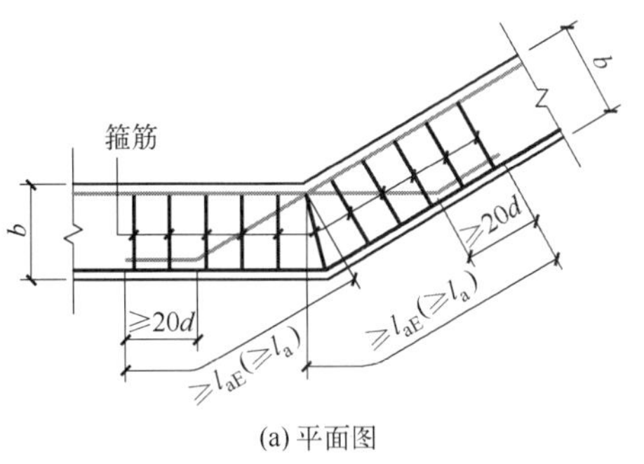

(a) 平面图

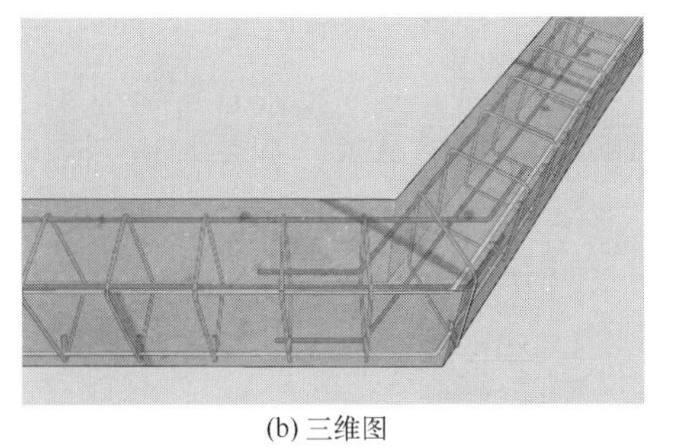
(b) 三维图

扫码观看三维动画

图7-31三维动画

图 7-31 水平折梁钢筋构造

（2）竖向折梁钢筋构造如图 7-32 和图 7-33 所示。

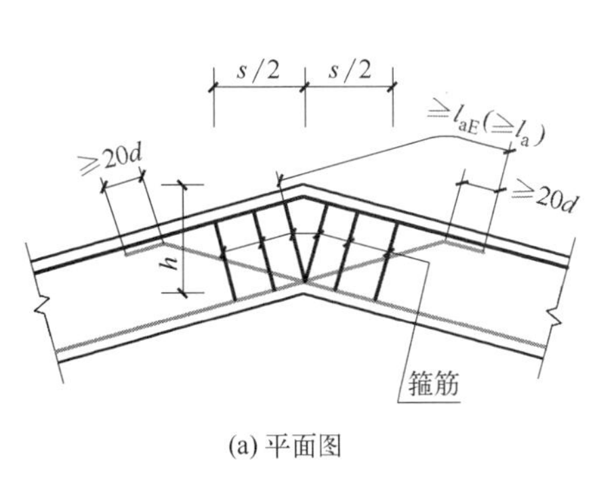

(a) 平面图

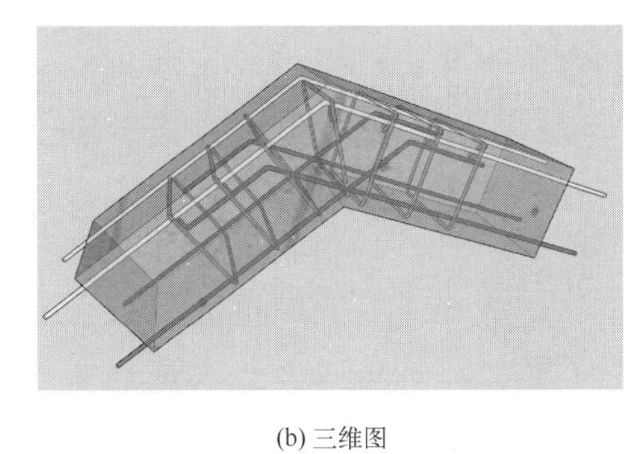
(b) 三维图

扫码观看三维动画

图7-32三维动画

图 7-32 竖向折梁钢筋构造（一）

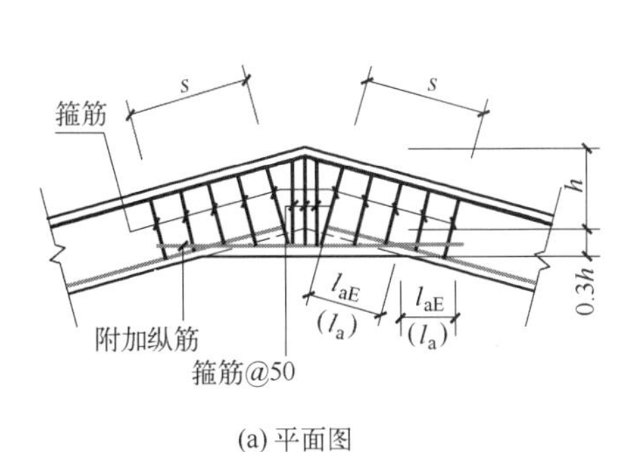

(a) 平面图

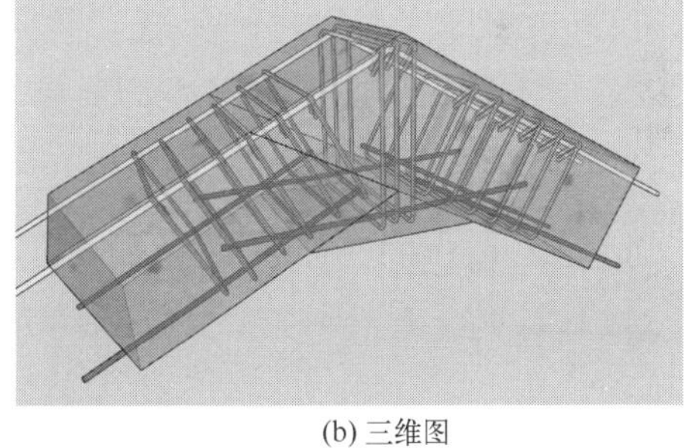
(b) 三维图

扫码观看三维动画

图7-33三维动画

图 7-33 竖向折梁钢筋构造（二）

7.2.2.10 纯悬挑梁 XL 及各类梁的悬挑端配筋构造

（1）纯悬挑梁 XL 的悬挑端配筋构造如图 7-34 所示。

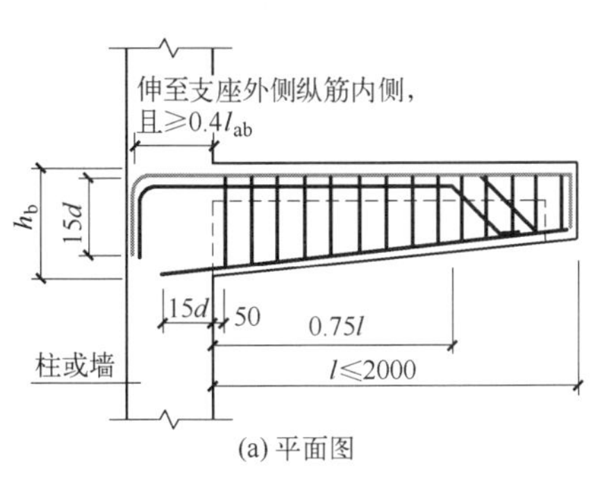

(a) 平面图

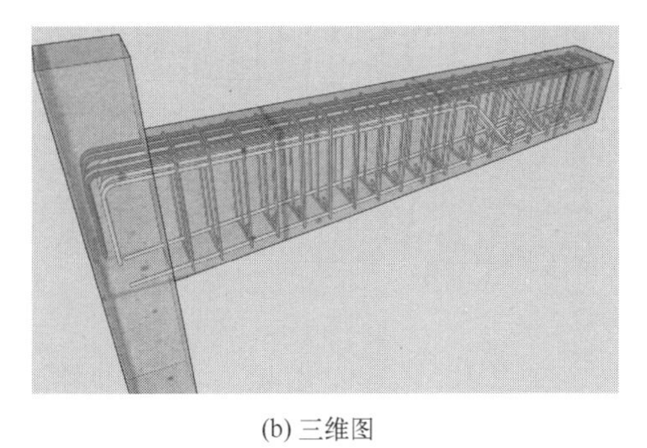
(b) 三维图

扫码观看三维动画

图7-34三维动画

图 7-34 纯悬挑梁 XL 的悬挑端配筋构造

（2）当悬挑梁考虑竖向地震作用时（由设计明确），悬挑梁中钢筋锚固长度 l_a、l_{ab} 应改为 l_{aE}、l_{abE}，悬挑梁下部钢筋伸入支座长度需要时 $15d$ 改为 l_{aE}（由设计明确）。

（3）各类梁的悬挑端配筋构造如图 7-35 所示。图 7-35①可用于中间层或屋面；图 7-35②、④中 $\Delta_h/(h_c-50)>1/6$，仅用于中间层；图 7-35③、⑤中，当 $\Delta_h/(h_c-50)\leqslant 1/6$ 时，上部纵筋连续布置，用于中间层，当支座为梁时也可用于屋面；图 7-35⑥、⑦中，$\Delta_h\leqslant h_b/3$，用于屋面，当支座为梁时也可用于中间层。

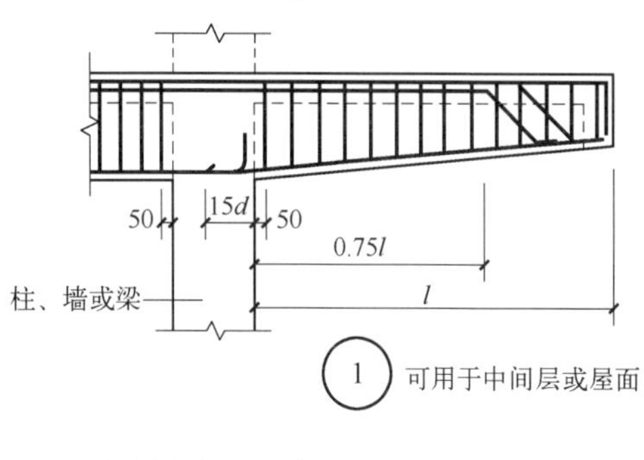

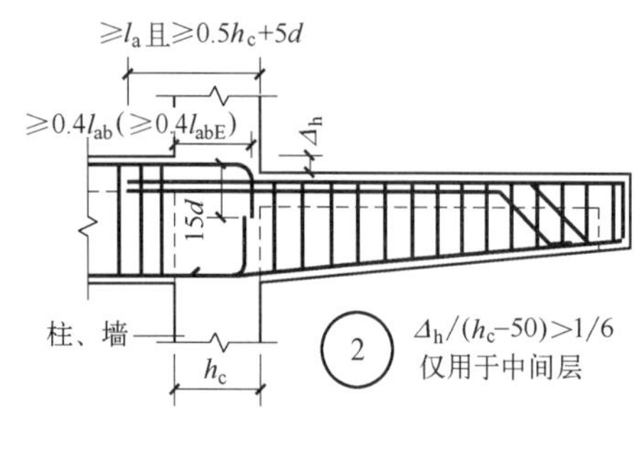

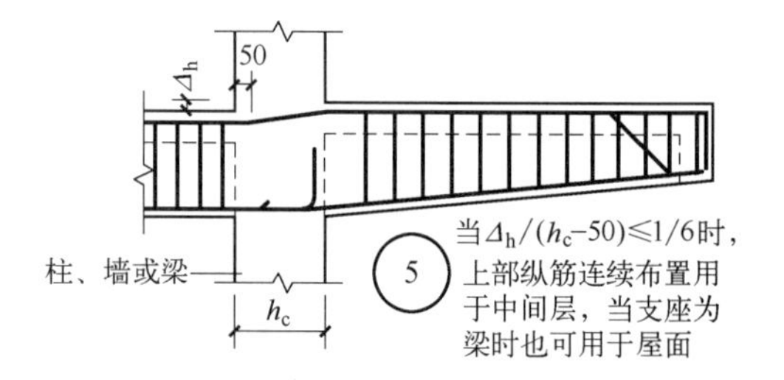

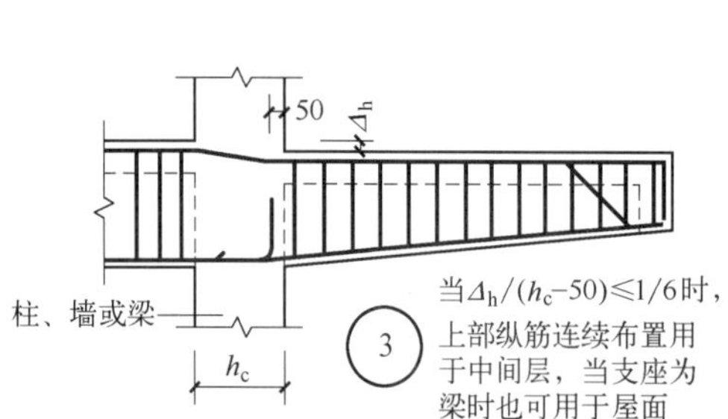

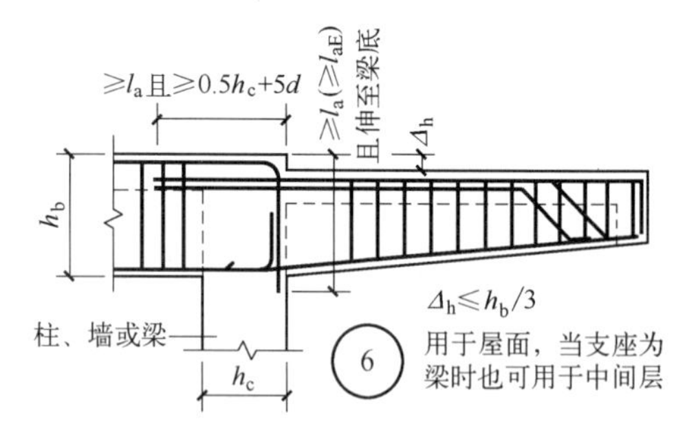

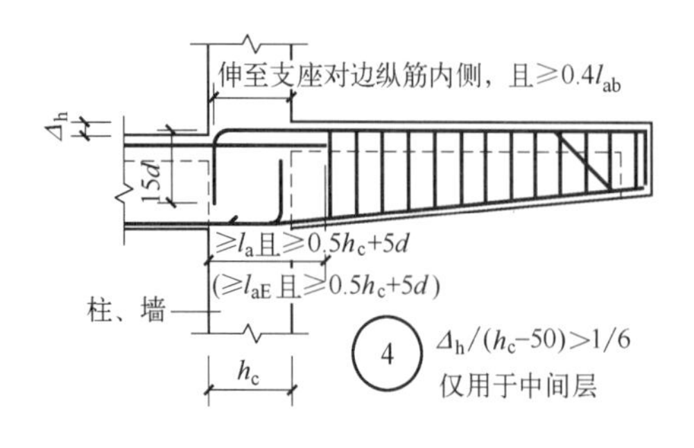

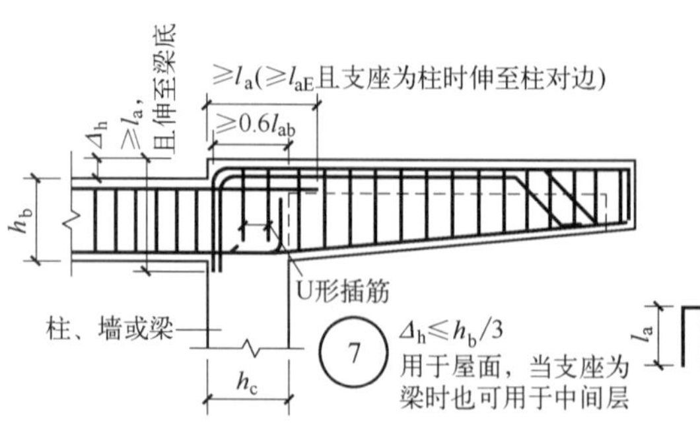

(a) 平面图

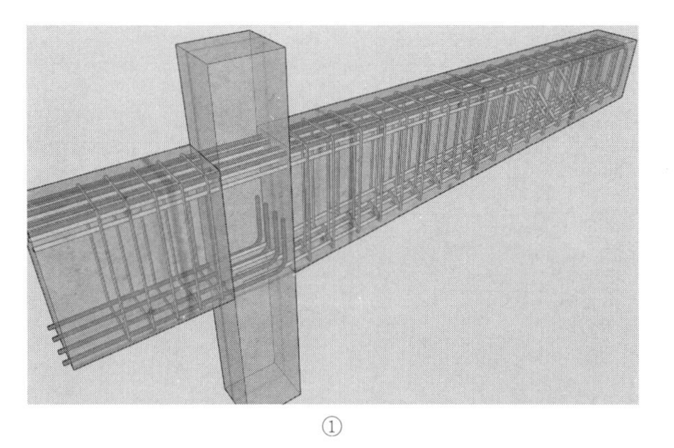

①

扫码观看三维动画

图7-35①三维动画

②

扫码观看三维动画

图7-35②三维动画

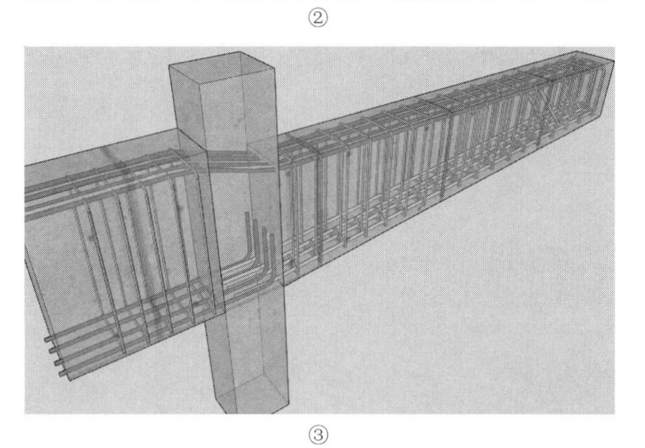

③

扫码观看三维动画

图7-35③三维动画

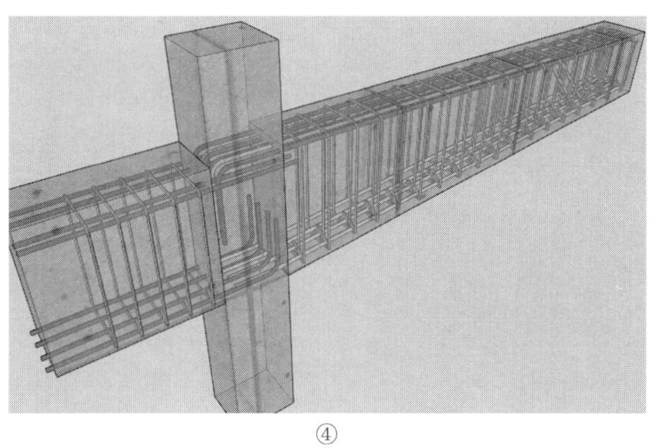

④

扫码观看三维动画

图7-35④三维动画

图 7-35

扫码观看三维动画

图7-35⑤三维动画

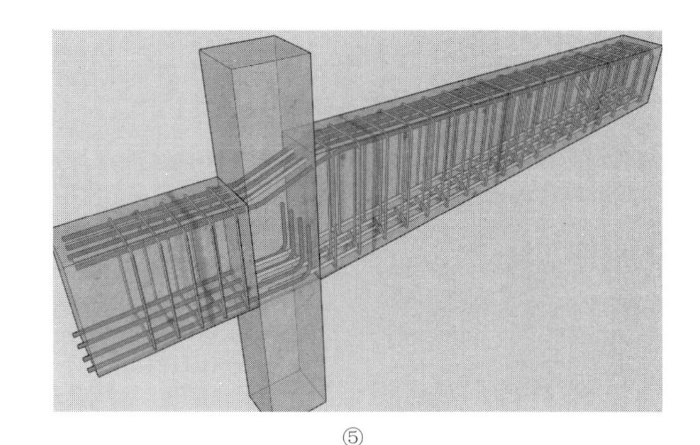

⑤

扫码观看三维动画

图7-35⑥三维动画

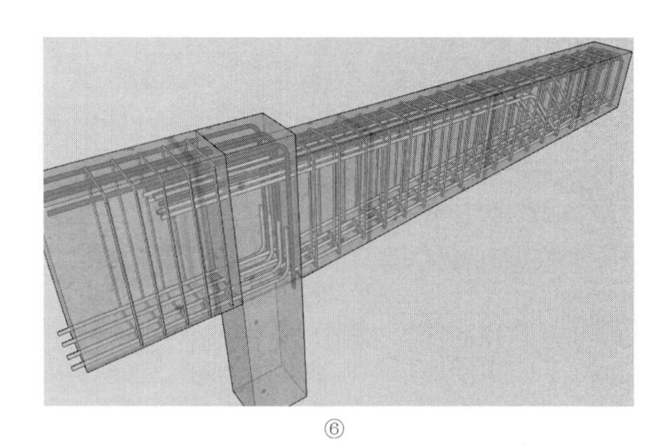

⑥

扫码观看三维动画

图7-35⑦三维动画

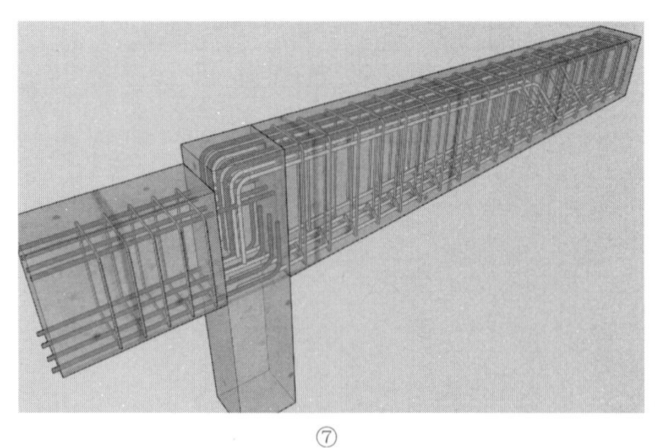

⑦

(b) 三维图

图 7-35 各类梁的悬挑端配筋构造

7.2.2.11 框支梁 KZL 配筋构造

框支梁 KZL 配筋构造如图 7-36 所示。

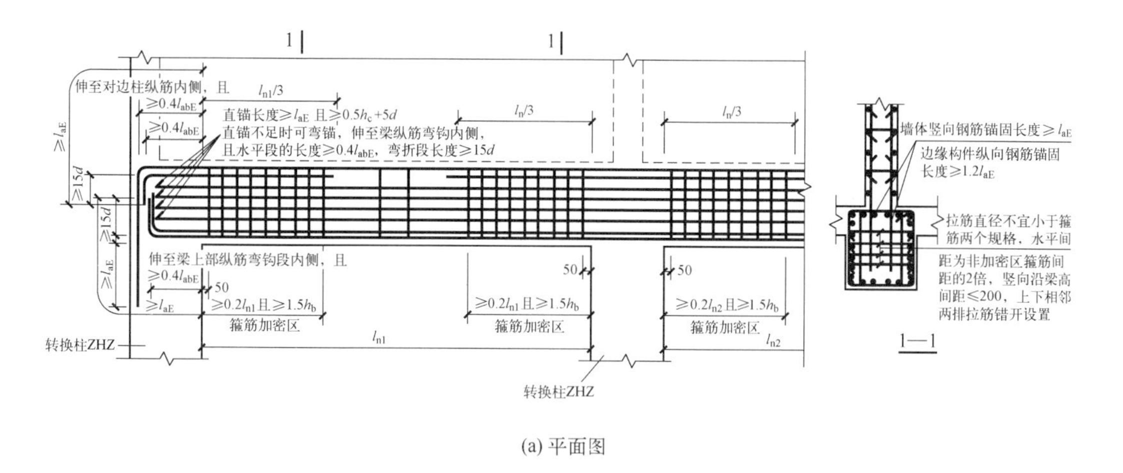

(a) 平面图

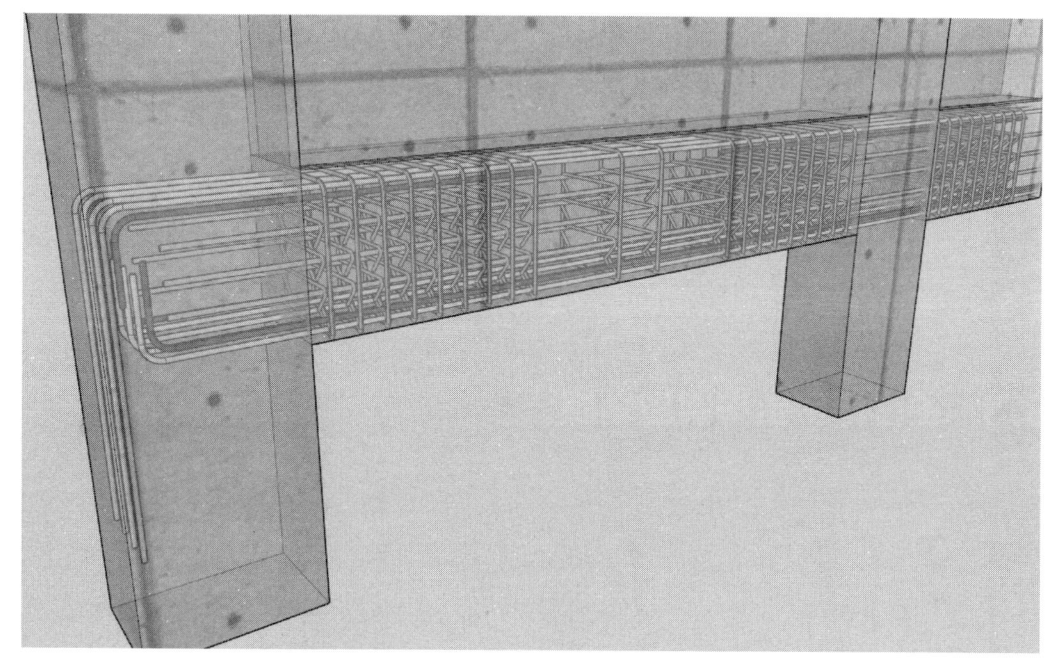

扫码观看三维动画

图7-36三维动画

(b) 三维图

图 7-36　框支梁 KZL 配筋构造

7.3 梁构件识图实例

【例】 某梁的平法施工图如图 7-37 所示。

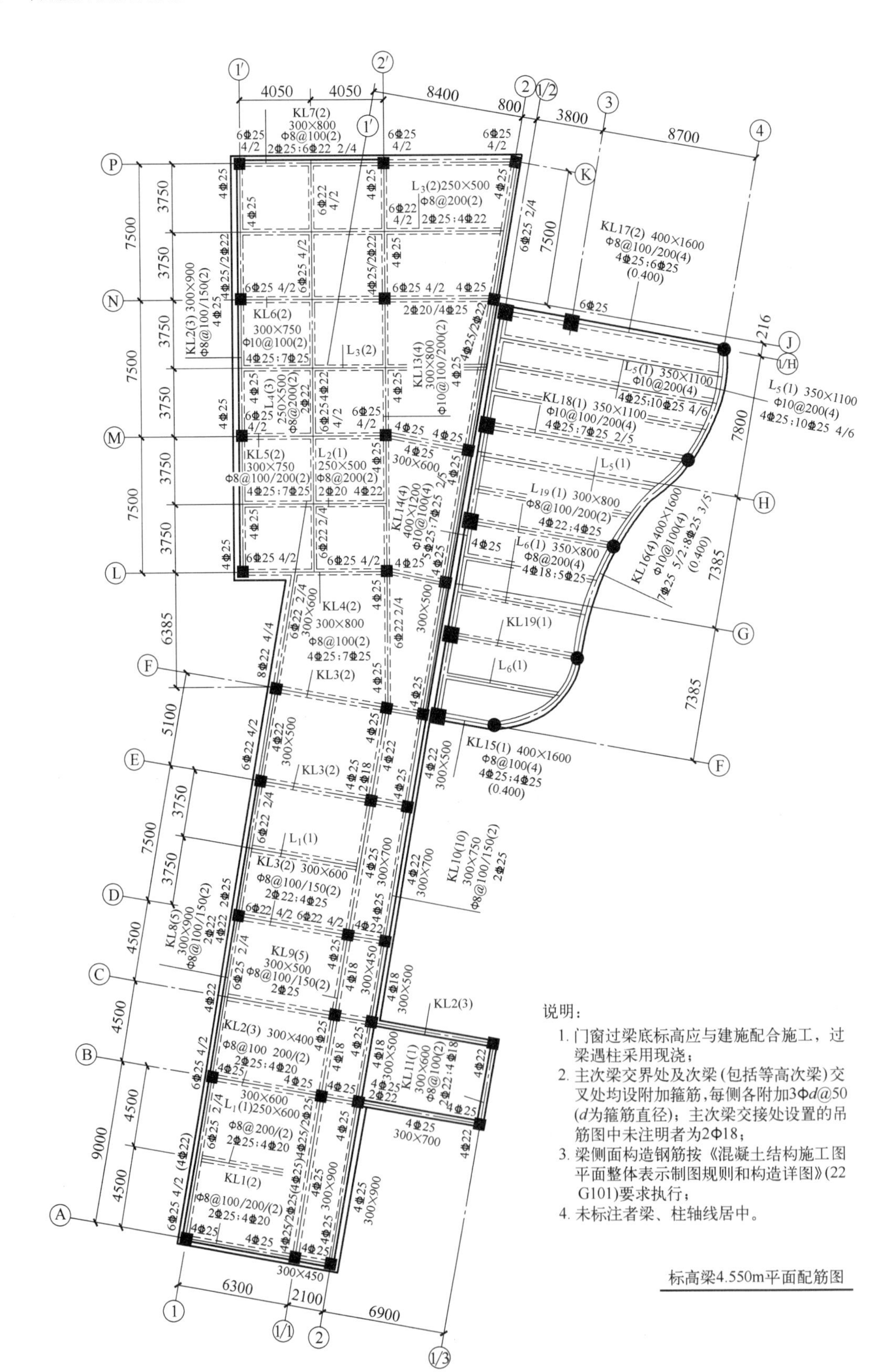
说明：
1. 门窗过梁底标高应与建施配合施工，过梁遇柱采用现浇；
2. 主次梁交界处及次梁(包括等高次梁)交叉处均设附加箍筋，每侧各附加3Φd@50(d为箍筋直径)；主次梁交接处设置的吊筋图中未注明者为2Φ18；
3. 梁侧面构造钢筋按《混凝土结构施工图平面整体表示制图规则和构造详图》(22G101)要求执行；
4. 未标注者梁、柱轴线居中。
标高梁4.550m平面配筋图

图 7-37 梁平法施工图

从图 7-37 中的梁平法施工图中，可看出框架梁（KL）编号从 KL1 至 KL20，非框架梁（L）编号从 L1 至 L10。

现以 KL8、KL16、L4、L5 为例说明梁的平法施工图的识读。

对于 KL8 而言，从图 7-37 中容易得知，KL8（5）是位于①轴的框架梁，5 跨，断面尺寸 300mm×900mm（个别跨与集中标注不同者，以原位标注为准，如 300mm×500mm、300mm×600mm）；2 Φ 22 为梁上部通长钢筋，箍筋Φ 8@100/150（2）为双肢箍，梁端加密区间距为 100mm，非加密区间距 150mm。支座负弯矩钢筋：Ⓐ轴支座处为两排，上排 4 Φ 22（其中 2 Φ 22 为通长钢筋），下排 2 Φ 22；Ⓑ轴支座处为两排，上排 4 Φ 22（其中 2 Φ 22 为通长钢筋），下排 2 Φ 25。该梁的第一、二跨两跨上方都原位注写了“(4 Φ 22)”，表示这两跨的梁上部通长钢筋与集中标注的不同，不是 2 Φ 22，而是 4 Φ 22；梁断面下部纵向钢筋每跨各不相同，分别原位注写，如双排的 6 Φ 25 2/4、单排的 4 Φ 22 等。由标准构造详图，可以计算出梁中纵筋的锚固长度，如第一支座上部负弯矩钢筋在边柱内的锚固长度 $l_{aE}=31d=31\times22=682$（mm）；支座处上部钢筋的截断位置（上排取净跨的 1/3、下排取净跨的 1/4）；梁端箍筋加密区长度为 1.5 倍梁高。该梁的前三跨在有次梁的位置都设置了吊筋 2 Φ 18 和附加箍筋 3 Φ d@50（图 7-37 中未画出但已说明），从距次梁边 50mm 处开始设置。

KL16（4）是位于④轴的框架梁，该梁为弧梁，4 跨，截面尺寸 400mm×1600mm；7 Φ 25 为梁上部通长钢筋，箍筋Φ 10@100（4）为四肢箍且沿梁全长加密，间距为 100mm；N10 Φ 16 表示梁两侧面各设置 5 Φ 16 受扭钢筋（与构造腰筋区别是二者的锚固不同）；支座负弯矩钢筋：未见原位标注，表明都按照通长钢筋设置，即 7 Φ 25 5/2，分为两排，上排 5 Φ 25，下排 2 Φ 25；梁断面下部纵向钢筋各跨相同，统一集中注写，8 Φ 25 3/5，分为两排，上排 3 Φ 25，下排 5 Φ 25。由标准构造详图，可以计算出梁中纵筋的锚固长度，如第一支座上部负弯矩钢筋在边柱内的锚固长度 $l_{aE}=31d=31\times22=682$（mm）；支座处上部钢筋的截断位置；梁端箍筋加密区长度为 1.5 倍梁高。此梁在有次梁的位置都设置了吊筋 2 Φ 18 和附加箍筋 3ϕd@50（图 7-37 中未画出但已说明），从距次梁边 50mm 处开始设置；集中标注下方的“(0.400)”表示此梁的顶标高较楼面标高要高出 400mm。

L4（3）是位于①′～②′轴间的非框架梁，3 跨，断面尺寸 250mm×500mm；2 Φ 22 为梁上部通长钢筋，箍筋Φ 8@200（2）为双肢箍且沿梁全长间距为 200mm。支座负弯矩钢筋：6 Φ 22 4/2，分为两排，上排 4 Φ 22，下排 2 Φ 22；梁断面下部纵向钢筋各跨不相同，分别原位注写 6 Φ 22 2/4 和 4 Φ 22。由标准构造详图，可以计算出梁中纵筋的锚固长度（次梁不考虑抗震，因此按非抗震锚固长度取用），如梁底筋在主梁中的锚固长度 $l_a=15d=15\times22=330$（mm）；支座处上部钢筋的截断位置在距支座 1/3 净跨处。

L5（1）是位于Ⓗ～Ⓗ′轴间的非框架梁，1 跨，断面尺寸 350mm×1100mm；4 Φ 25 为梁上部通长钢筋，箍筋Φ 10@200（4）为四肢箍且沿梁全长间距为 200mm；支座负弯矩钢筋：同梁上部通长筋，一排 4 Φ 25；梁断面下部纵向钢筋为 10 Φ 25 4/6，分为两排，上排 4 Φ 25，下排 6 Φ 25。由标准构造详图，可以计算出梁中纵筋的锚固长度（次梁不考虑抗震，因此按非抗震锚固长度取用），如梁底筋在主梁中的锚固长度 $l_a=15d=15\times22=330$（mm）；支座处上部钢筋的截断位置在距支座 1/3 净跨处。

8 板构件识图方法与实例

8.1 有梁楼盖平法制图规则

8.1.1 有梁楼盖平法施工图的表示方法

（1）有梁楼盖的制图规则适用于以梁（墙）为支座的楼面与屋面板平法施工图设计。

有梁楼盖平法施工图，系在楼面板和屋面板布置图上，采用平面注写的表达方式。板平面注写主要包括板块集中标注和板支座原位标注。

（2）为方便设计表达和施工识图，规定结构平面的坐标方向为：

① 当两向轴网正交布置时，图面从左至右为 x 向，从下至上为 y 向。

② 当轴网转折时，局部坐标方向顺轴网转折角度做相应转折。

③ 当轴网向心布置时，切向为 x 向，径向为 y 向。

8.1.2 板块集中标注

板块集中标注的内容包括板块编号、板厚、上部贯通纵筋、下部纵筋以及当板面标高不同时的标高高差。

对于普通楼面，两向均以一跨为一板块；对于密肋楼盖，两向主梁（框架梁）均以一跨为一板块（非主梁密肋不计）。所有板块应逐一编号，相同编号的板块可择其一做集中标注，其他仅注写置于圆圈内的板编号，以及当板面标高不同时的标高高差。

板块编号按表 8-1 的规定编号。

表 8-1　板块编号

板类型	代号	序号
楼面板	LB	××
屋面板	WB	××
悬挑板	XB	××

板厚注写为 $h=\times\times\times$（为垂直于板面的厚度）；当悬挑板的端部改变截面厚度时，用斜线分隔根部与端部的高度值，注写为 $h=\times\times\times/\times\times\times$；当设计已在图注中统一注明板厚时，此项可不注。

纵筋按板块的下部纵筋和上部贯通纵筋分别注写（当板块上部不设贯通纵筋时则不注），并以 B 代表下部纵筋，以 T 代表上部贯通纵筋，B&T 代表下部与上部；x 向纵筋以 X 打头，y 向纵筋以 Y 打头，两向纵筋配置相同时则以 X&Y 打头。

当为单向板时，分布筋可不必注写，而在图中统一注明。

当在某些板内（例如在悬挑板 XB 的下部）配置有构造钢筋时，则 x 向以 Xc，y 向以 Yc 打头注写。

当 y 向采用放射配筋时（切向为 x 向，径向为 y 向），设计者应注明配筋间距的定位尺寸。

当纵筋采用两种规格钢筋“隔一布一”方式时，表达为 xx/yy@×××，表示直径为 xx 的钢筋和直径为 yy 的钢筋间距相同，两者组合后的实际间距为×××。直径 xx 的钢筋的间距为×××的 2 倍，直径 yy 的钢筋的间距为×××的 2 倍。

板面标高高差，系指相对于结构层楼面标高的高差，应将其注写在括号内，且有高差则注，无高差不注。

举例说明

LB5 h = 110

B：X⌀12@125；Y⌀10@110

表示 5 号楼面板，板厚 110mm，板下部配置的纵筋 x 向为⌀12@125，y 向为⌀10@110；板上部未配置贯通纵筋。

LB5 h = 110

B：X⌀10/12@100；Y⌀10@110

表示 5 号楼面板，板厚 110mm，板下部配置的纵筋 x 向为⌀10、⌀12 隔一布一，⌀10 与⌀12 之间间距为 100mm；y 向为⌀10@110；板上部未配置贯通纵筋。

XB2 h = 150/100

B：Xc&Yc ⌀8@200

表示 2 号悬挑板，板根部厚 150mm，端部厚 100mm，板下部配置构造钢筋双向均为⌀80@200（上部受力钢筋见板支座原位标注）。

8.1.3 板支座原位标注

板支座原位标注的内容包括板支座上部非贯通纵筋和悬挑板上部受力钢筋。

板支座原位标注的钢筋，应在配置相同跨的第一跨表达（当在梁悬挑部位单独配置时则在原位表达）。在配置相同跨的第一跨（或梁悬挑部位），垂直于板支座（梁或墙）绘制一段适宜长度的中粗实线（当该筋通长设置在悬挑板或短跨板上部时，实线段应画至对边或贯通短跨），以该线段代表支座上部非贯通纵筋，并在线段上方注写钢筋编号（如①、②等）、配筋值、横向连续布置的跨数（注写在括号内，当为一跨时可不注），以及是否横向布置到梁的悬挑端。

举例说明

(××)为连续布置的跨数,(××A)为连续布置的跨数及一端的悬挑梁部位,(××B)为连续布置的跨数及两端的悬挑梁部位。

板支座上部非贯通纵筋自支座边线向跨内的伸出长度，注写在线段的下方位置。

当中间支座上部非贯通纵筋向支座两侧对称伸出时，可仅在支座一侧线段下方标注伸出长度，另一侧不注，如图 8-1 所示。

当向支座两侧非对称伸出时，应分别在支座两侧线段下方注写伸出长度，如图 8-2 所示。

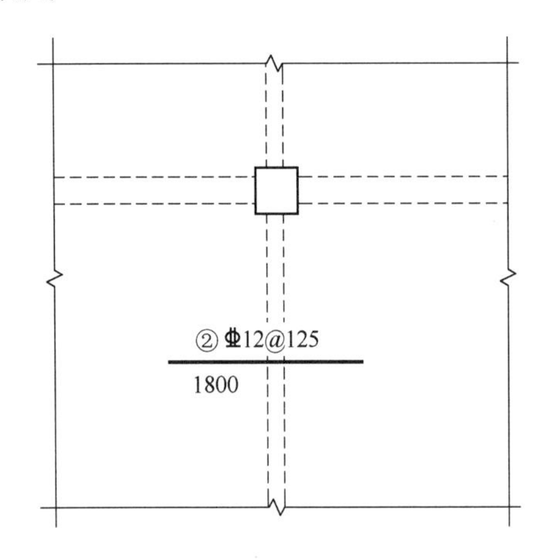

图 8-1 板支座上部非贯通纵筋对称伸出

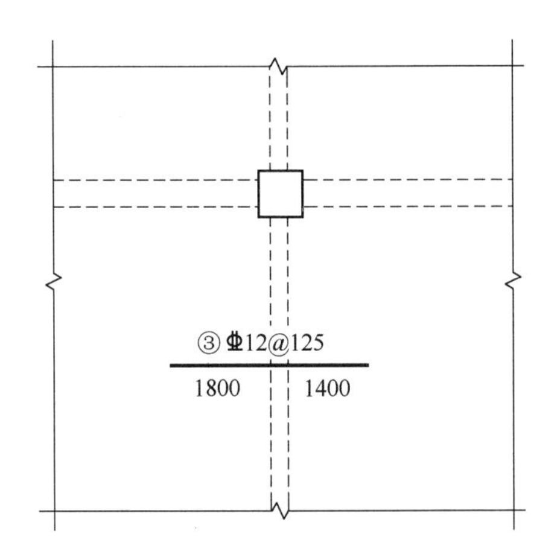

图 8-2 板支座上部非贯通纵筋非对称伸出

对线段画至对边贯通全跨或贯通全悬挑长度的上部通长纵筋，贯通全跨或伸出至悬挑一侧的长度值不注，只注明非贯通纵筋另一侧的伸出长度值，如图 8-3 所示。

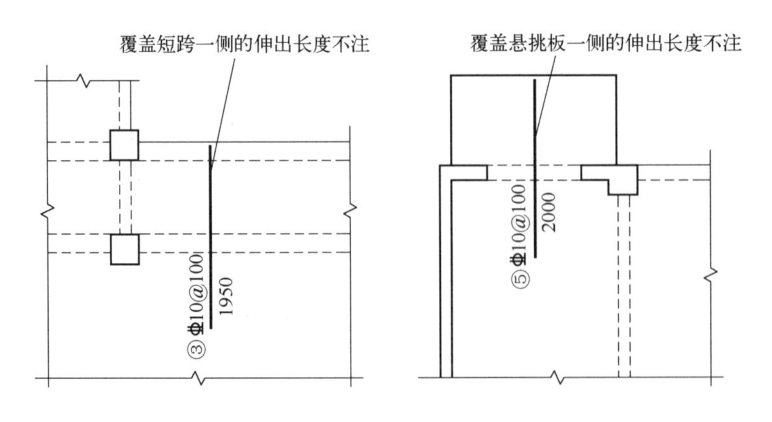

图 8-3 板支座非贯通纵筋贯通全跨或伸出至悬挑端

当板支座为弧形，支座上部非贯通纵筋呈放射状分布时，设计者应注明配筋间距的度量位置并加注“放射分布”四字，必要时应补绘平面配筋图，如图 8-4 所示。

悬挑板支座非贯通纵筋如图 8-5 所示。

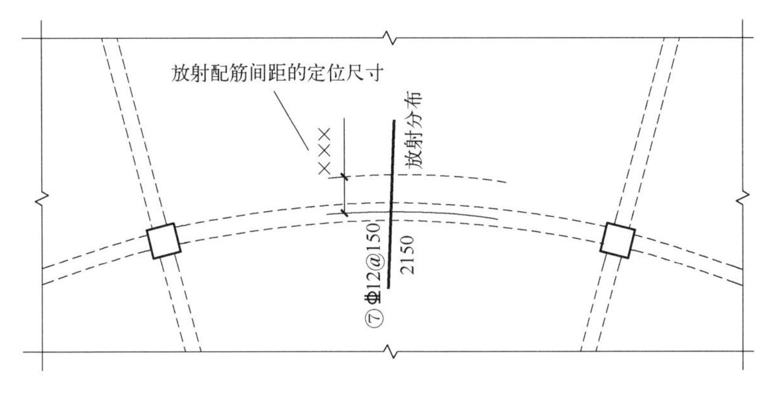

图 8-4 弧形支座处放射配筋

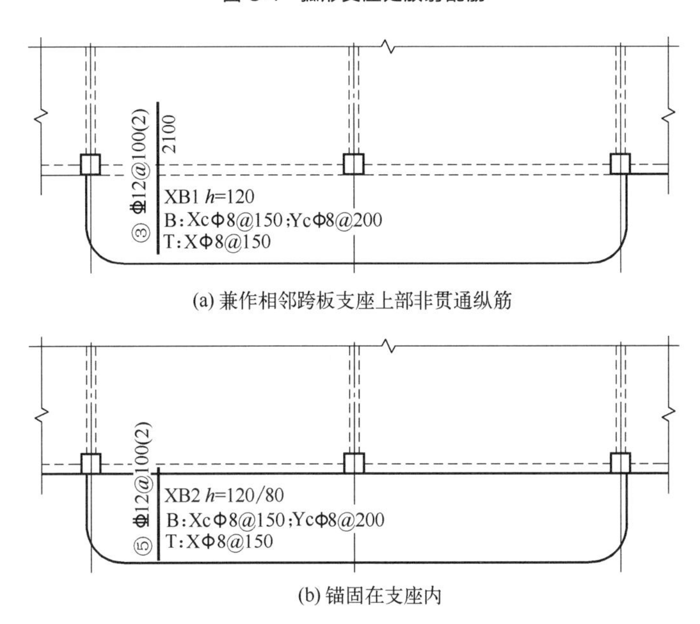

(a) 兼作相邻跨板支座上部非贯通纵筋

(b) 锚固在支座内

图 8-5 悬挑板支座非贯通纵筋

在板平面布置图中，不同部位的板支座上部非贯通纵筋及悬挑板上部受力钢筋，可仅在一个部位注写，对其他相同者则仅需在代表钢筋的线段上注写编号及按第 8.1.3 节的规则注写横向连续布置的跨数即可。

举例说明

在板平面布置图某部位，横跨支承梁绘制的钢筋实线段上注有⑦⏀ 12@100（5A）和 1500，表示支座上部⑦号非贯通纵筋为⏀ 12@100，从该跨起沿支承梁连续布置 5 跨加梁一端的悬挑端，该筋自支座边线向两侧跨内的伸出长度均为 1500mm。

在同一板平面布置图的另一部位横跨梁支座绘制的钢筋实线段上注有⑦（2）者，系表示该筋同⑦号纵筋，沿支承梁连续布置 2 跨，且无梁悬挑端布置。

当板的上部已配置有贯通纵筋，但需增配板支座上部非贯通纵筋时，应结合已配置的同向贯通纵筋的直径与间距采取“隔一布一”方式配置。

“隔一布一”方式，为非贯通纵筋的标注间距与贯通纵筋相同，两者组合后的实际间距为各自标注间距的1/2。

举例说明

板上部已配置贯通纵筋Φ12@250，该跨同向配置的上部支座非贯通纵筋为⑤Φ12@250，表示在该支座上部设置的实际纵筋为Φ12@125，其中1/2为贯通纵筋，1/2为⑤号非贯通纵筋（伸出长度值略）。

板上部已配置贯通纵筋Φ10@250，该跨配置的上部同向支座非贯通纵筋为③Φ12@250，表示该跨实际设置的上部纵筋为Φ10和Φ12间隔布置，二者之间间距为125mm。

8.2 无梁楼盖平法制图规则

8.2.1 无梁楼盖平法施工图的表示方法

（1）无梁楼盖平法施工图，系在楼面板和屋面板布置图上，采用平面注写的表达方式。

（2）板平面注写主要有板带集中标注、板带支座原位标注两部分内容。

8.2.2 板带集中标注

集中标注应在板带贯通纵筋配置相同跨的第一跨（x向为左端跨，y向为下端跨）注写。相同编号的板带可择其一做集中标注，其他仅注写板带编号。

板带集中标注的具体内容为：板带编号、板带厚、板带宽和贯通纵筋。

板带编号按表8-2的规定。

表8-2 板带编号

板带类型	代号	序号	跨数及有无悬挑
柱上板带	ZSB	××	(××)、(××A)或(××B)
跨中板带	KZB	××	(××)、(××A)或(××B)

注：1. 跨数按柱网轴线计算（两相邻柱轴线之间为一跨）。

2.（××A）为一端有悬挑，（××B）为两端有悬挑，悬挑不计入跨数。

板带厚注写为h=×××，板带宽注写为b=×××。当无梁楼盖整体厚度和板带宽度已在图中注明时，此项可不注。

贯通纵筋按板带下部和板带上部分别注写，并以B代表下部，T代表上部，B&T代表下部和上部。

当采用放射配筋时，设计者应注明配筋间距的度量位置，必要时补绘配筋平面图。

举例说明

ZSB2(5A)　h = 300　b = 3000

BΦ16@100; TΦ18@200

系表示2号柱上板带，有5跨且一端有悬挑；板带厚300mm，宽3000mm；板带配置贯通纵筋下部为Φ16@100，上部为Φ18@200。

当局部区域的板面标高与整体不同时，应在无梁楼盖的板平法施工图上注明板面标高高差及分布范围。

8.2.3 板带支座原位标注

板带支座原位标注的具体内容为板带支座上部非贯通纵筋。

以一段与板带同向的中粗实线段代表板带支座上部非贯通纵筋；对柱上板带，实线段贯穿柱上区域绘制；对跨中板带，实线段横贯柱网轴线绘制。在线段上注写钢筋编号（如①、②等）、配筋值及在线段的下方注写自支座中线向两侧跨内的伸出长度。

当板带支座非贯通纵筋自支座中线向两侧对称伸出时，其伸出长度可仅在一侧标注；当配置在有悬挑端的边柱上时，该筋伸出到悬挑尽端，设计不注。当支座上部非贯通纵筋呈放射分布时，设计者应注明配筋间距的定位位置。

不同部位的板带支座上部非贯通纵筋相同者，可仅在一个部位注写，其余则在代表非贯通纵筋的线段上注写编号。

举例说明

设有平面布置图的某部位，在横跨板带支座绘制的对称线段上注有⑦Φ 18@250，在线段一侧的下方注有 1500，系表示支座上部⑦号非贯通纵筋为Φ 18@250，自支座中线向两侧跨内的伸出长度均为 1500mm。

当板带上部已经配有贯通纵筋，但需增加配置板带支座上部非贯通纵筋时，应结合已配同向贯通纵筋的直径与间距，采取“隔一布一”的方式配置。

举例说明

设有一板带上部已配置贯通纵筋Φ 18@250，板带支座上部非贯通纵筋为⑤Φ 180@250，则板带在该位置实际配置的上部纵筋为Φ 18@125，其中 1/2 为贯通纵筋、1/2 为⑤号非贯通纵筋（伸出长度略）。

设有一板带上部已配置贯通纵筋Φ 18@250，板带支座上部非贯通纵筋为③Φ 20@250，则板带在该位置实际配置的上部纵筋为Φ 18 和Φ 20 间隔布置，二者之间间距为 125mm（伸出长度略）。

8.2.4 暗梁的表示方法

暗梁平面注写包括暗梁集中标注、暗梁支座原位标注两部分内容。施工图中在柱轴线处画中粗虚线表示暗梁。

暗梁集中标注包括暗梁编号、暗梁截面尺寸（箍筋外皮宽度×板厚）、暗梁箍筋、暗梁上部通长筋或架立筋四部分内容。暗梁编号见表 8-3。

表 8-3 暗梁编号

构件类型	代号	序号	跨数及有无悬挑
暗梁	AL	××	(××)、(××A)或(××B)

注：1. 跨数按柱网轴线计算（两相邻柱轴线之间为一跨）。
2. (××A) 为一端有悬挑，(××B) 为两端有悬挑，悬挑不计入跨数。

暗梁支座原位标注包括梁支座上部纵筋、梁下部纵筋。当在暗梁上集中标注的内容不适用于某跨或某悬挑端时，则将其不同数值标注在该跨或该悬挑端，施工时按原位注写取值。

当设置暗梁时，柱上板带及跨中板带标注方式与板带集中标注和板带支座原位标注一致。柱上板带标注的配筋仅设置在暗梁之外的柱上板带范围内。

暗梁中纵向钢筋连接、锚固及支座上部纵筋的伸出长度等要求同轴线处柱上板带中纵向钢筋。

8.3 板构件识图方法

8.3.1 板构件平法施工图识图内容和步骤

8.3.1.1 板构件平法施工图的内容

（1）图名、比例。

（2）轴线编号及其间距尺寸。

（3）结构设计总说明或图纸说明。

（4）现浇板的厚度和标高。

（5）现浇板的配筋情况。

8.3.1.2 板构件平法施工图识图步骤

（1）查看图名、比例。

（2）校核轴线编号及其间距尺寸，要求必须与建筑图、梁平法施工图保持一致。

（3）阅读结构设计总说明或图纸说明，明确现浇板的混凝土强度等级及其他要求。

（4）明确现浇板的厚度和标高。

（5）明确现浇板的配筋情况，并参阅说明，了解未标注的分布钢筋情况等。

8.3.2 板构件标准构造识图

8.3.2.1 有梁楼盖楼（屋）面板配筋构造

（1）有梁楼盖楼面板 LB 和屋面板 WB 钢筋构造如图 8-6 所示。

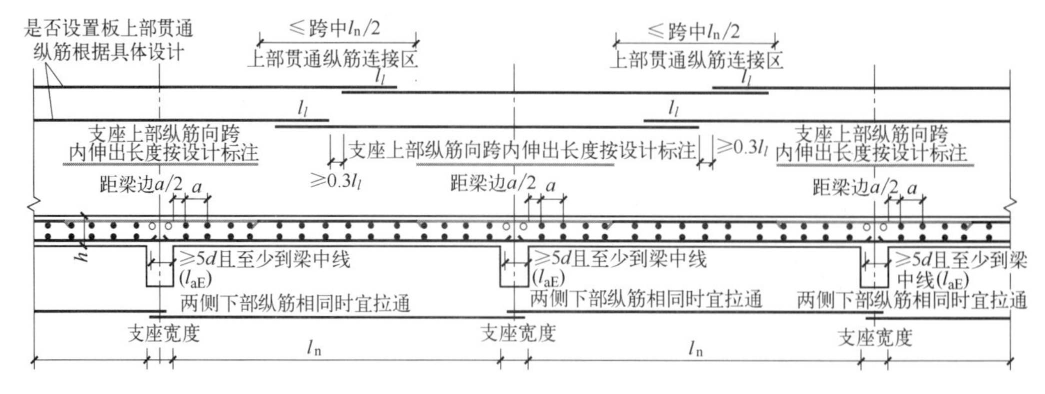

(括号内的锚固长度l_{aE}用于梁板式转换层的板)

(a) 平面图

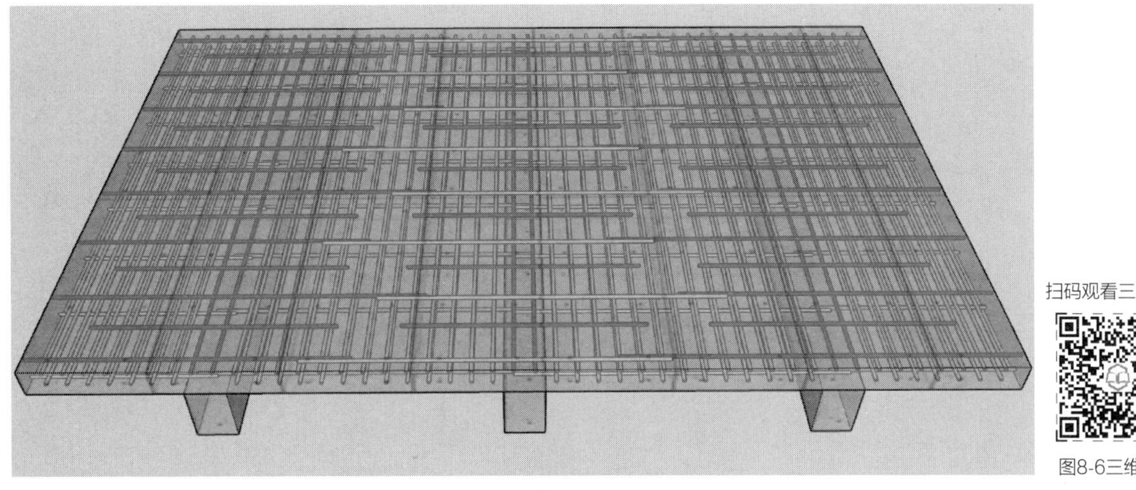

(b) 三维图

扫码观看三维动画

图8-6三维动画

图 8-6 有梁楼盖楼面板 LB 和屋面板 WB 钢筋构造

(2) 板在端部支座的锚固构造如图 8-7 所示。

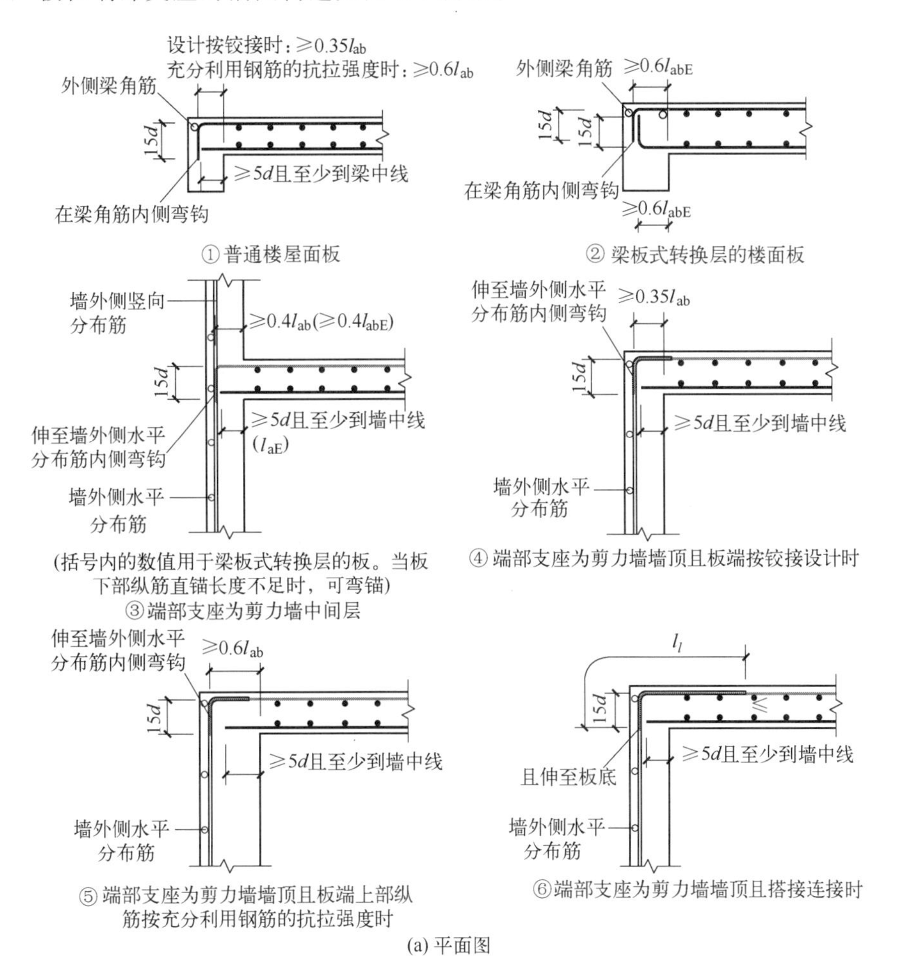

(a) 平面图

图 8-7

扫码观看三维动画

图8-7①三维动画

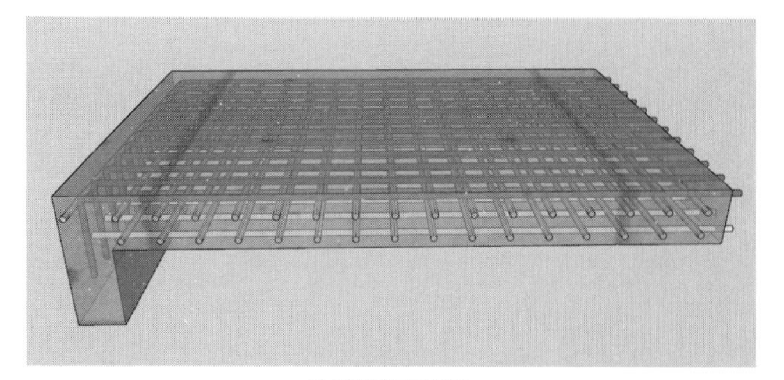

① 普通楼屋面板

扫码观看三维动画

图8-7②三维动画

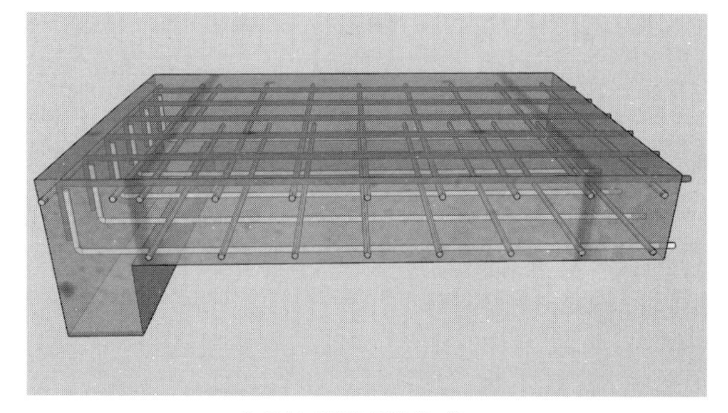

② 梁板式转换层的楼面板

扫码观看三维动画

图8-7③三维动画

③ 端部支座为剪力墙中间层

扫码观看三维动画

图8-7④三维动画

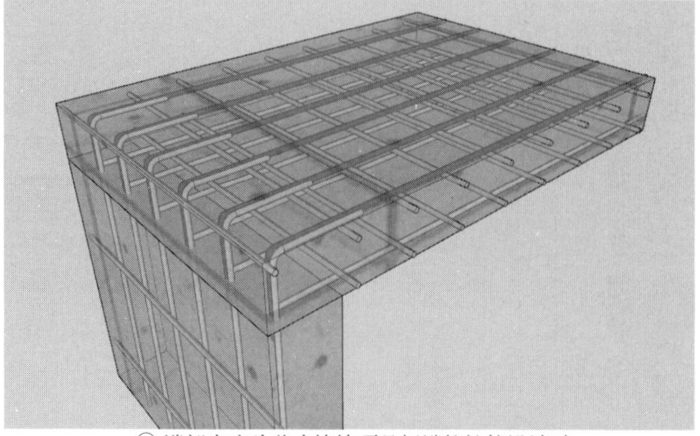

④ 端部支座为剪力墙墙顶且板端按铰接设计时

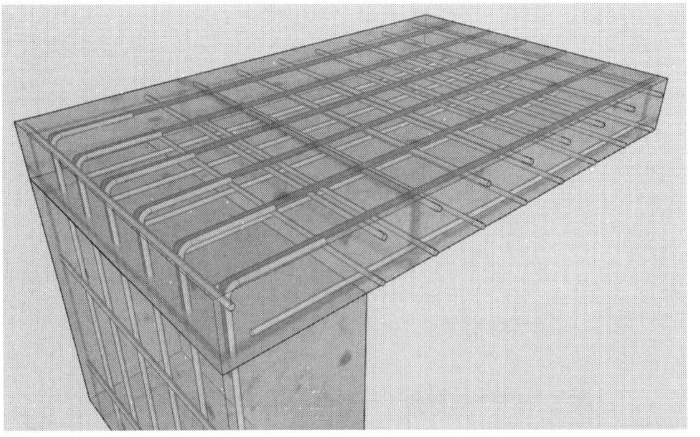

⑤端部支座为剪力墙墙顶且板端上部纵筋按充分利用钢筋的抗拉强度时

扫码观看三维动画

图8-7⑤三维动画

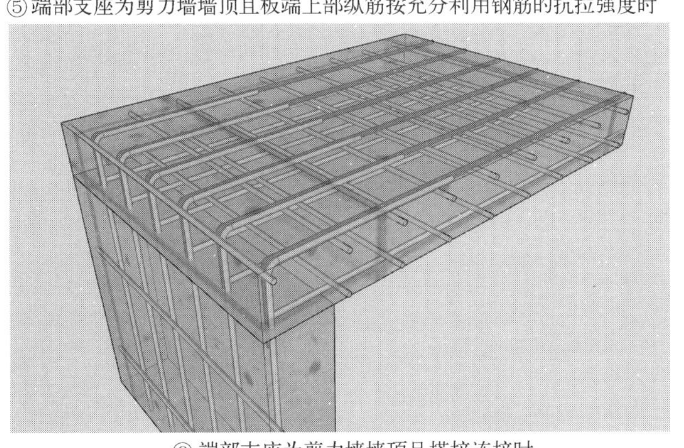

⑥ 端部支座为剪力墙墙顶且搭接连接时

(b) 三维图

扫码观看三维动画

图8-7⑥三维动画

图 8-7 板在端部支座的锚固构造

8.3.2.2 有梁楼盖不等跨板上部贯通纵筋连接构造

不等跨板上部贯通纵筋连接构造如图 8-8～图 8-10 所示。

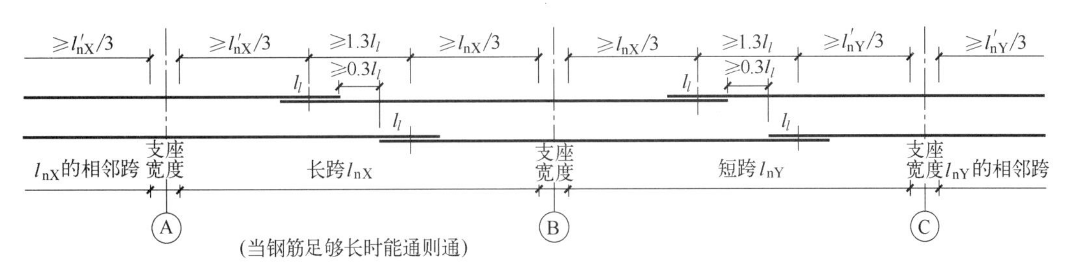

图 8-8 不等跨板上部贯通纵筋连接构造（一）

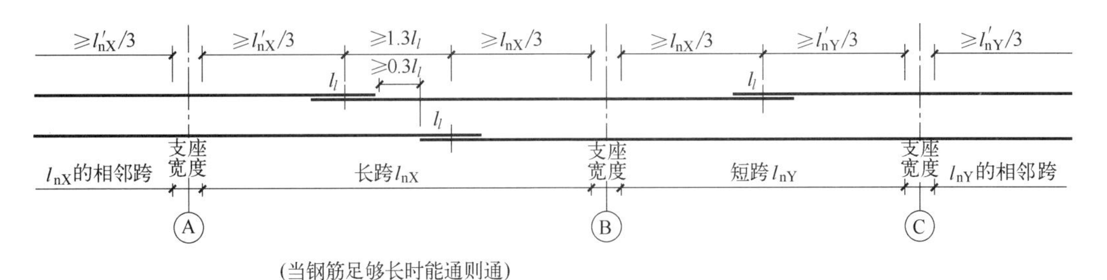

(当钢筋足够长时能通则通)

图 8-9 不等跨板上部贯通纵筋连接构造（二）

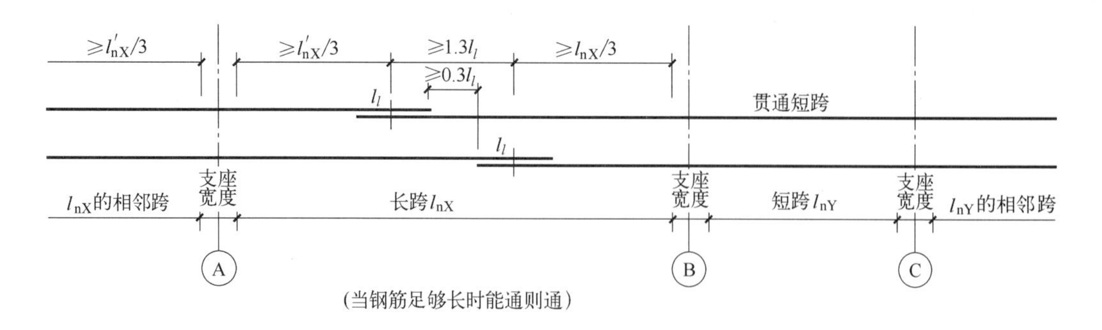

图 8-10 不等跨板上部贯通纵筋连接构造（三）

8.3.2.3 单（双）向板配筋构造

单（双）向板配筋构造如图 8-11 所示。

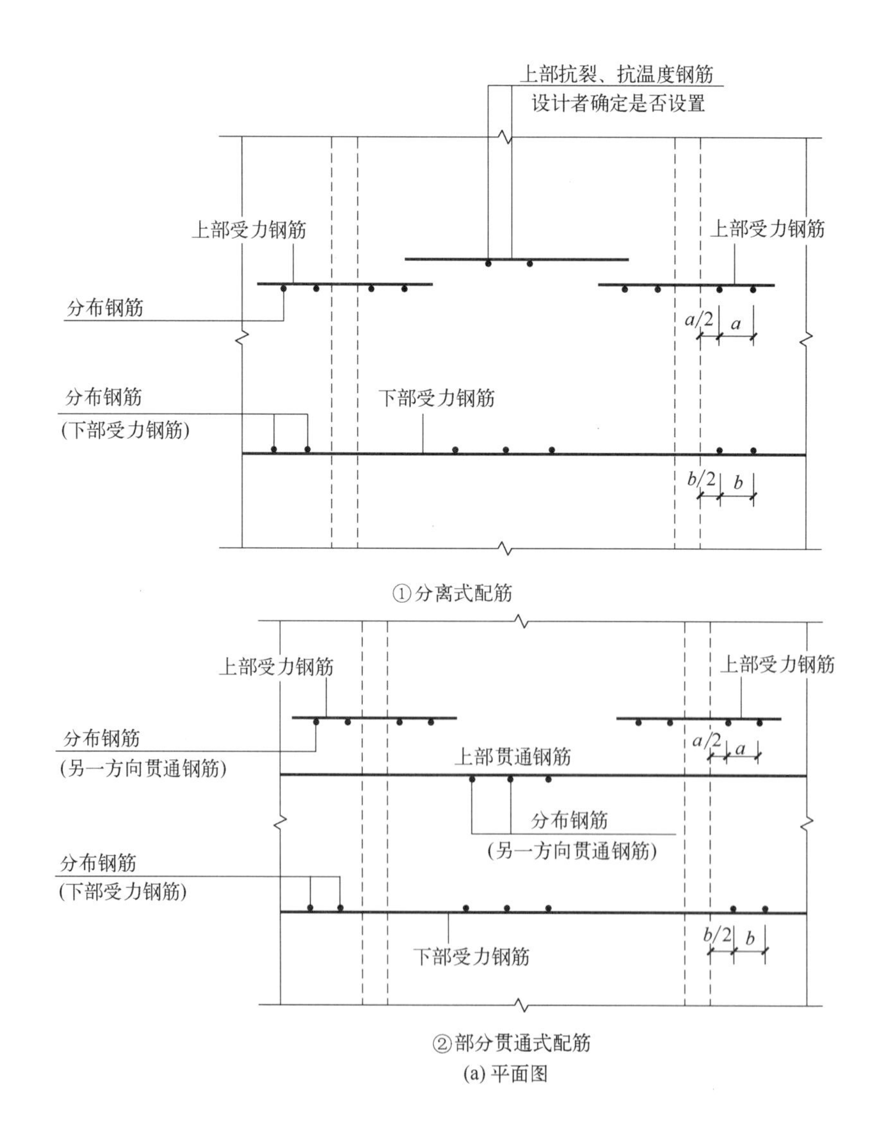

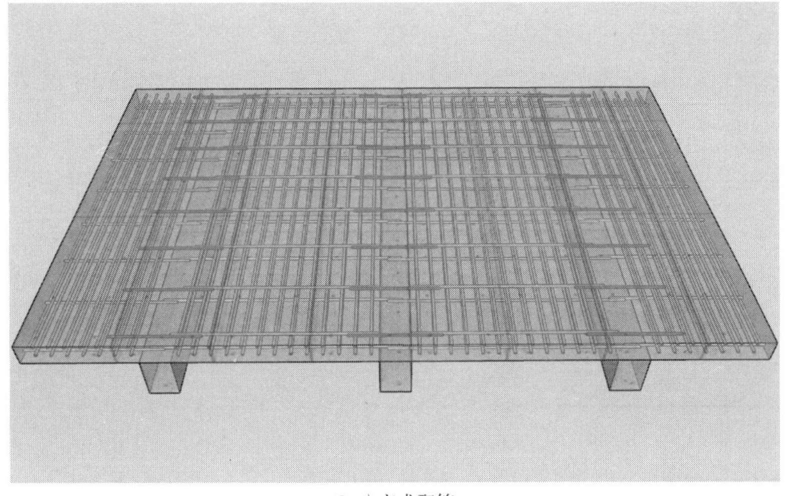

① 分离式配筋

扫码观看三维动画

图8-11①三维动画

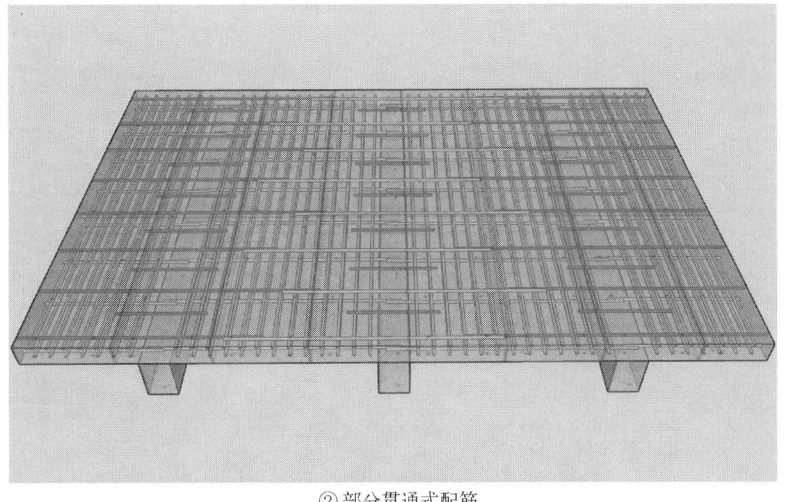

② 部分贯通式配筋

(b) 三维图

扫码观看三维动画

图8-11②三维动画

图 8-11 单（双）向板配筋构造

8.3.2.4 纵向钢筋非接触搭接构造

纵向钢筋非接触搭接构造如图 8-12 所示。

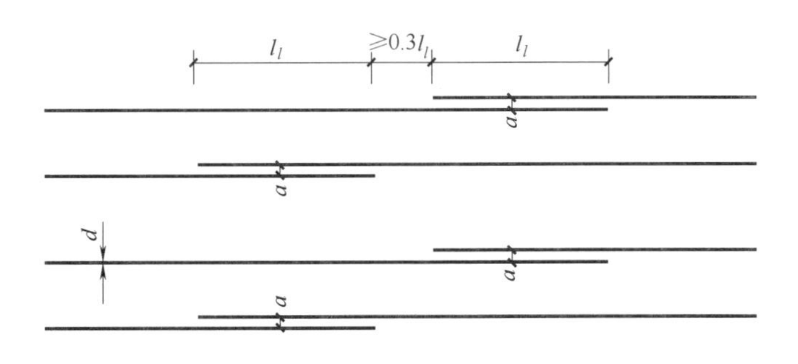

图 8-12 纵向钢筋非接触搭接构造

8.3.2.5 悬挑板 XB 钢筋构造

悬挑板 XB 钢筋构造如图 8-13 所示。

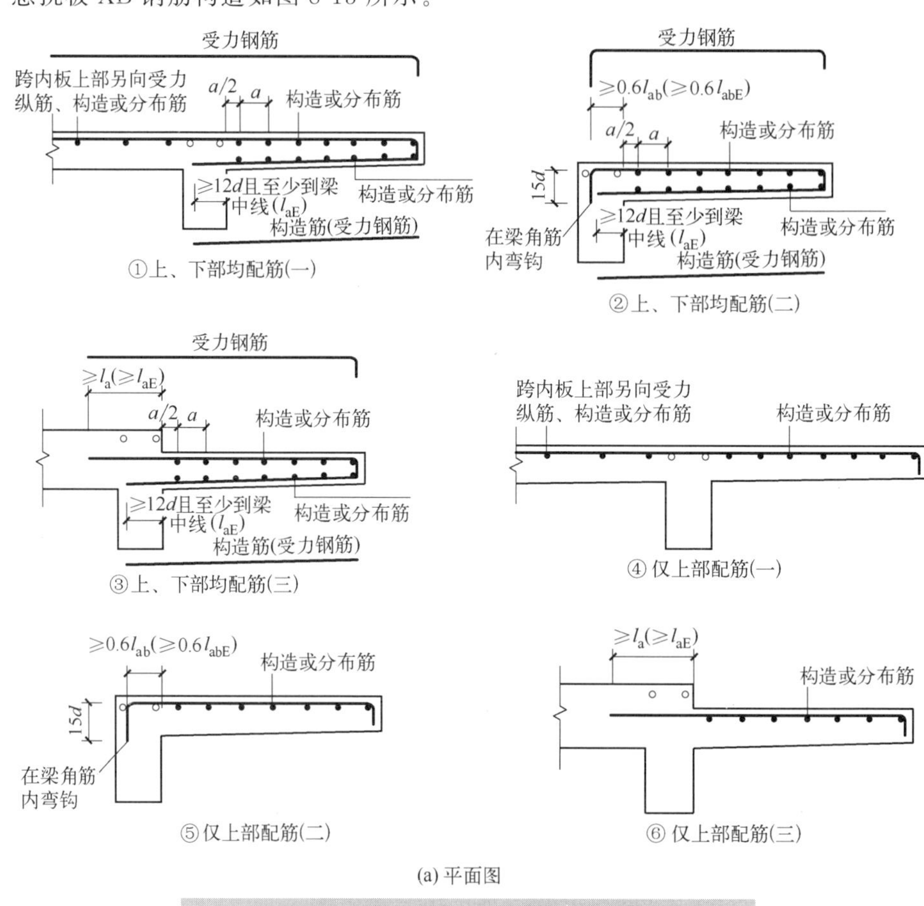

①上、下部均配筋(一)

②上、下部均配筋(二)

③上、下部均配筋(三)

④ 仅上部配筋(一)

⑤仅上部配筋(二)

⑥ 仅上部配筋(三)

(a) 平面图

扫码观看三维动画

图8-13①三维动画

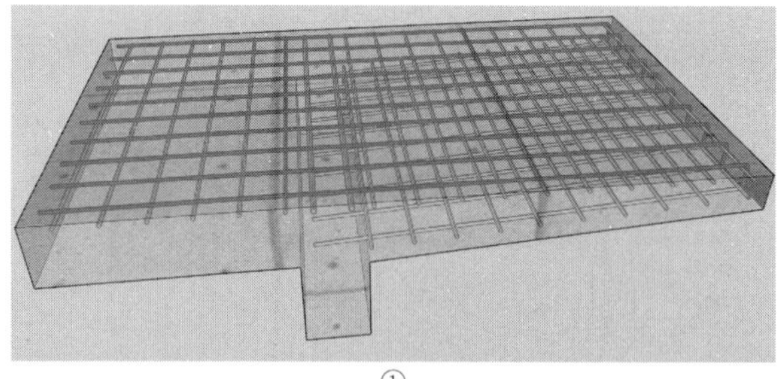

①

扫码观看三维动画

图8-13②三维动画

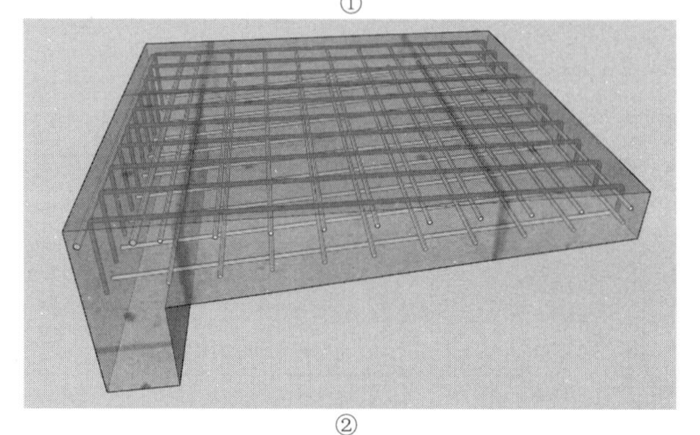

②

③

扫码观看三维动画

图8-13③三维动画

④

扫码观看三维动画

图8-13④三维动画

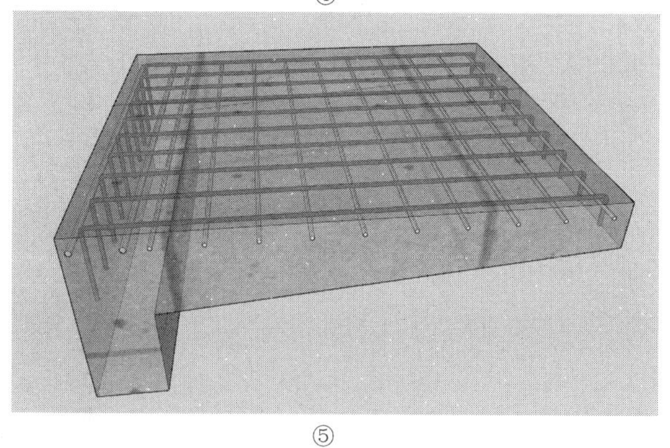

⑤

扫码观看三维动画

图8-13⑤三维动画

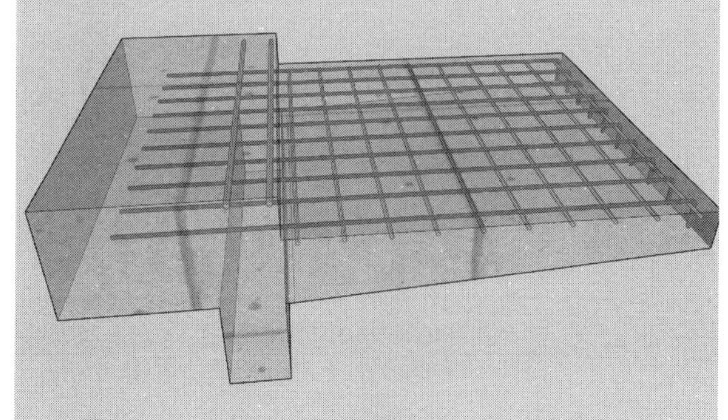

⑥

扫码观看三维动画

图8-13⑥三维动画

(b) 三维图

图 8-13 悬挑板 XB 钢筋构造

8.3.2.6 无支撑板端部封边构造

当板厚≥150mm 时，无支撑板端部封边构造如图 8-14 所示。

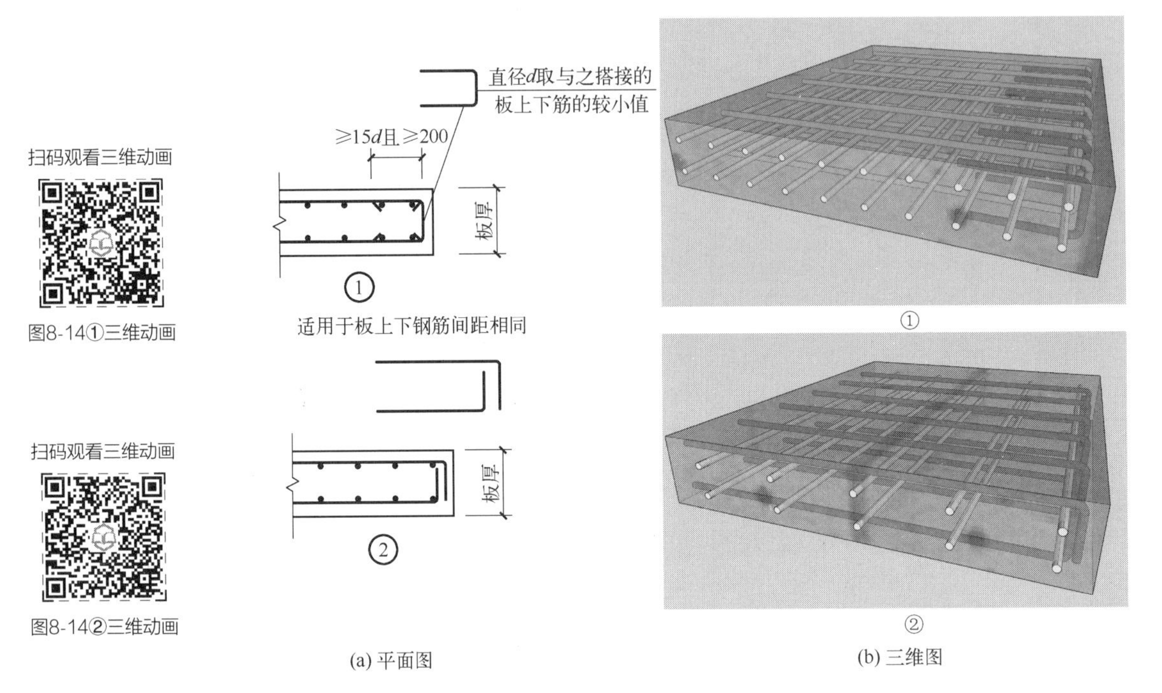

图 8-14 无支撑板端部封边构造

8.3.2.7 折板配筋构造

折板配筋构造如图 8-15 所示。

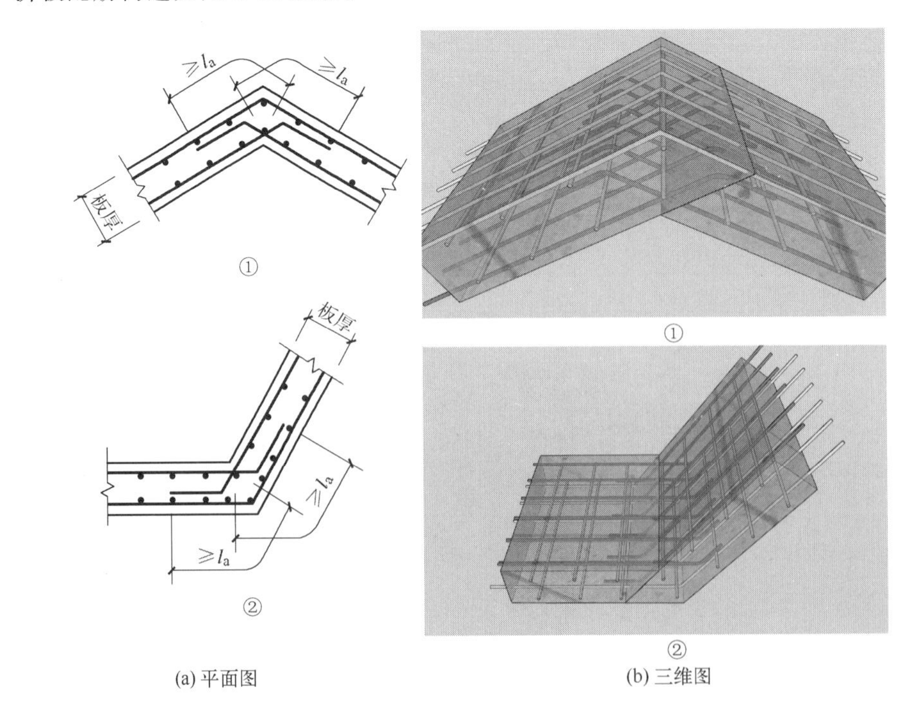

图 8-15 折板配筋构造

8.3.2.8 无梁楼盖柱上板带 ZSB 与跨中板带 KZB 纵向钢筋构造

无梁楼盖柱上板带 ZSB 与跨中板带 KZB 纵向钢筋构造如图 8-16 所示。

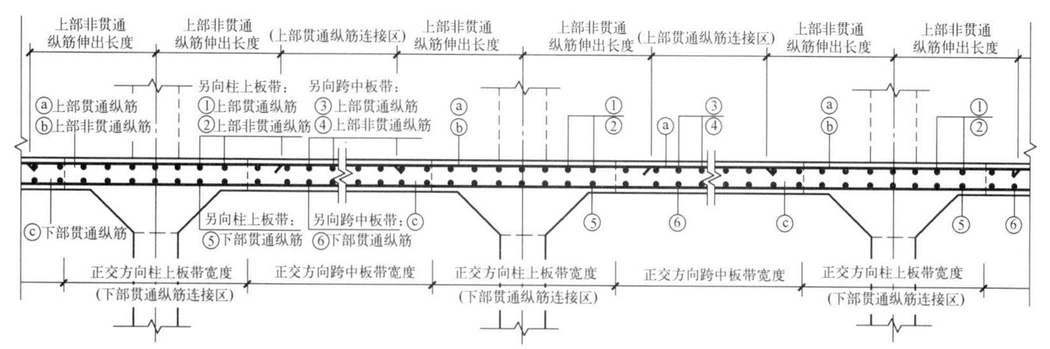

(a) 无梁楼盖柱上板带ZSB纵向钢筋构造平面图

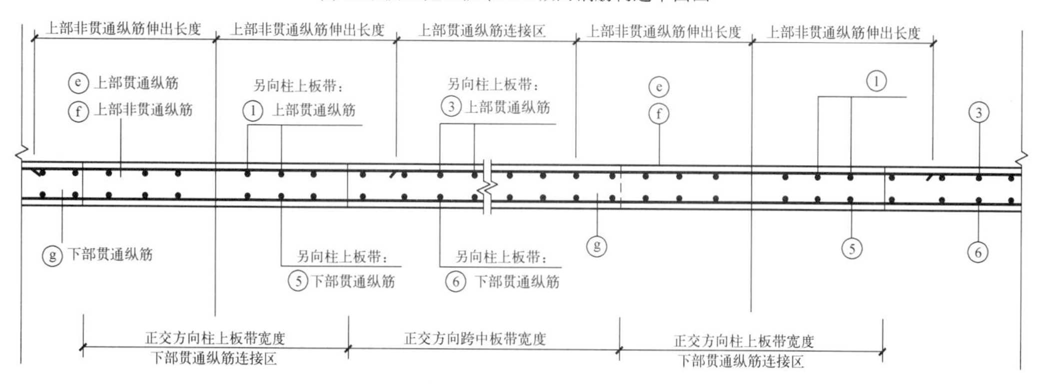

(b) 无梁楼盖跨中板带KZB纵向钢筋构造平面图

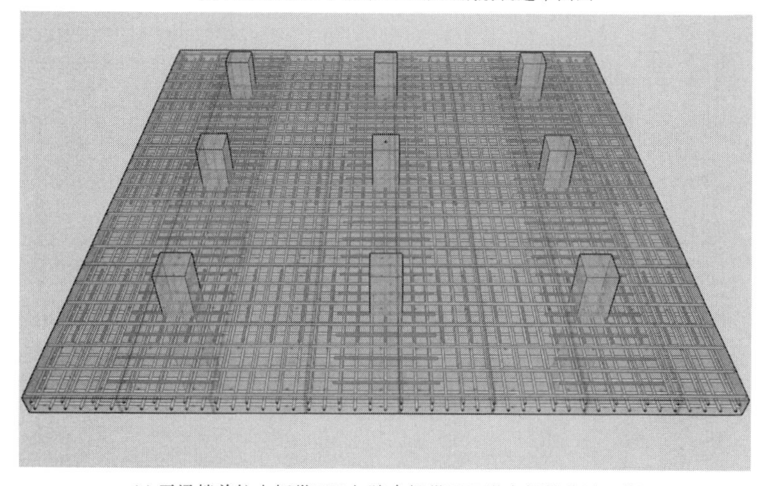

(c) 无梁楼盖柱上板带ZSB与跨中板带KZB纵向钢筋构造三维图

扫码观看三维动画

图8-16三维动画

图 8-16 无梁楼盖柱上板带 ZSB 与跨中板带 KZB 纵向钢筋构造

8.3.2.9 板带端支座纵向钢筋构造和板带悬挑端纵向钢筋构造

板带端支座纵向钢筋构造如图 8-17 所示，板带悬挑端纵向钢筋构造如图 8-18 所示。

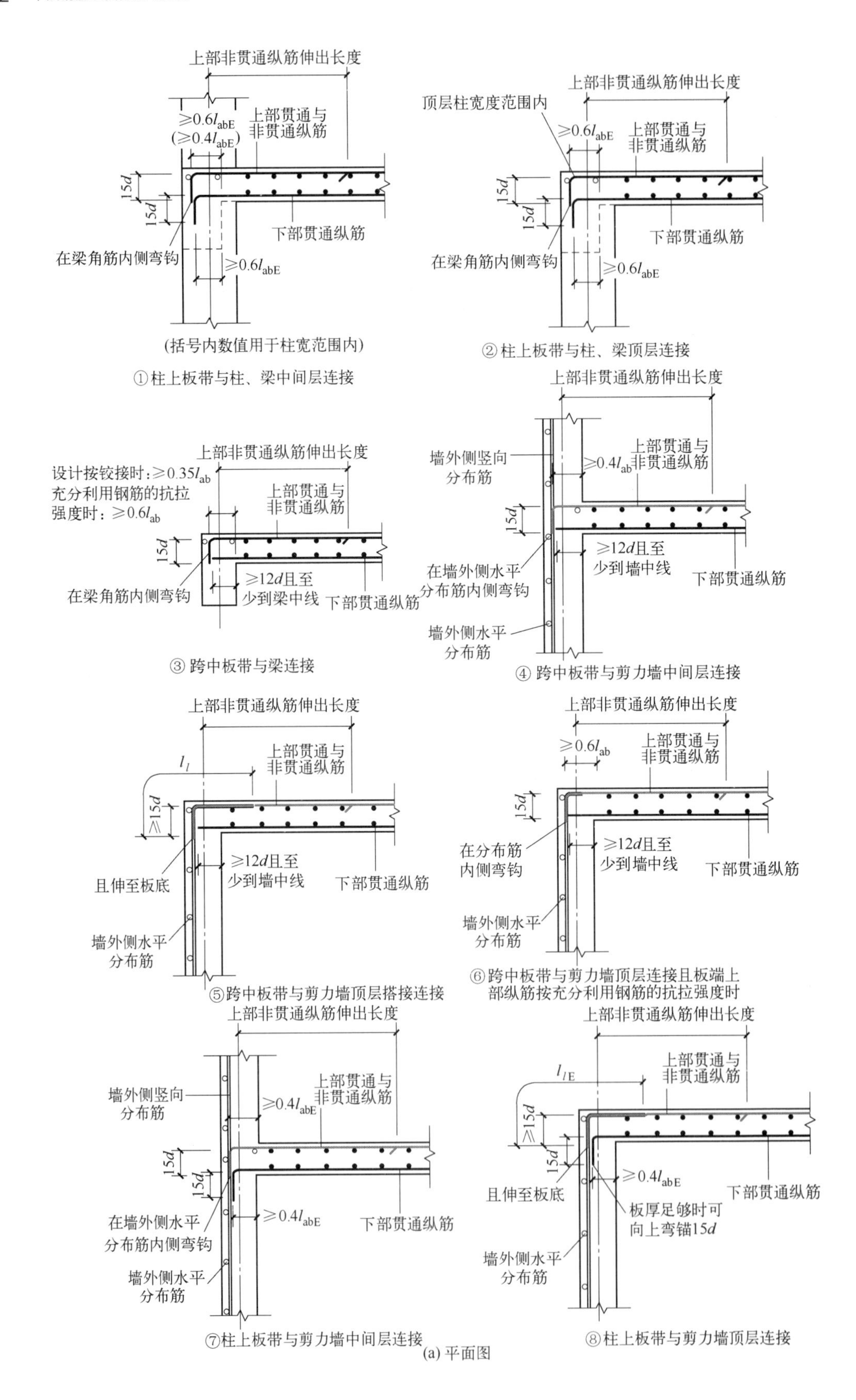

①柱上板带与柱、梁中间层连接

②柱上板带与柱、梁顶层连接

③跨中板带与梁连接

④跨中板带与剪力墙中间层连接

⑤跨中板带与剪力墙顶层搭接连接

⑥跨中板带与剪力墙顶层连接且板端上部纵筋按充分利用钢筋的抗拉强度时

⑦柱上板带与剪力墙中间层连接

⑧柱上板带与剪力墙顶层连接

(a) 平面图

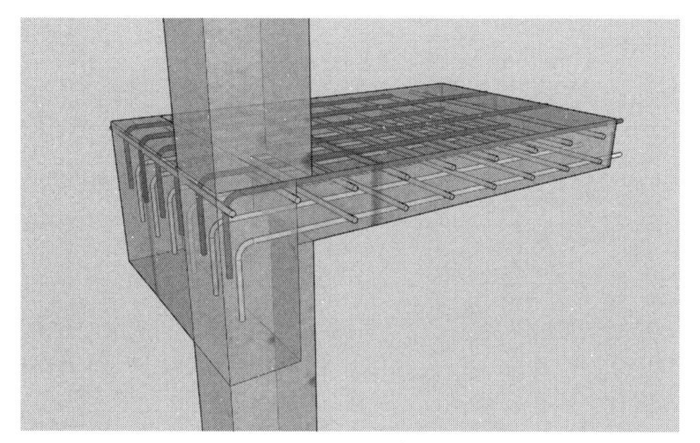

①柱上板带与柱、梁中间层连接

扫码观看三维动画

图8-17①三维动画

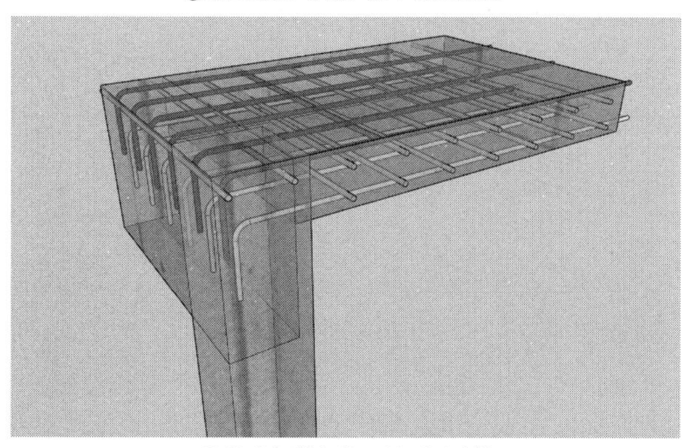

②柱上板带与柱、梁顶层连接

扫码观看三维动画

图8-17②三维动画

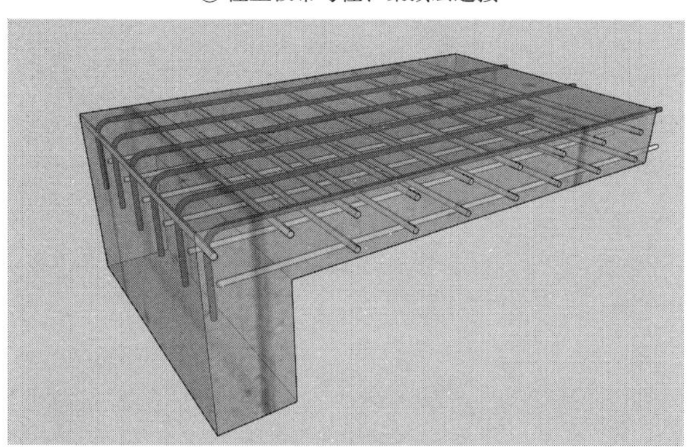

③跨中板带与梁连接

扫码观看三维动画

图8-17③三维动画

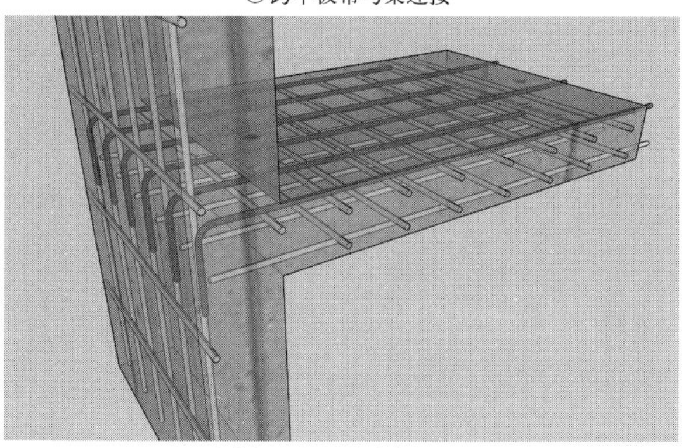

④跨中板带与剪力墙中间层连接

扫码观看三维动画

图8-17④三维动画

图 8-17

扫码观看三维动画

图8-17⑤三维动画

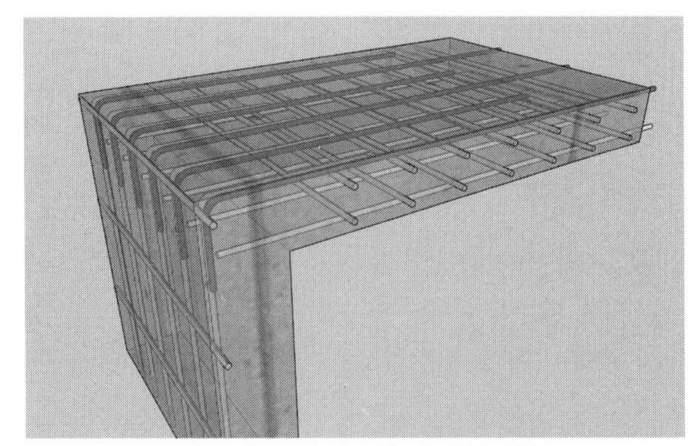

⑤跨中板带与剪力墙顶层搭接连接

扫码观看三维动画

图8-17⑥三维动画

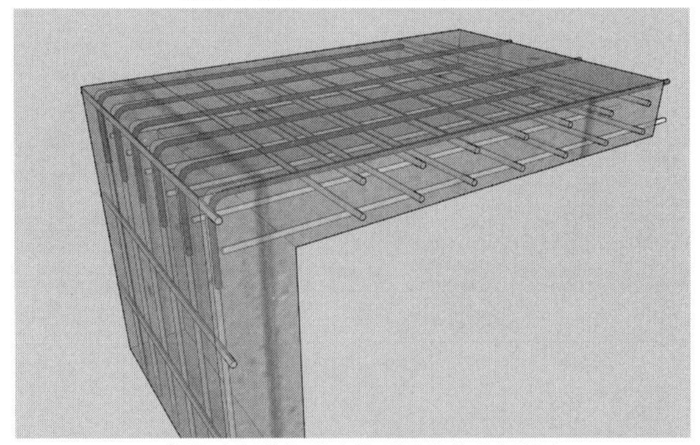

⑥跨中板带与剪力墙顶层连接且板端上部纵筋按充分利用钢筋的抗拉强度时

扫码观看三维动画

图8-17⑦三维动画

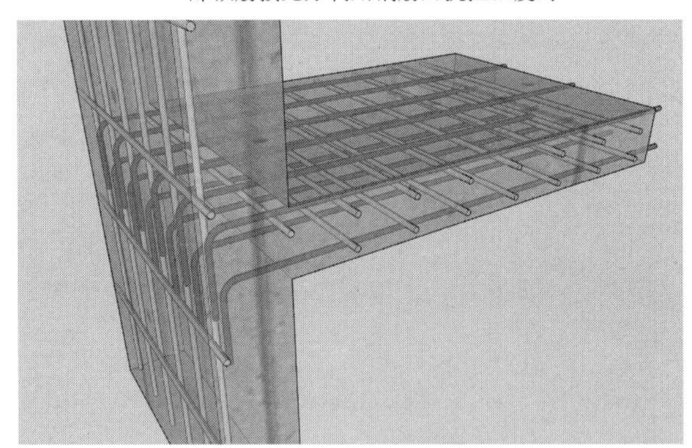

⑦柱上板带与剪力墙中间层连接

扫码观看三维动画

图8-17⑧三维动画

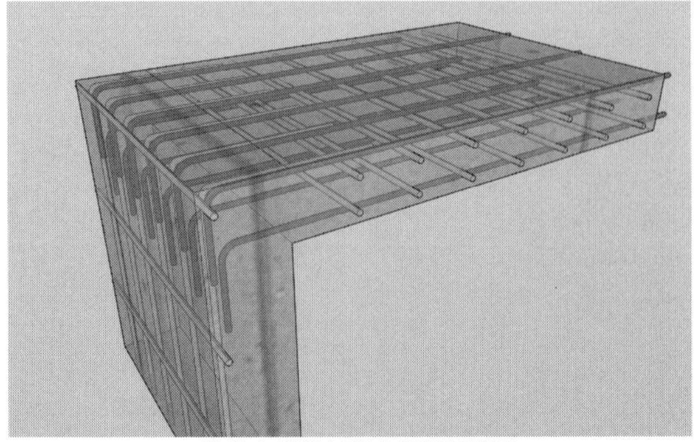

⑧柱上板带与剪力墙顶层连接

(b) 三维图

图 8-17　板带端支座纵向钢筋构造

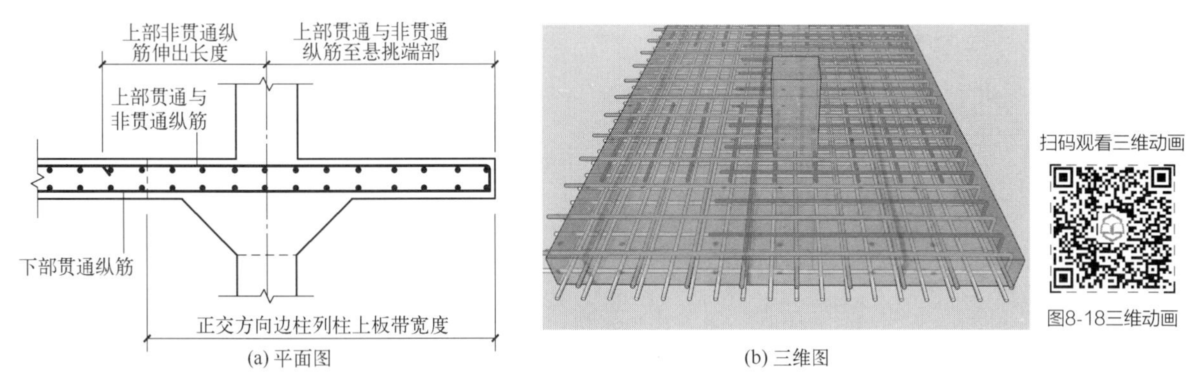

(a) 平面图　　(b) 三维图

图 8-18 板带悬挑端纵向钢筋构造

8.3.2.10 柱上板带暗梁钢筋构造

柱上板带暗梁钢筋构造如图 8-19 和图 8-20 所示。

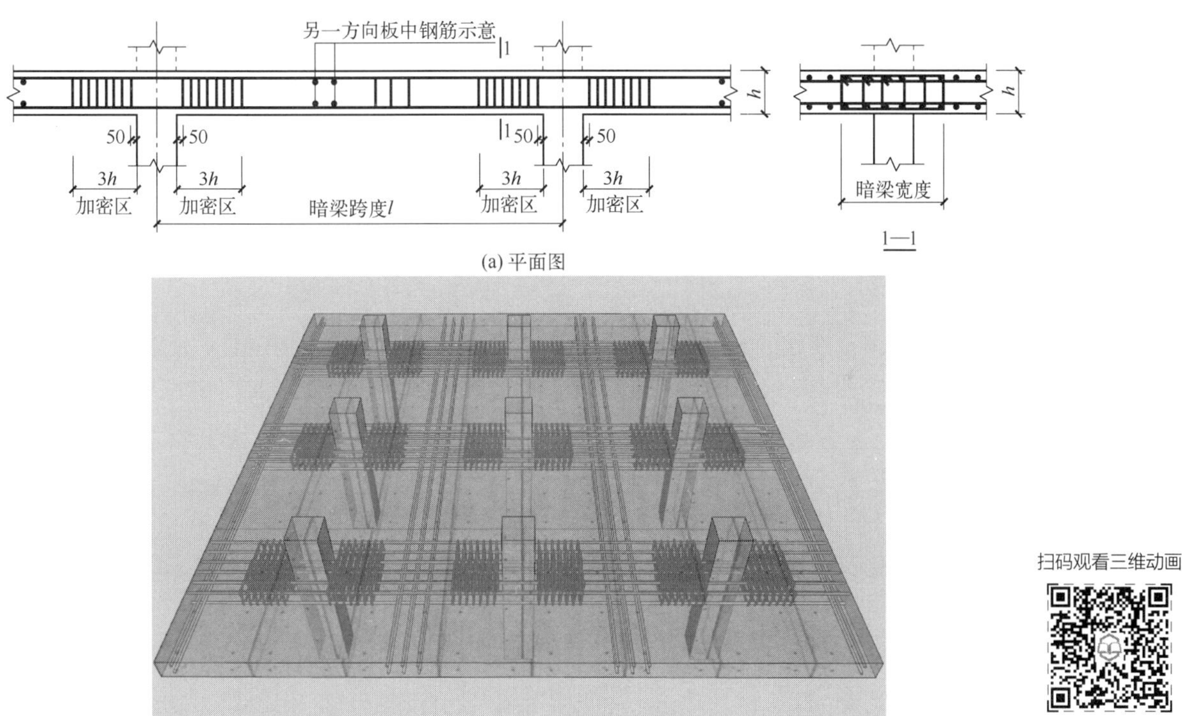

(a) 平面图

(b) 三维图

图 8-19 无柱帽柱上板带暗梁钢筋构造

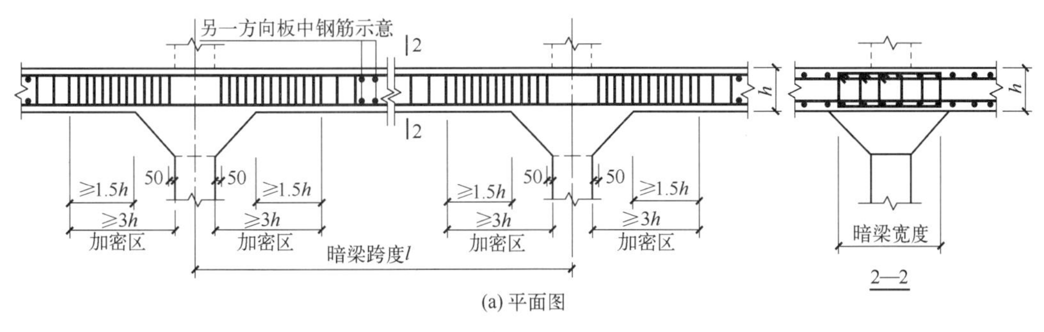

(a) 平面图

图 8-20

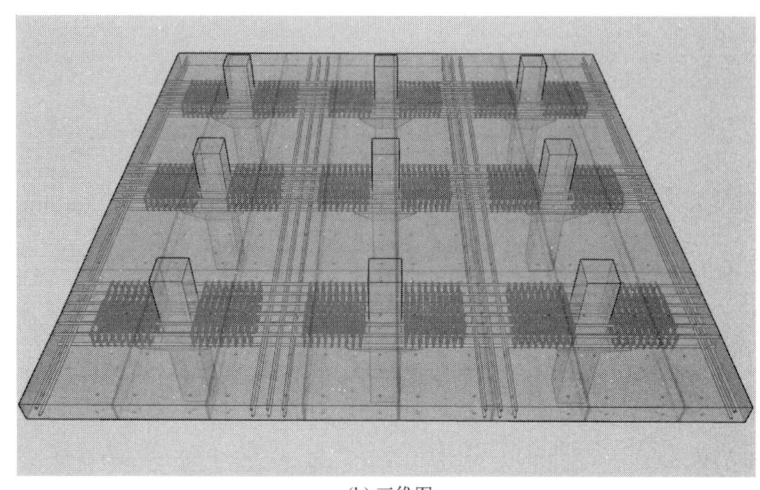

(b) 三维图

扫码观看三维动画

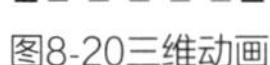

图8-20三维动画

图 8-20 有柱帽柱上板带暗梁钢筋构造

8.4 板构件识图实例

【例】 某办公楼现浇板平法施工图如图 8-21 所示。

从图 8-21 中的板平法施工图中，可知其共有三种板，其编号分别为 LB1、LB2、LB3。

对于 LB1，板厚 h=120mm。板下部钢筋为 B：X&Y Φ10@200，表示板下部钢筋两个方向均为Φ10@200，没有配上部贯通钢筋。板支座负筋采用原位标注，并给出编号，同一编号的钢筋，仅详细注写一个，其余只注写编号。

对于 LB2，板厚 h=100mm。板下部钢筋为 B：XΦ8@200，YΦ8@150。表示板下部钢筋 x 方向为Φ8@200，y 方向为Φ8@150，没有配上部贯通钢筋。板支座负筋采用原位标注，并给出编号，同一编号的钢筋，仅详细注写一个，其余只注写编号。

对于 LB3，板厚 h=100mm。集中标注钢筋为 B&T：X&Y Φ8@200，表示该楼板上部下部两个方向均配Φ8@200 的贯通钢筋，即双层双向均为Φ8@200。板集中标注下面括号内的数字（−0.080）表示该楼板比楼层结构标高低 80mm。因为该房间为卫生间，卫生间的地面要比普通房间的地面低。

在楼房主入口处设有雨篷，雨篷应在二层结构平面图中表示，雨篷为纯悬挑板，所以编号为 XB1，板厚 h=130mm/100mm，表示板根部厚度为 130mm，板端部厚度为 100mm。悬挑板的下部不配钢筋，上部 x 方向通长筋为Φ8@200，悬挑板受力钢筋采用原位标注，即⑥号钢筋Φ10@150。为了表达该雨篷的详细做法，图中还画有 A—A 断面图。从 A—A 断面图可以看出雨篷与框架梁的关系。板底标高为 2.900m，刚好与框架梁底平齐。

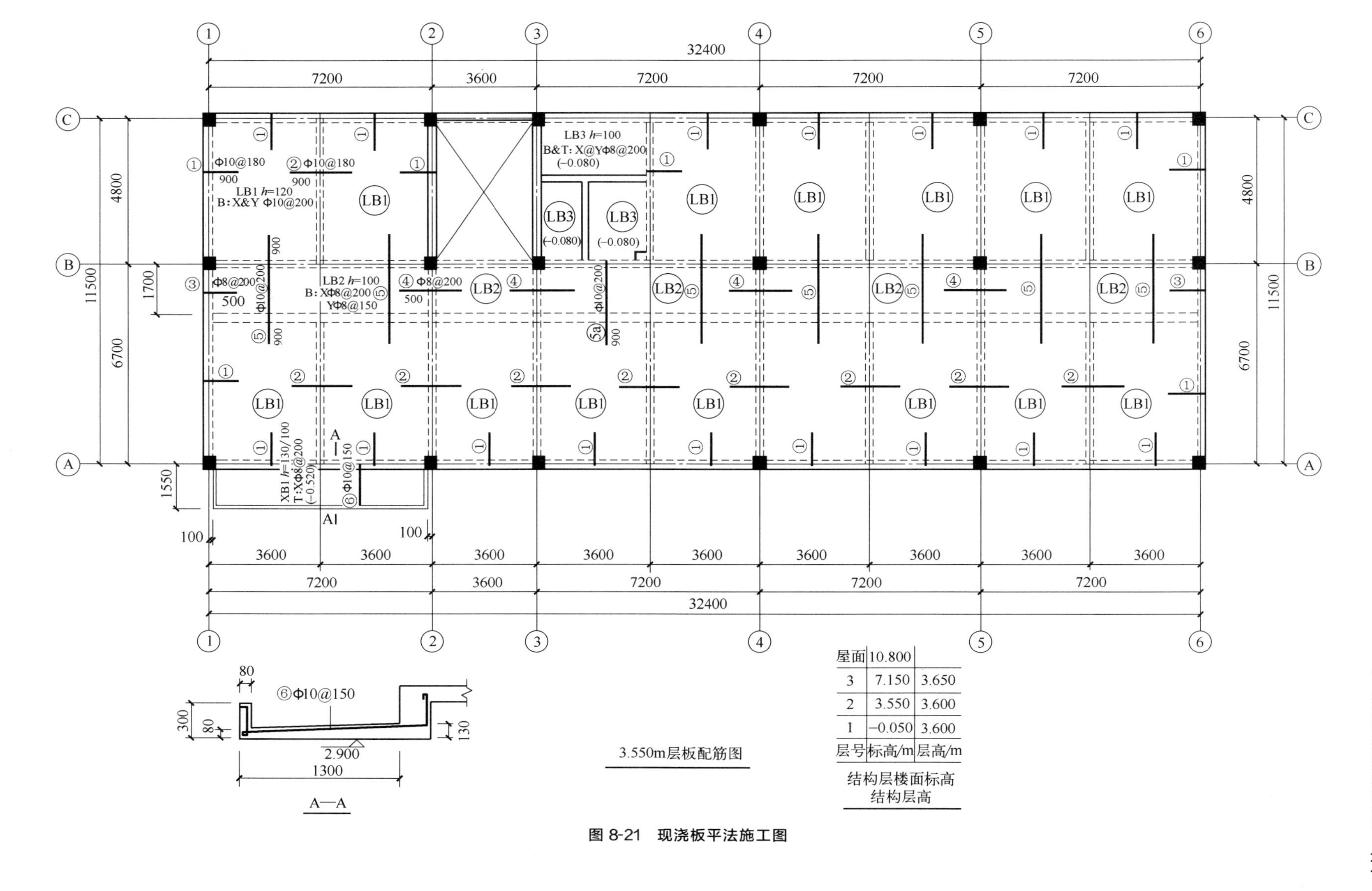

图 8-21 现浇板平法施工图

9 楼梯识图方法与实例

9.1 楼梯平法制图规则

9.1.1 现浇混凝土板式楼梯平法施工图的表示方法

（1）现浇混凝土板式楼梯平法施工图有平面注写、剖面注写和列表注写三种表达方式。

（2）楼梯平面布置图，应采用适当比例集中绘制，需要时绘制其剖面图。

（3）为方便施工，在集中绘制的板式楼梯平法施工图中，宜按规定注明各结构层的楼面标高、结构层高及相应的结构层号。

9.1.2 楼梯类型

楼梯包含14种类型，见表9-1，其编号由梯板代号和序号组成，如AT××、BT××、ATa××等。

表9-1 楼梯类型

<table>
<tr><th rowspan="2">梯板代号</th><th colspan="2">适用范围</th><th rowspan="2">是否参与结构整体抗震计算</th></tr>
<tr><th>抗震构造措施</th><th>适用结构</th></tr>
<tr><td>AT</td><td rowspan="2">无</td><td rowspan="2">剪力墙、砌体结构</td><td rowspan="2">不参与</td></tr>
<tr><td>BT</td></tr>
<tr><td>CT</td><td rowspan="2">无</td><td rowspan="2">剪力墙、砌体结构</td><td rowspan="2">不参与</td></tr>
<tr><td>DT</td></tr>
<tr><td>ET</td><td rowspan="2">无</td><td rowspan="2">剪力墙、砌体结构</td><td rowspan="2">不参与</td></tr>
<tr><td>FT</td></tr>
<tr><td>GT</td><td>无</td><td>剪力墙、砌体结构</td><td>不参与</td></tr>
<tr><td>ATa</td><td rowspan="3">有</td><td rowspan="3">框架结构、框剪结构中框架部分</td><td>不参与</td></tr>
<tr><td>ATb</td><td>不参与</td></tr>
<tr><td>ATc</td><td>参与</td></tr>
</table>

续表

梯板代号	适用范围		是否参与结构整体抗震计算
	抗震构造措施	适用结构	
BTb	有	框架结构、框剪结构中框架部分	不参与
CTa	有	框架结构、框剪结构中框架部分	不参与
CTb			
DTb	有	框架结构、框剪结构中框架部分	不参与

9.1.3 平面注写方式

平面注写方式，系以在楼梯平面布置图上注写截面尺寸和配筋具体数值的方式来表达楼梯施工图，包括集中标注和外围标注。

9.1.3.1 集中标注

楼梯集中标注的内容有五项，具体规定如下。

（1）梯板类型代号与序号，如 AT××。

（2）梯板厚度，注写为 h=×××。当为带平板的梯板且踏步段板厚度和平板厚度不同时，可在梯板厚度后面括号内以字母 P 打头注写平板厚度。

举例说明

h = 130（P150），130 表示梯板踏步段厚度，150 表示梯板平板的厚度。

（3）踏步段总高度和踏步级数之间以“/”分隔。

（4）梯板上部纵向钢筋（纵筋）、下部纵向钢筋（纵筋），之间以“；”分隔。

（5）梯板分布筋，以 F 打头注写分布钢筋具体值，该项也可在图中统一说明。

举例说明

平面图中梯板类型及配筋的完整标注示例如下（AT 型）：

AT1，h = 120　　梯板类型及编号，梯板板厚

1800/12　　踏步段总高度/踏步级数

Φ10@200；Φ12@150　　上部纵筋；下部纵筋

FΦ8@250　　梯板分布筋（可统一说明）

对于 ATc 型楼梯，集中标注中尚应注明梯板两侧边缘构件纵向钢筋及箍筋。

9.1.3.2 外围标注

楼梯外围标注的内容，包括楼梯间的平面尺寸、楼层结构标高、层间结构标高、楼梯的上下方向、梯板的平面几何尺寸、平台板配筋、梯梁及梯柱配筋等。

9.1.4 剖面注写方式

（1）剖面注写方式需在楼梯平法施工图中绘制楼梯平面布置图和楼梯剖面图，注写

方式包含平面图注写和剖面图注写两部分。

（2）楼梯平面布置图注写内容，包括楼梯间的平面尺寸、楼层结构标高、层间结构标高、楼梯的上下方向、梯板的平面几何尺寸、梯板类型及编号、平台板配筋、梯梁及梯柱配筋等。

（3）楼梯剖面图注写内容，包括梯板集中标注、梯梁梯柱编号、梯板水平及竖向尺寸、楼层结构标高、层间结构标高等。

（4）梯板集中标注的内容有四项，具体规定如下。

① 梯板类型及编号，如 AT××。

② 梯板厚度，注写为 h=×××。当梯板由踏步段和平板构成，且梯板踏步段厚度和平板厚度不同时，可在梯板厚度后面括号内以字母 P 打头注写平板厚度。

③ 梯板配筋，注明梯板上部纵筋和梯板下部纵筋，用分号“;”将上部与下部纵筋的配筋值分隔开来。

④ 梯板分布筋，以 F 打头注写分布钢筋具体值，该项也可在图中统一说明。

举例说明

剖面图中梯板配筋完整的标注如下（AT 型）：

AT1，h = 120　　梯板类型及编号，梯板板厚

Φ10@200；Φ12@150　　上部纵筋；下部纵筋

FΦ8@250　　梯板分布筋（可统一说明）

（5）对于 ATc 型楼梯，集中标注中尚应注明梯板两侧边缘构件纵向钢筋及箍筋。

9.1.5 列表注写方式

（1）列表注写方式，系用列表方式注写梯板截面尺寸和配筋具体数值来表达楼梯施工图。

（2）列表注写方式的具体要求同剖面注写方式，仅将剖面注写方式中的第 9.1.4 节中（4）的要求中的梯板配筋注写项改为列表注写项即可。

梯板列表注写示例如图 9-1 所示。

梯板编号	踏步段总高度(mm)/踏步级数	板厚h(mm)	上部纵筋	下部纵筋	分布筋

图 9-1　梯板列表注写示例

注：对于 ATc 型楼梯尚应注明梯板两侧边缘构件纵向钢筋及箍筋

9.2 楼梯标准构造识图

9.2.1 AT 型楼梯标准构造识图

AT 型楼梯板配筋构造如图 9-2 所示。

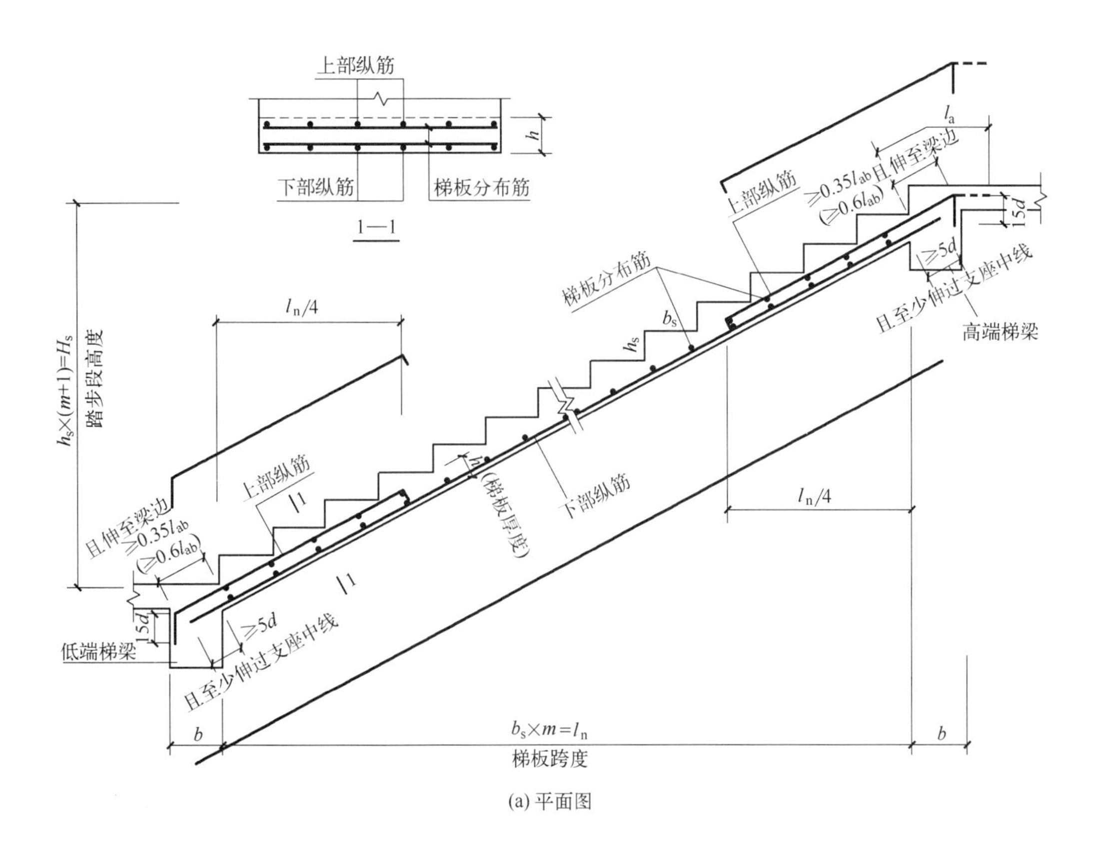

(a) 平面图

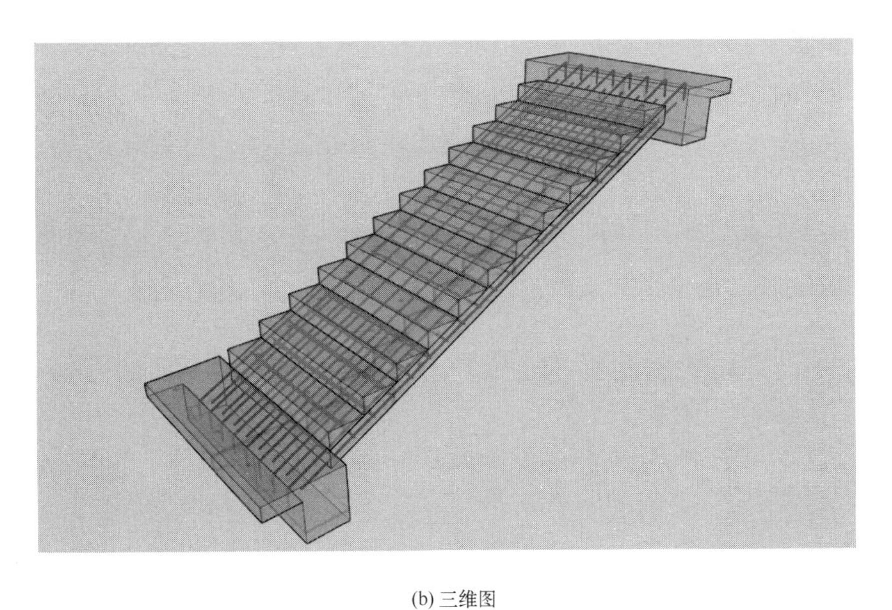

(b) 三维图

扫码观看三维动画

图9-2三维动画

图 9-2　AT 型楼梯板配筋构造

9.2.2　BT 型楼梯标准构造识图

BT 型楼梯板配筋构造如图 9-3 所示。

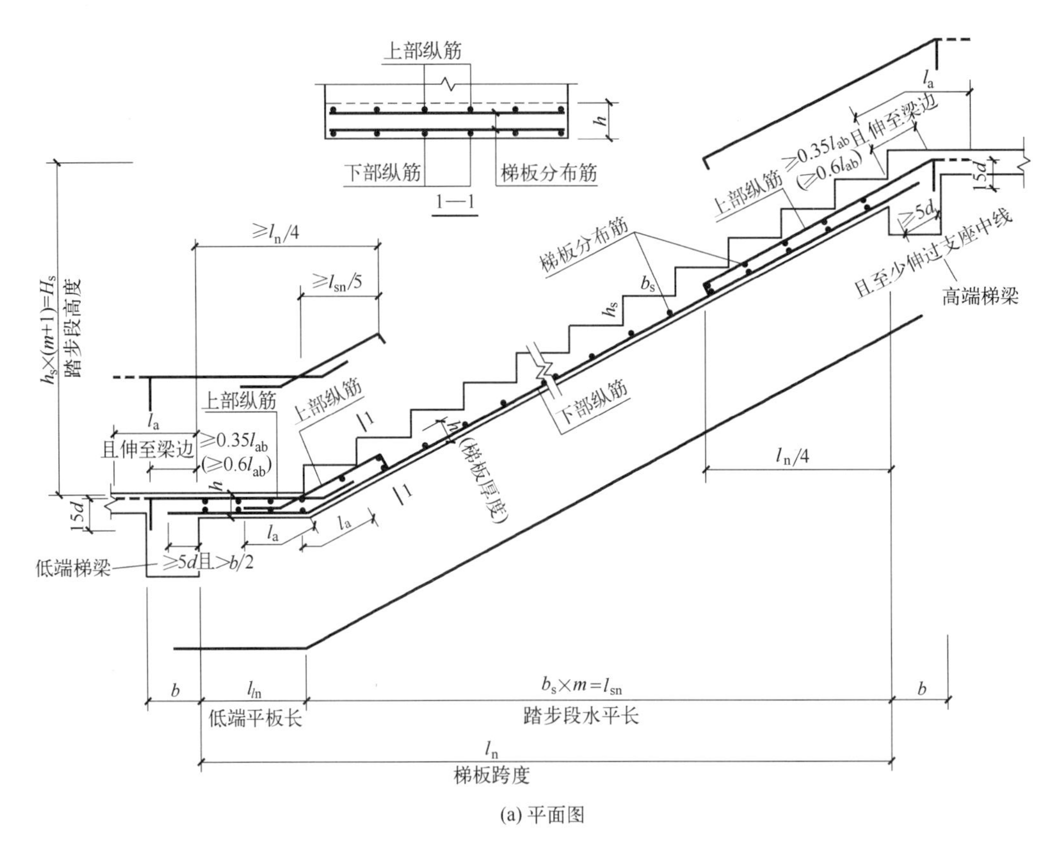

(a) 平面图

扫码观看三维动画

图9-3三维动画

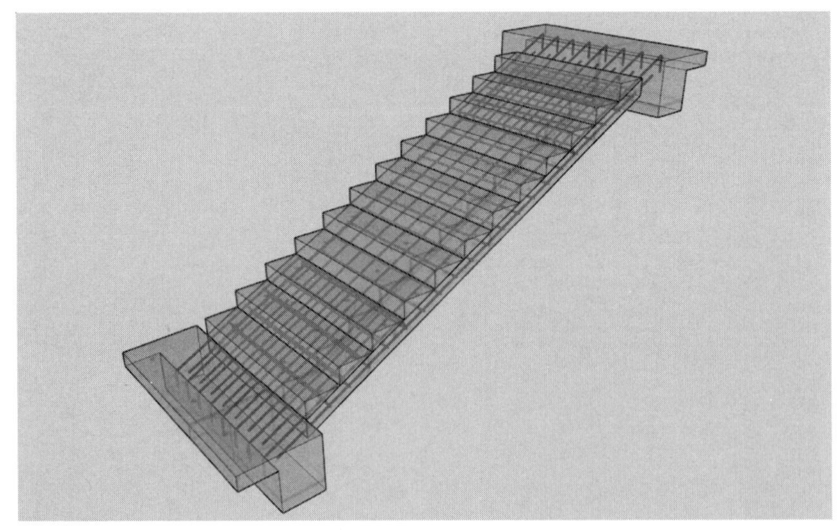

(b) 三维图

图 9-3 BT 型楼梯板配筋构造

9.2.3 CT 型楼梯标准构造识图

CT 型楼梯板配筋构造如图 9-4 所示。

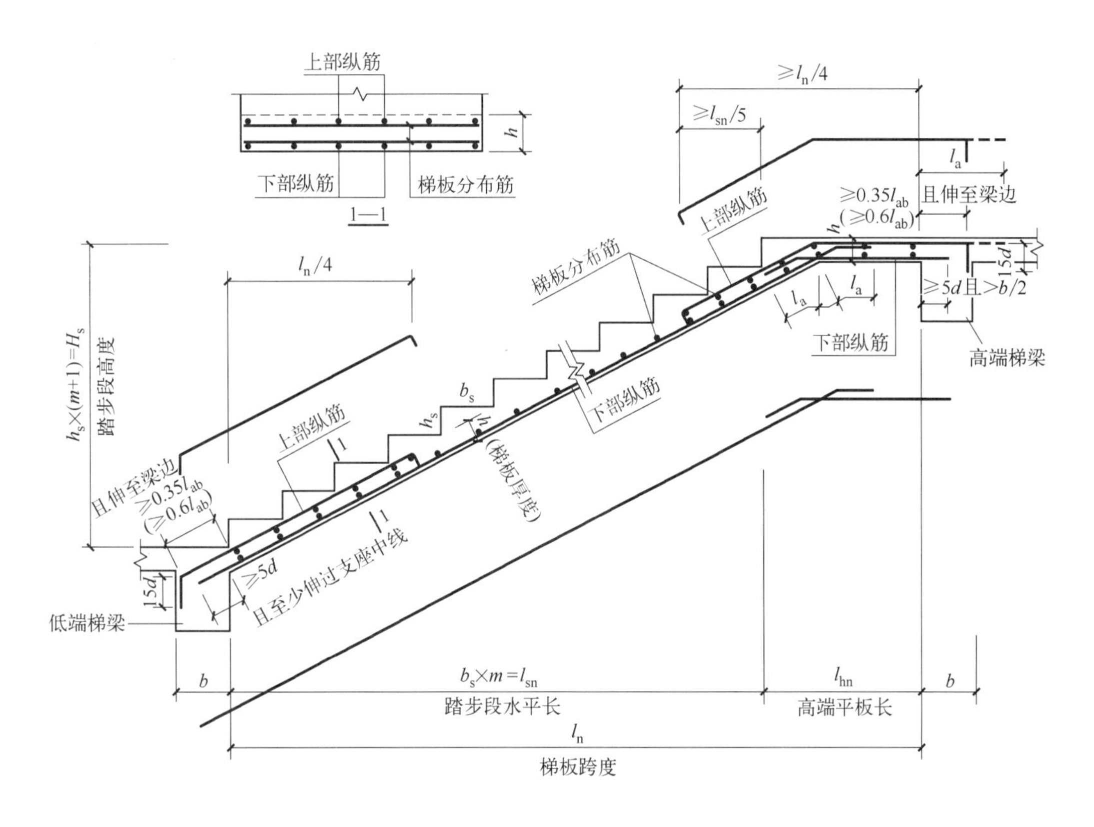

(a) 平面图

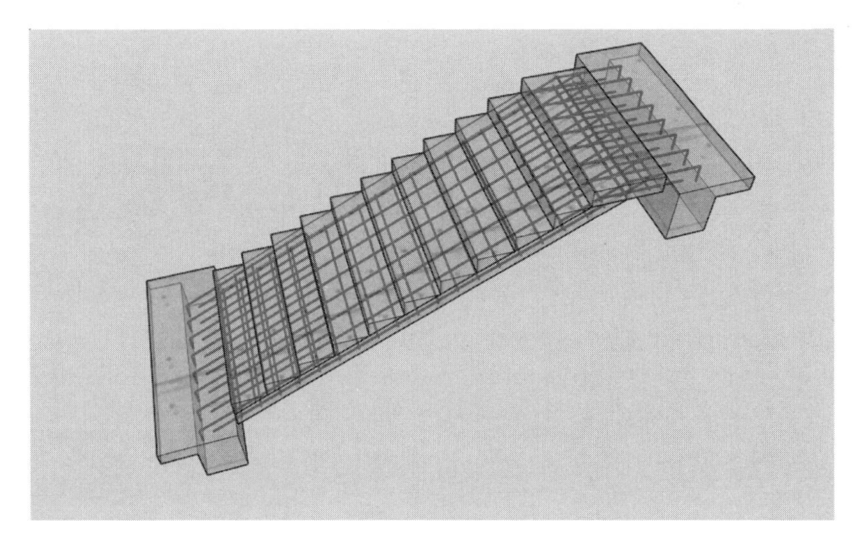

扫码观看三维动画

图9-4三维动画

(b) 三维图

图 9-4 CT 型楼梯板配筋构造

9.2.4 DT 型楼梯标准构造识图

DT 型楼梯板配筋构造如图 9-5 所示。

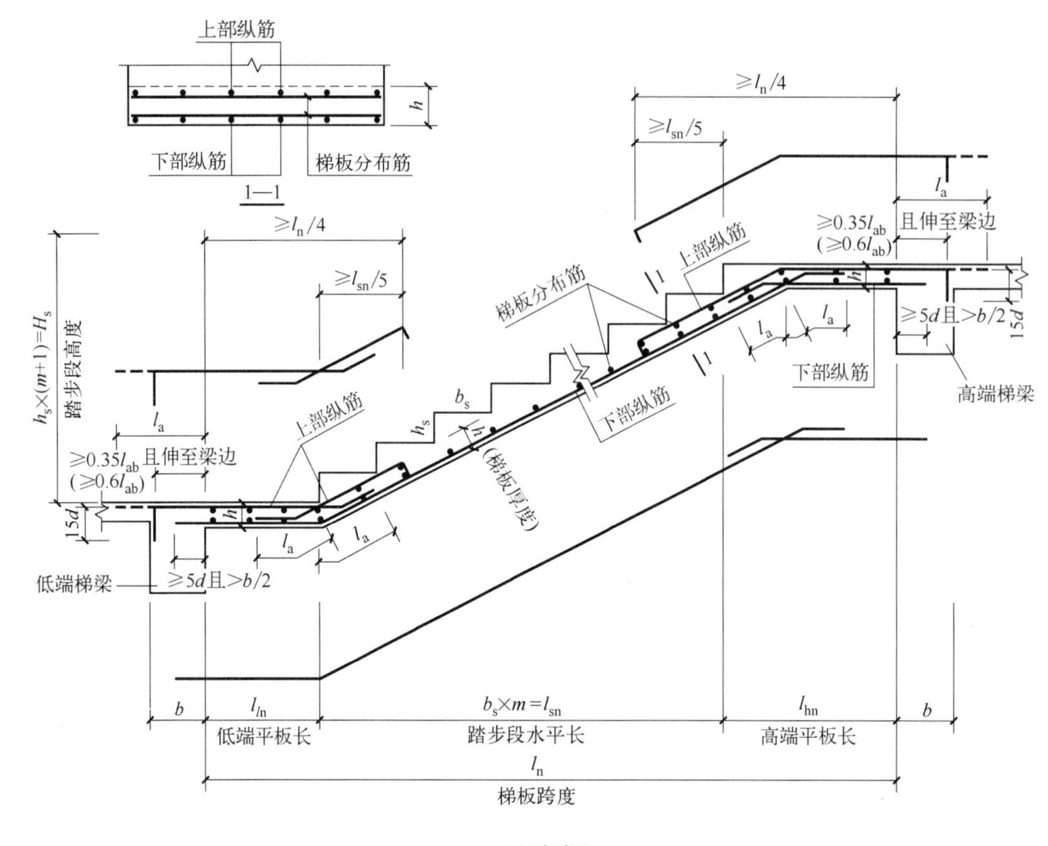

(a) 平面图

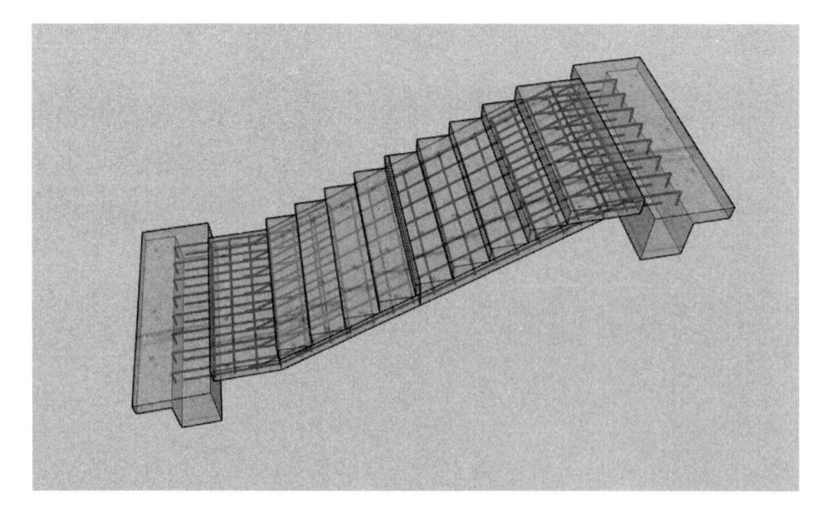

(b) 三维图

图 9-5 DT 型楼梯板配筋构造

9.2.5 ET 型楼梯标准构造识图

ET 型楼梯板配筋构造如图 9-6 所示。

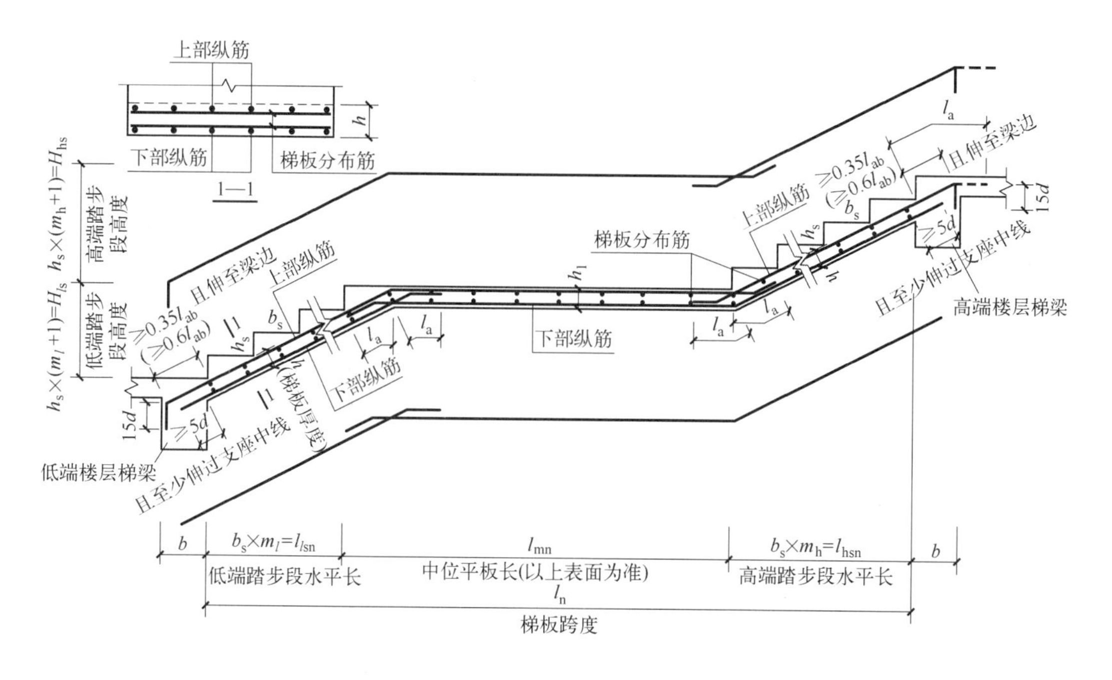

(a) 平面图

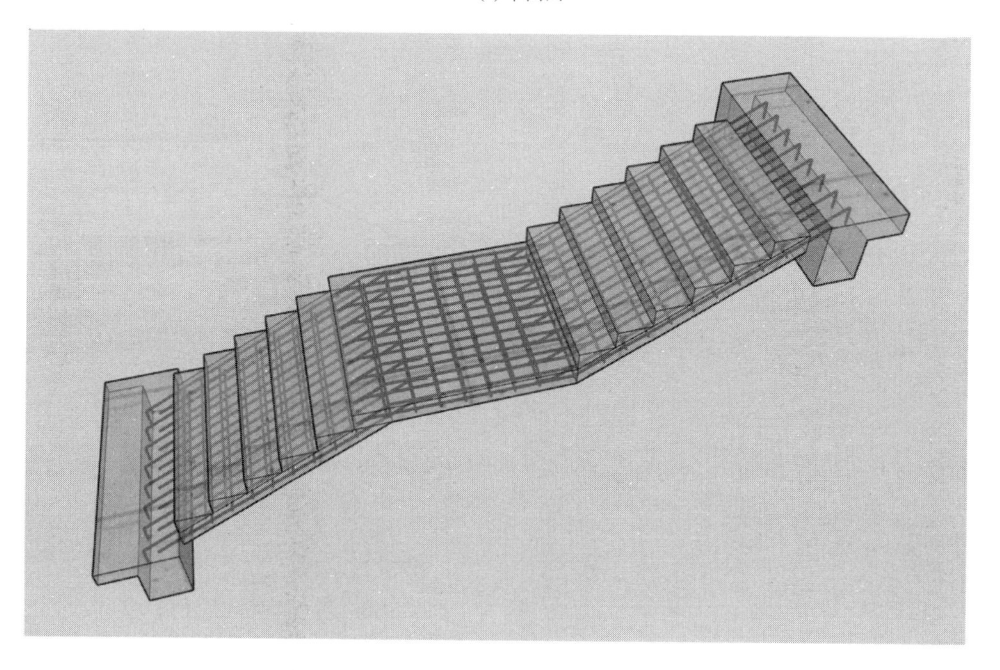

(b) 三维图

扫码观看三维动画

图9-6三维动画

图 9-6 ET 型楼梯板配筋构造

9.2.6 FT 型楼梯标准构造识图

FT 型楼梯板配筋构造如图 9-7 所示。

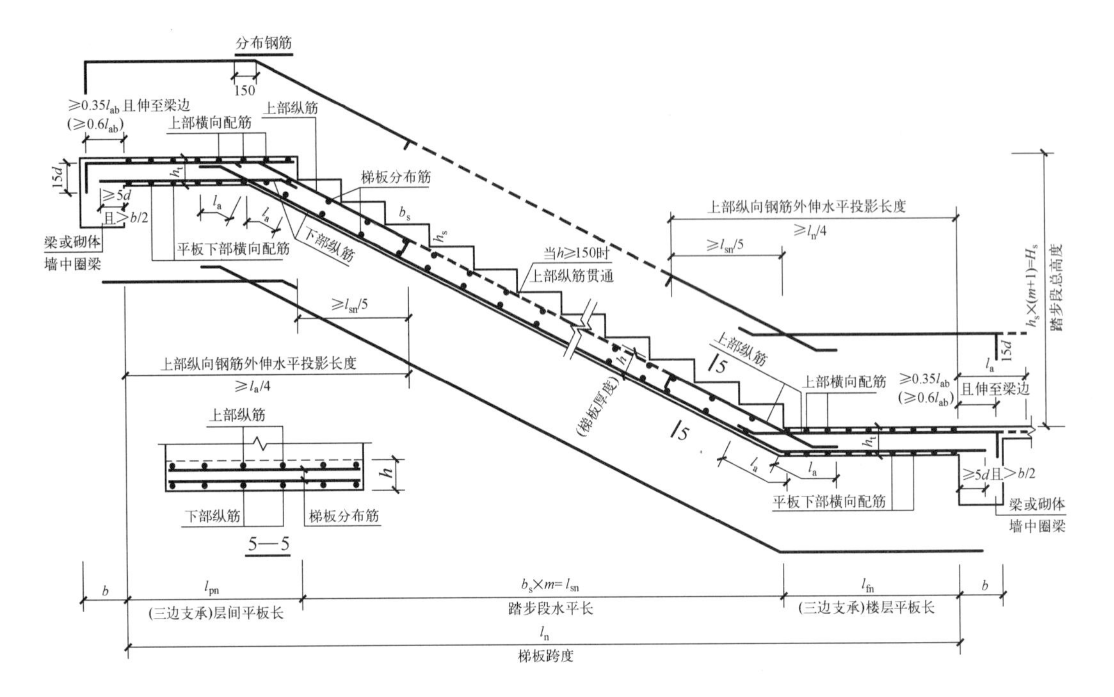

(a) 平面图(第一跑踏步段)

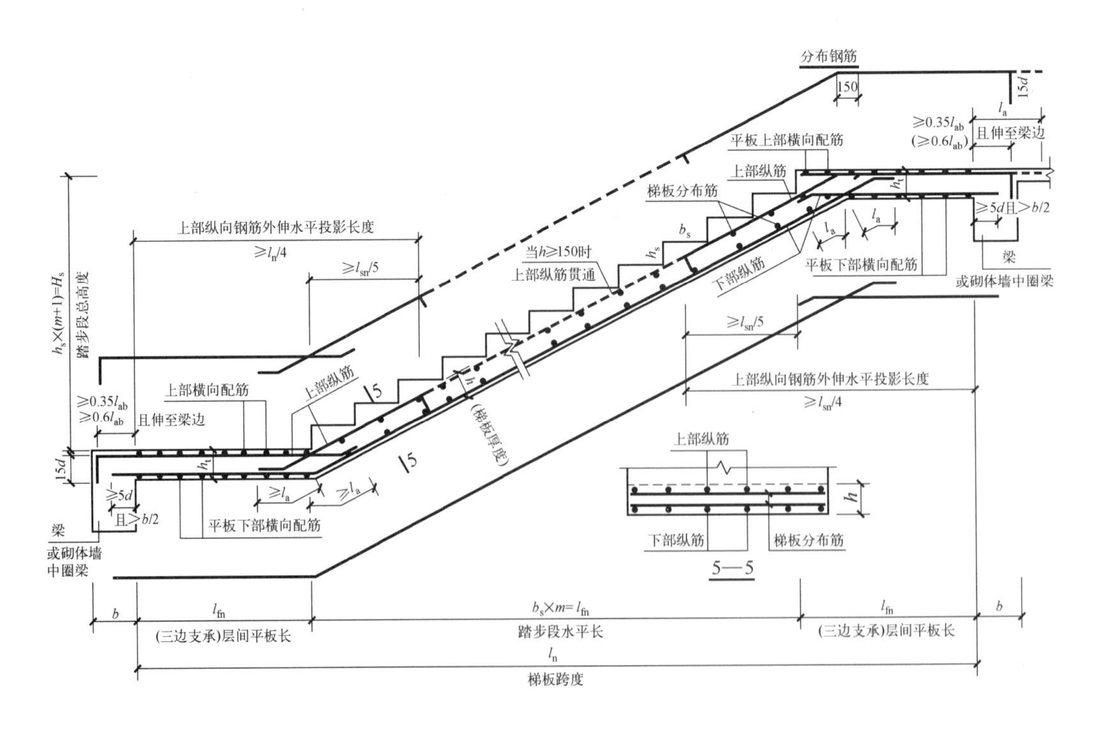

(b) 平面图(第二跑踏步段)

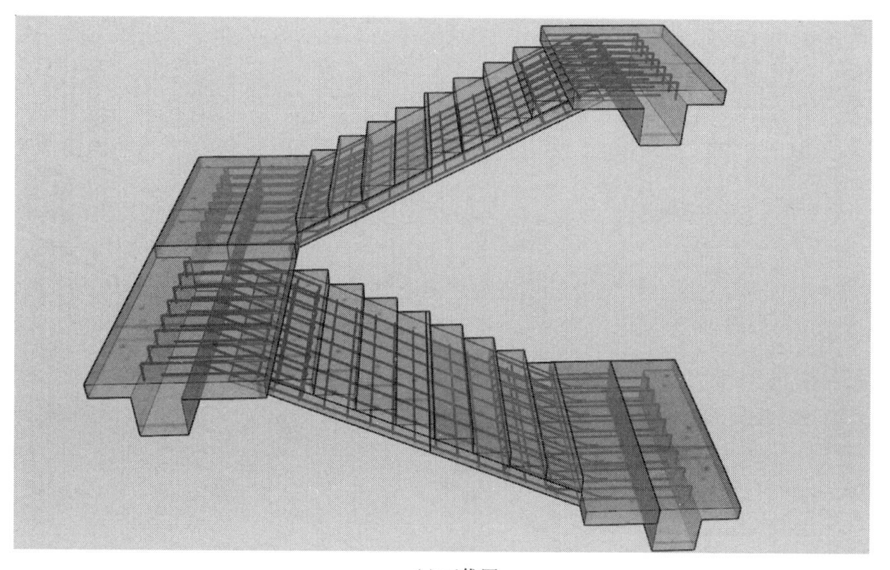

扫码观看三维动画

图9-7三维动画

(c) 三维图

图 9-7　FT 型楼梯板配筋构造

9.2.7　GT 型楼梯标准构造识图

GT 型楼梯板配筋构造如图 9-8 所示。

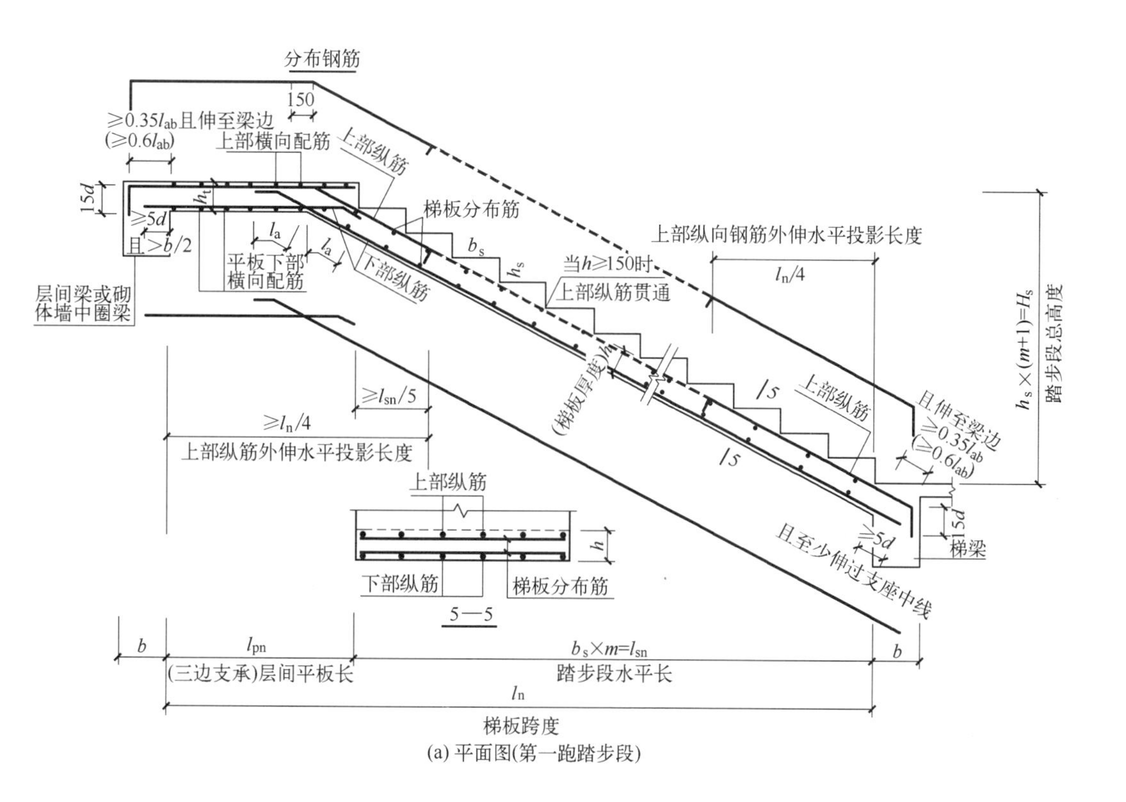

(a) 平面图(第一跑踏步段)

图 9-8

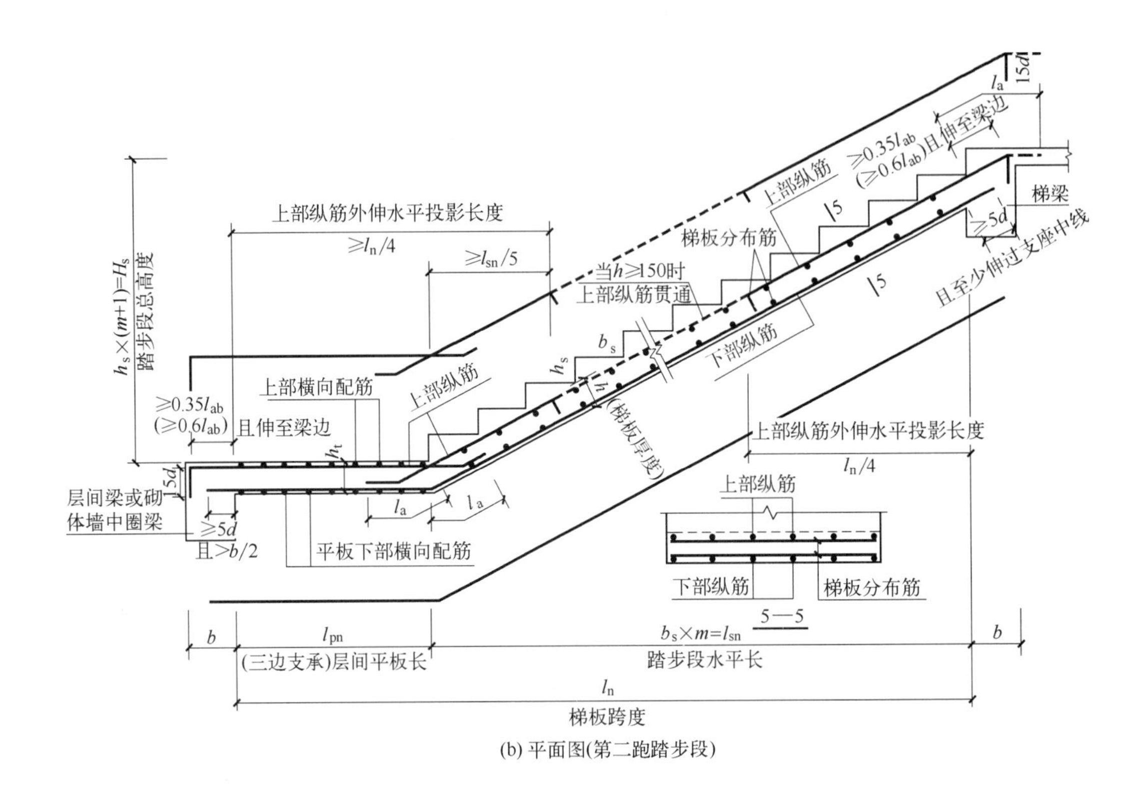

(b) 平面图(第二跑踏步段)

扫码观看三维动画

图9-8三维动画

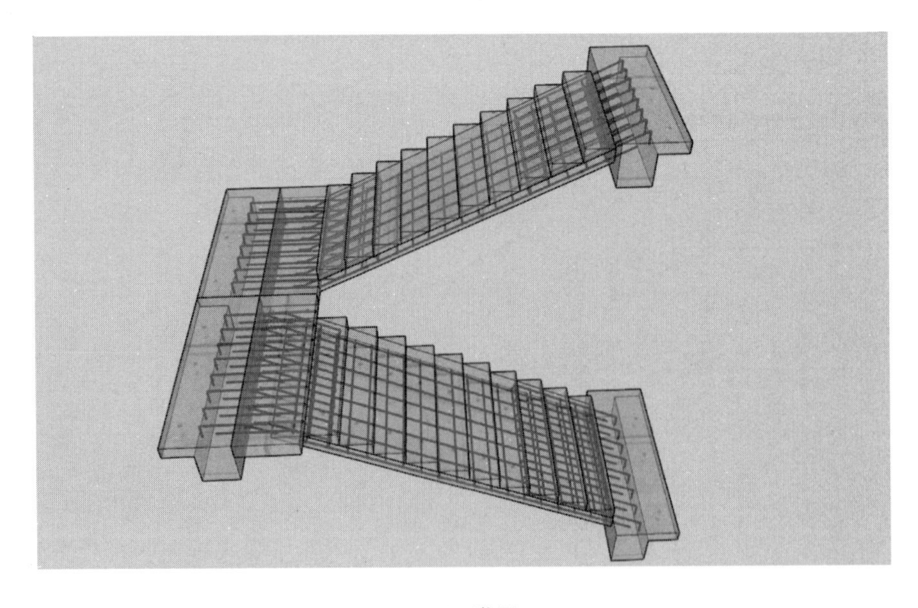

(c) 三维图

图 9-8　GT 型楼梯板配筋构造

9.2.8 ATa 型楼梯标准构造识图

ATa 型楼梯板配筋构造如图 9-9 所示。

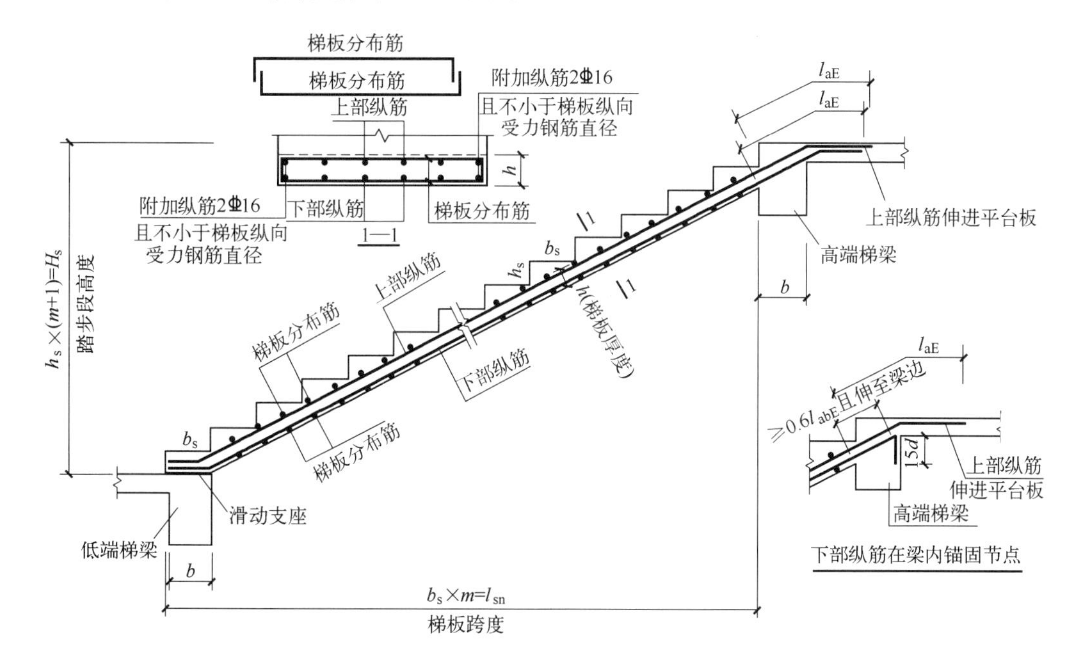

(a) 平面图

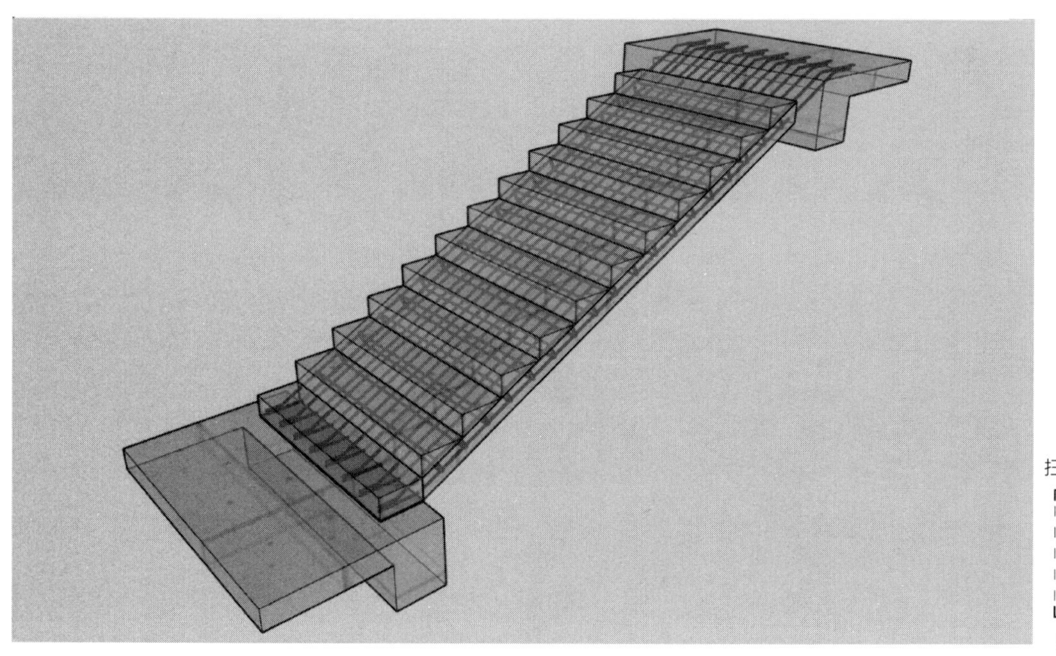

扫码观看三维动画

图9-9三维动画

(b) 三维图

图 9-9 ATa 型楼梯板配筋构造

9.2.9 ATb 型楼梯标准构造识图

ATb 型楼梯板配筋构造如图 9-10 所示。

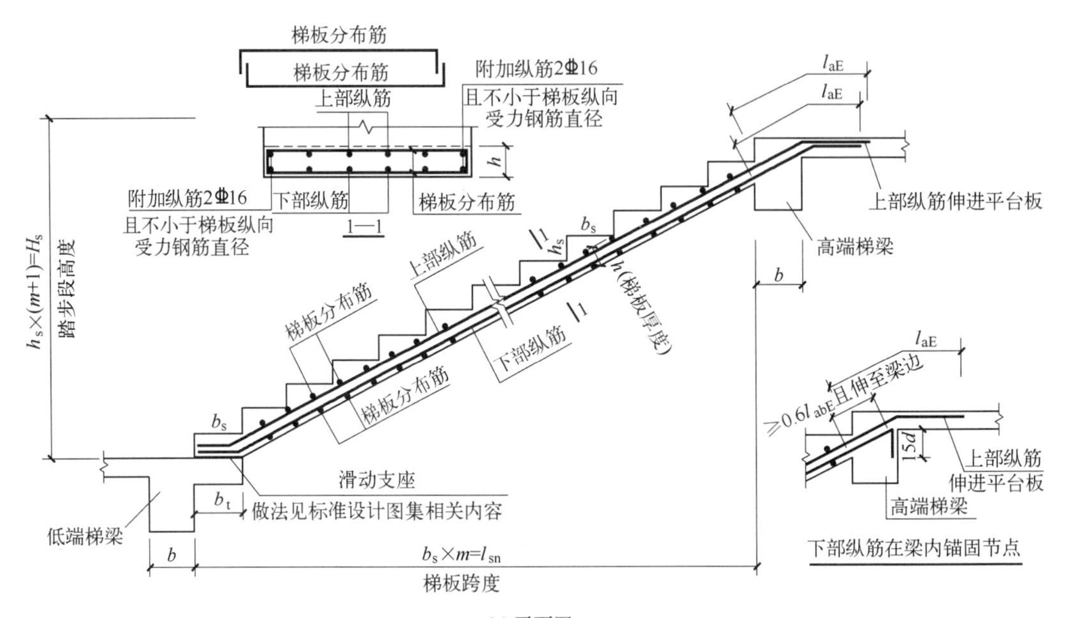

(a) 平面图

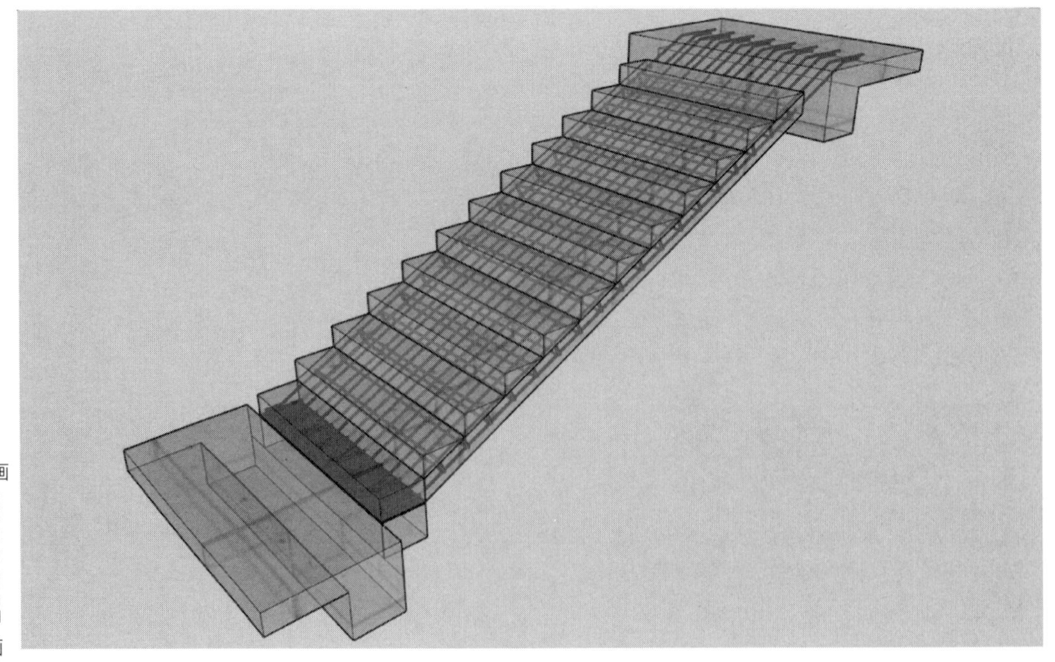

扫码观看三维动画

图9-10三维动画

(b) 三维图

图 9-10 ATb 型楼梯板配筋构造

9.2.10 ATc 型楼梯标准构造识图

ATc 型楼梯板配筋构造如图 9-11 所示。

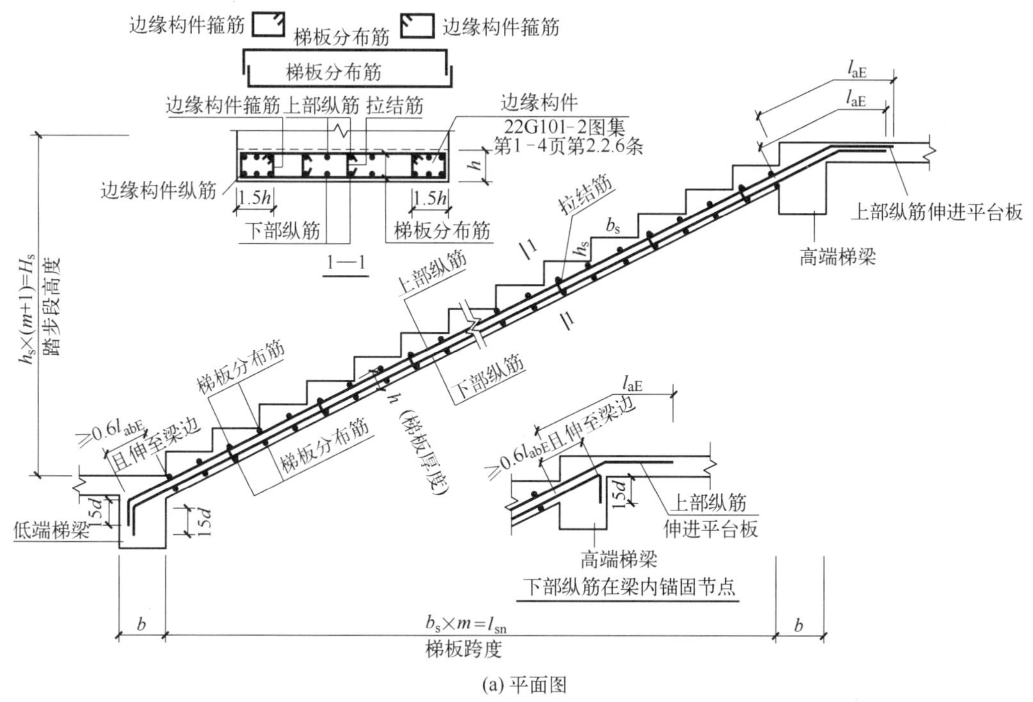

(a) 平面图

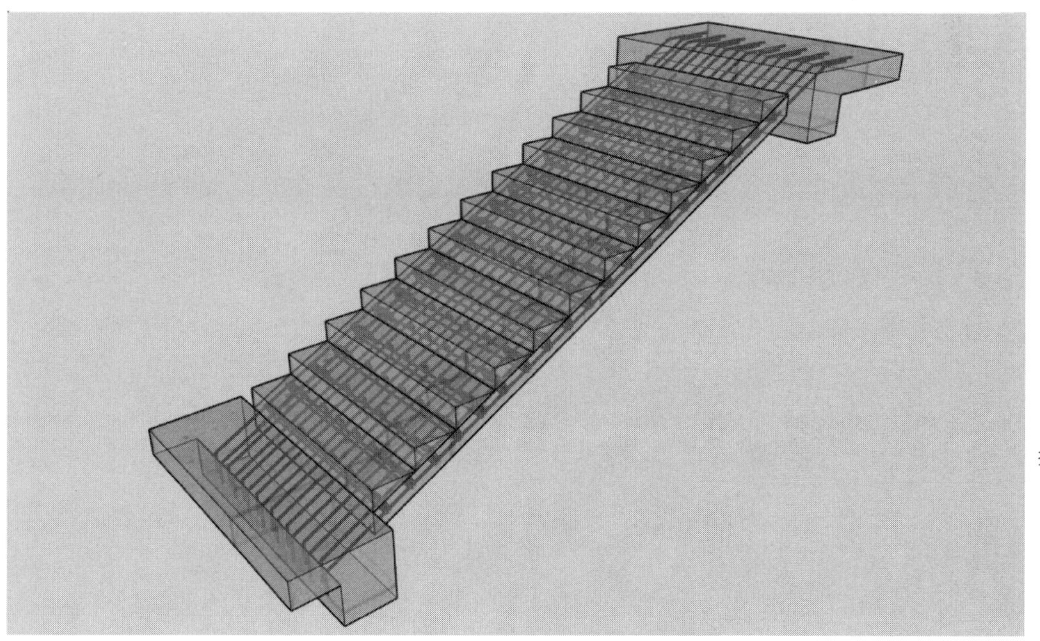

(b) 三维图

扫码观看三维动画

图9-11三维动画

图 9-11 ATc 型楼梯板配筋构造

9.2.11　BTb 型楼梯标准构造识图

BTb 型楼梯标准构造如图 9-12 所示。

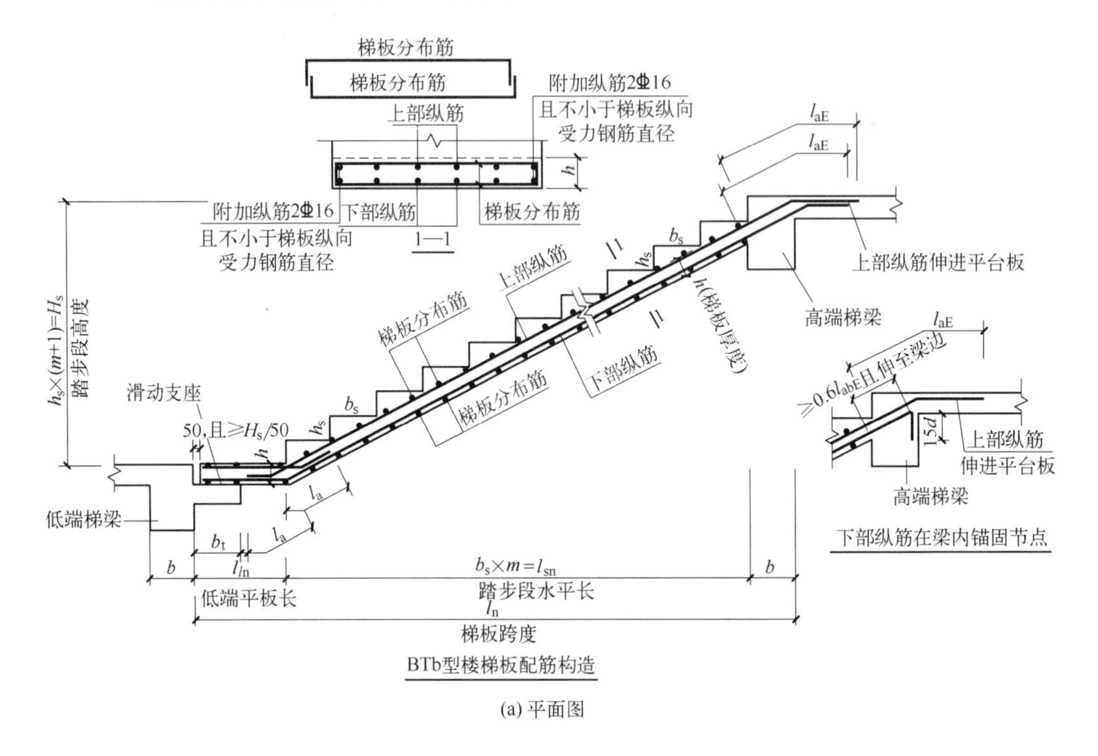

(a) 平面图

扫码观看三维动画

图9-12三维动画

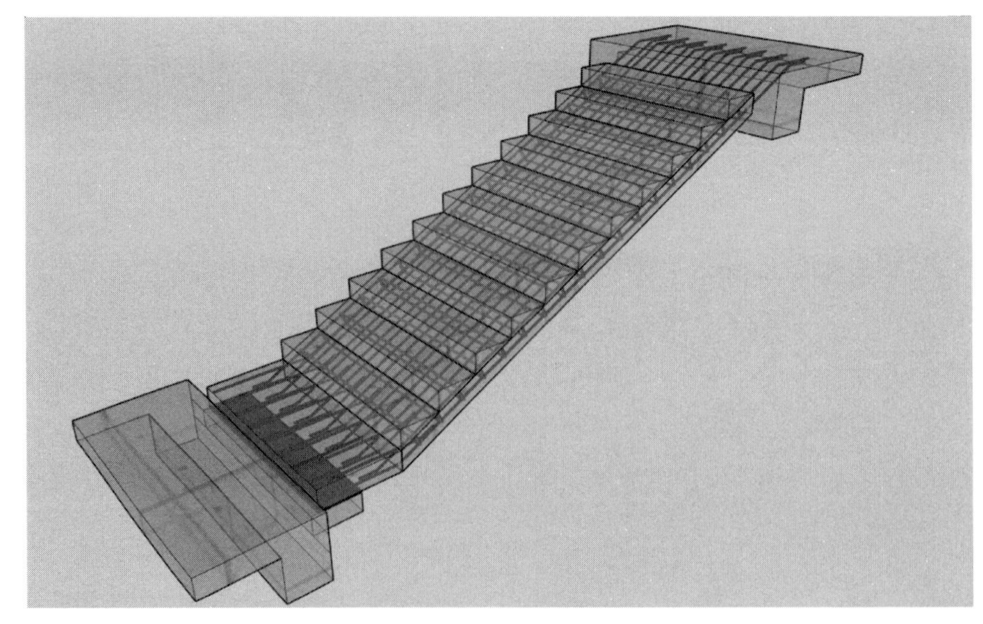

(b) 三维图

图 9-12　BTb 型楼梯标准构造

9.2.12 CTa 型楼梯标准构造识图

CTa 型楼梯标准构造如图 9-13 所示。

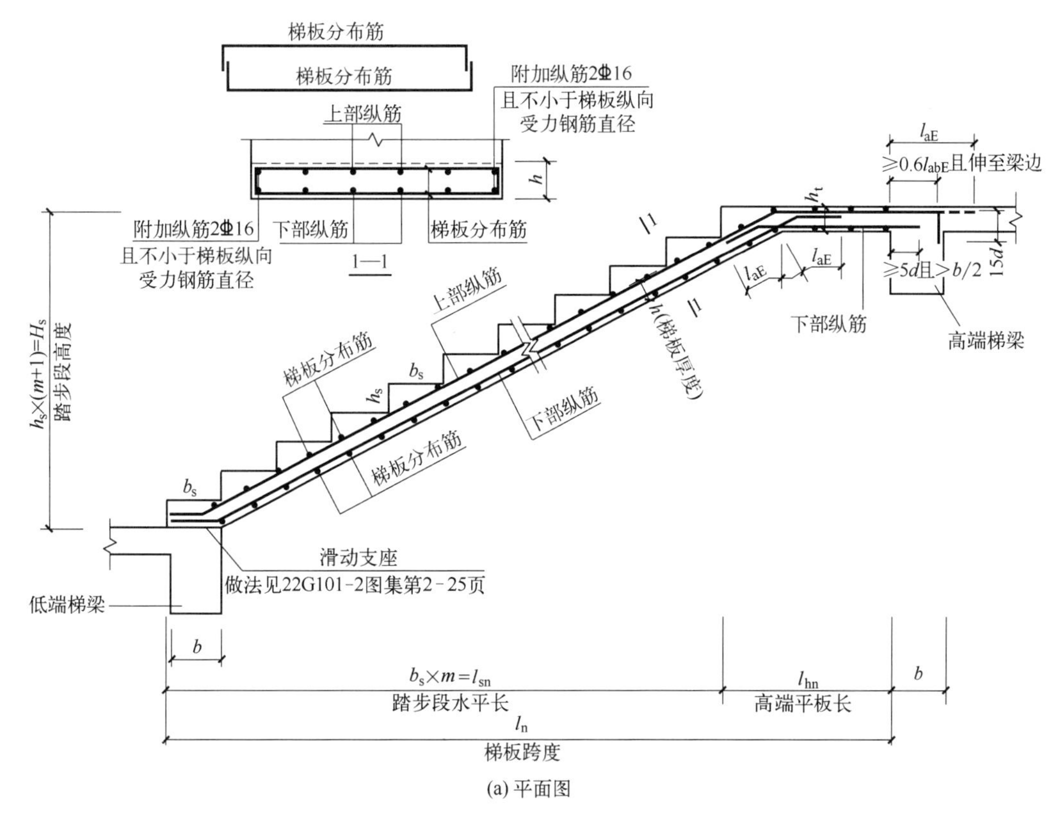

(a) 平面图

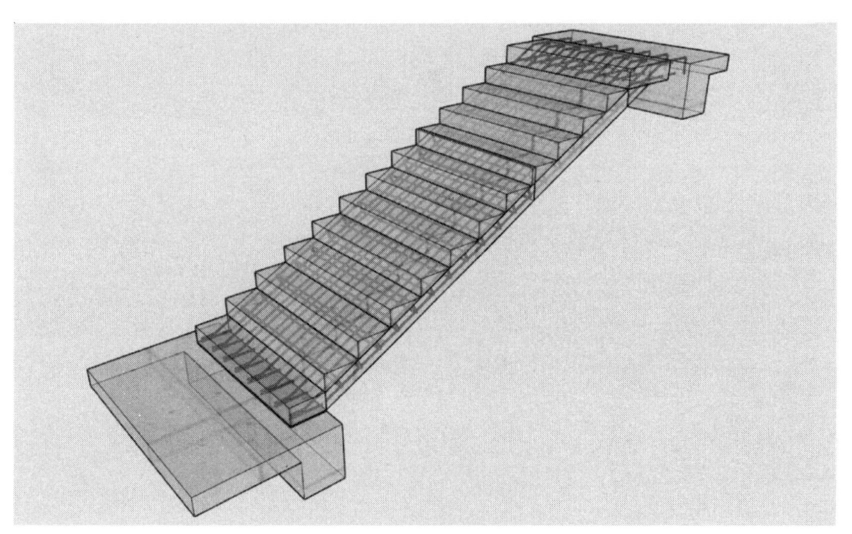

(b) 三维图

扫码观看三维动画

图9-13三维动画

图 9-13 CTa 型楼梯标准构造

9.2.13 CTb 型楼梯标准构造识图

CTb 型楼梯标准构造如图 9-14 所示。

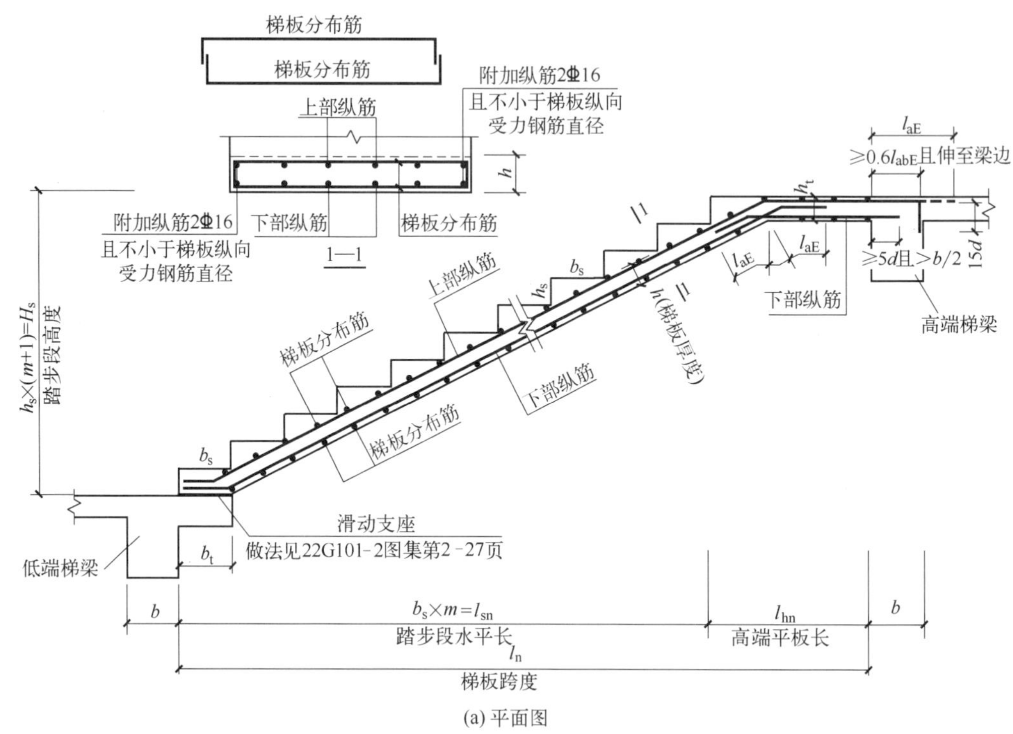

(a) 平面图

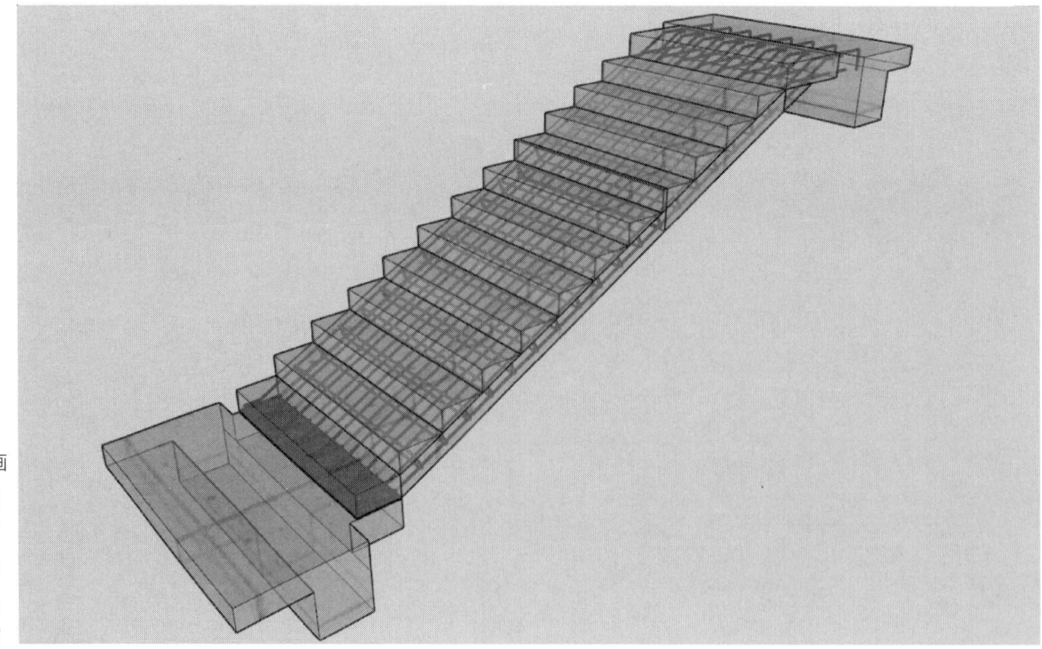

(b) 三维图

扫码观看三维动画

图9-14三维动画

图 9-14 CTb 型楼梯标准构造

9.2.14 DTb 型楼梯标准构造识图

DTb 型楼梯标准构造如图 9-15 所示。

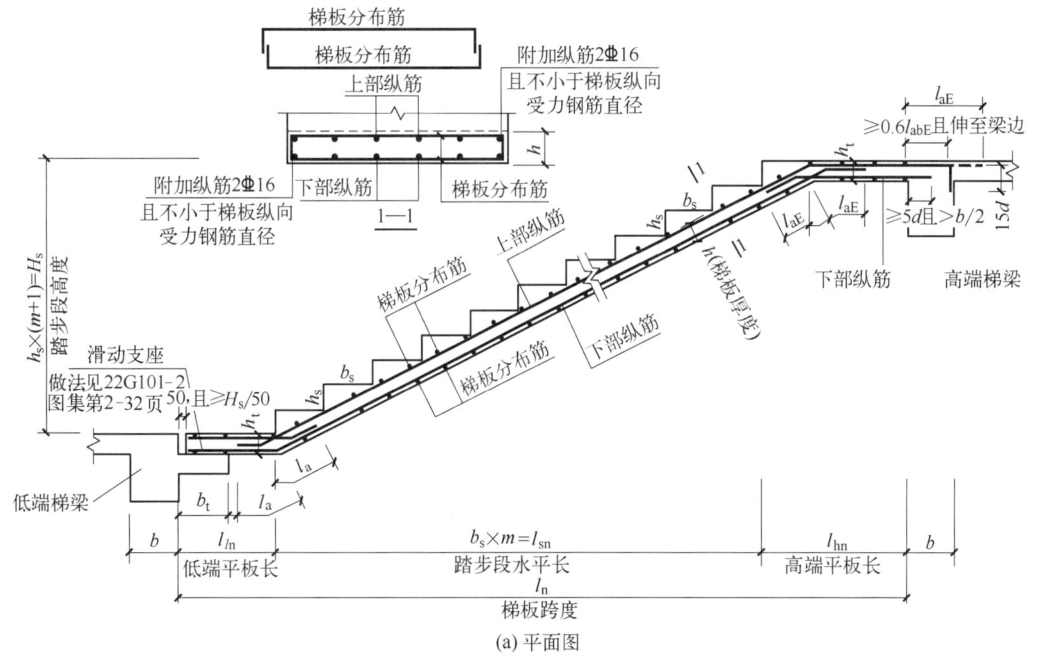

(a) 平面图

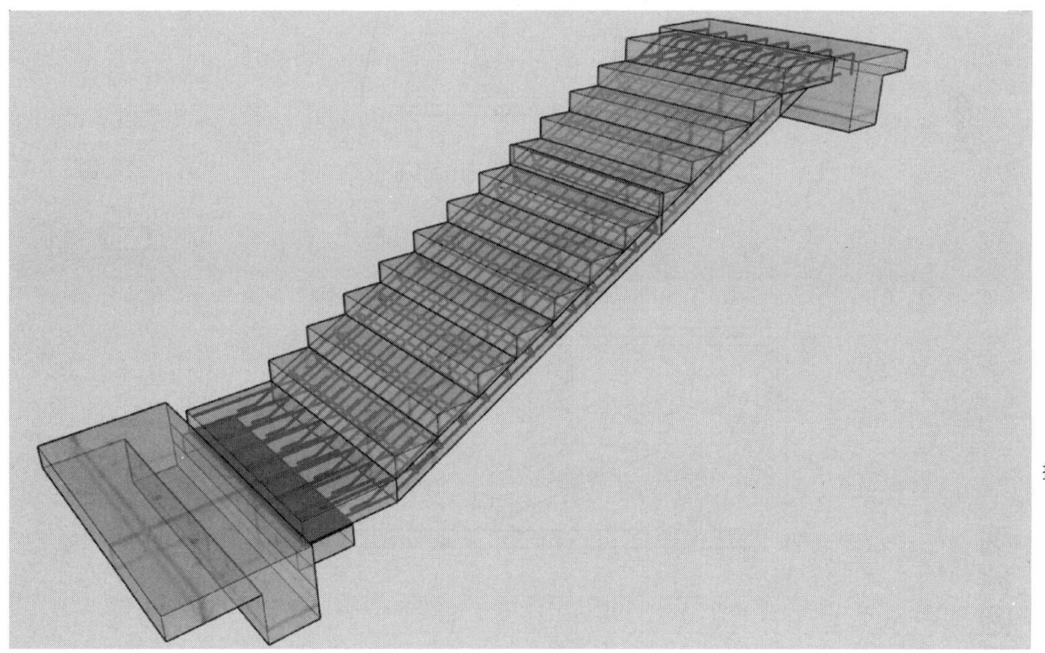
(b) 三维图

扫码观看三维动画

图9-15三维动画

图 9-15 DTb 型楼梯标准构造

9.3 楼梯识图实例

【例】 某楼梯平法施工图如图 9-16 所示。

从图 9-16 中我们可以了解以下内容。

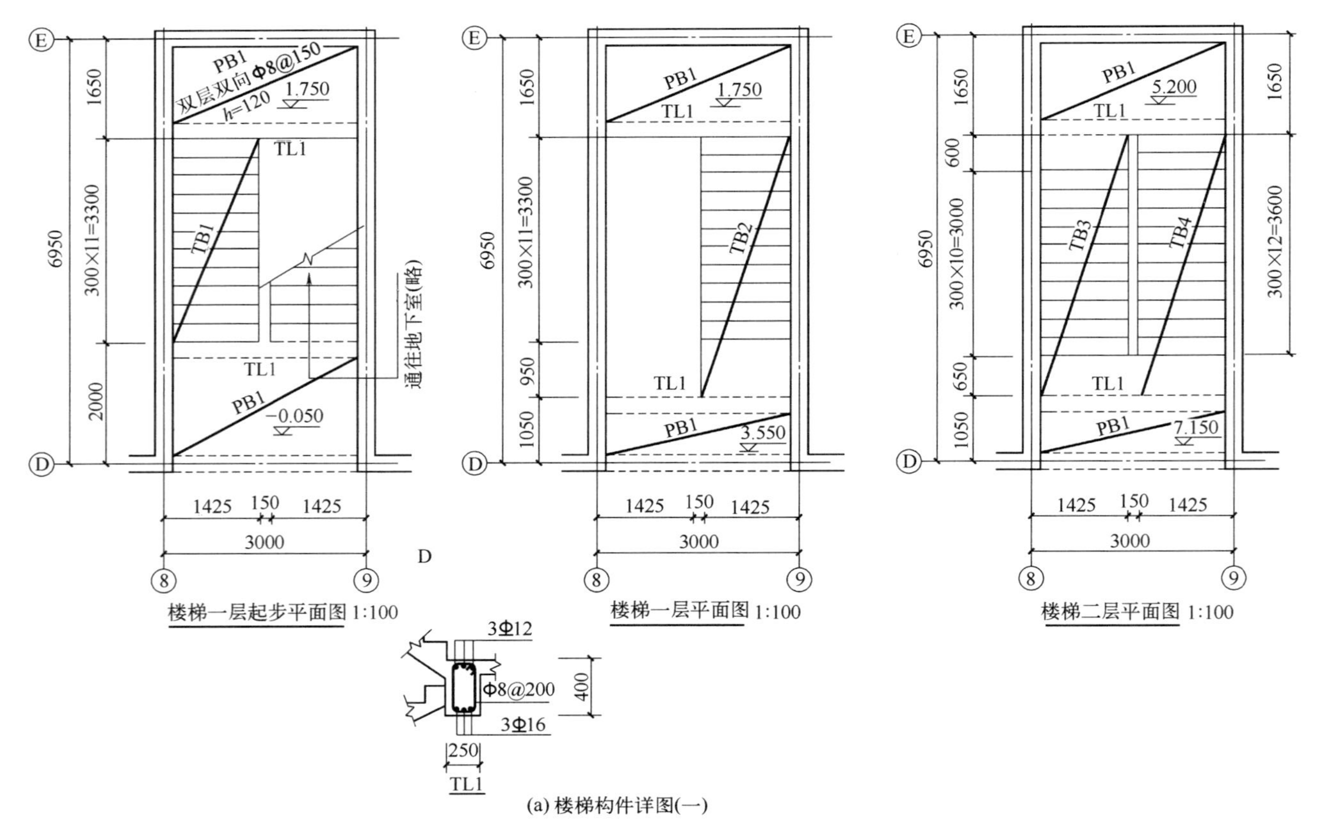

(a) 楼梯构件详图(一)

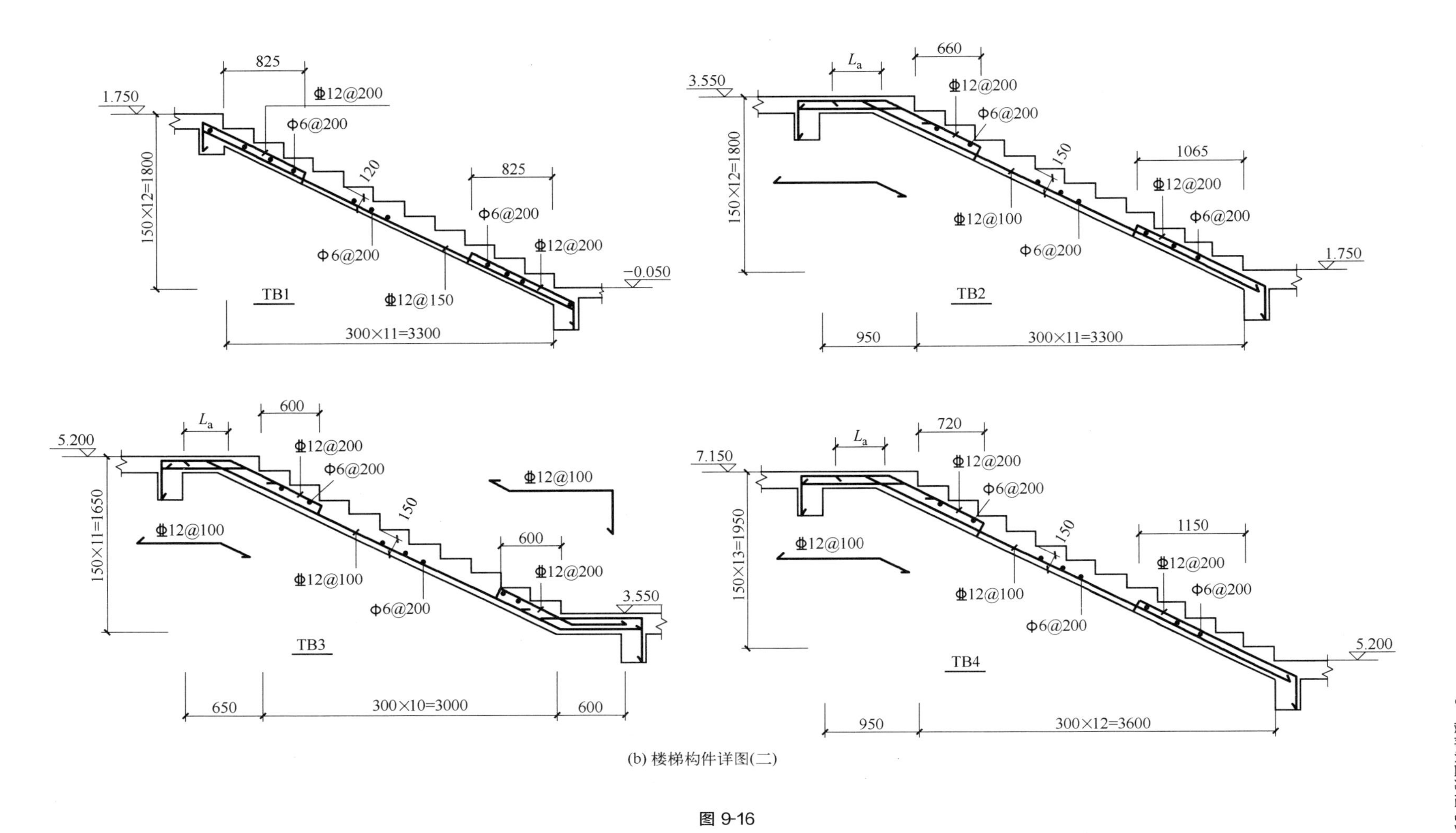

(b) 楼梯构件详图(二)

图 9-16

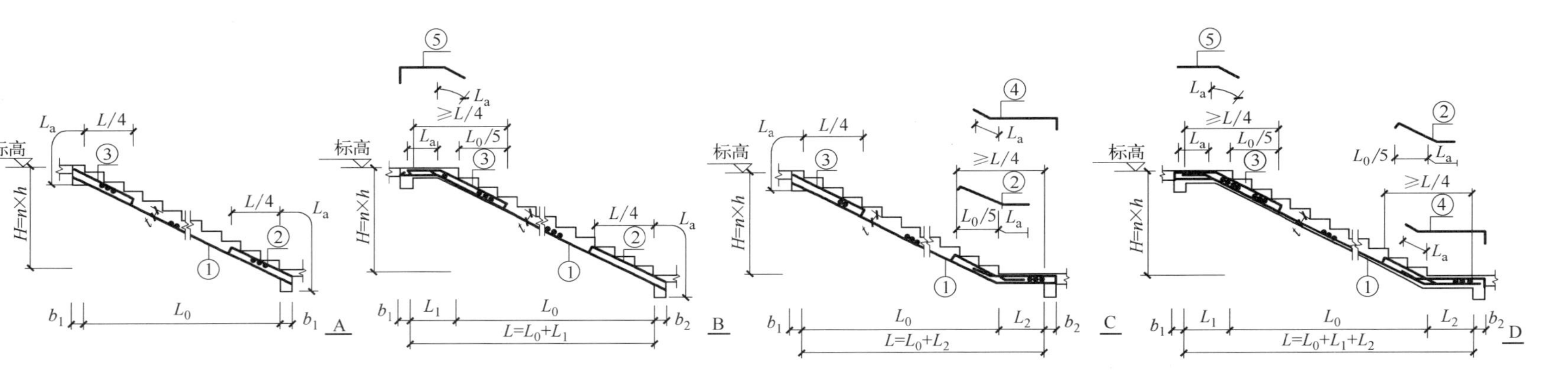

楼梯板配筋表

楼梯号	编号	类型	板厚 t	尺寸					级数 n	踏步尺寸		梯板配筋					备注
				L	L_0	L_1	L_2	H		宽b	高h	①	②	③	④	⑤	
楼梯A	TB1	A	120	3300	2600	—	—	1800	12	300	150	Φ12@150	Φ12@200	Φ12@200	—	—	
	TB2	B	150	4250	3300	950	—	1800	12	300	150	Φ12@100	Φ12@200	Φ12@200	—	Φ12@100	
	TB3	D	150	4250	3300	650	600	1650	11	300	150	Φ12@100	Φ12@200	Φ12@200	Φ12@200	Φ12@100	
	TB4	B	150	4250	3300	950	—	1950	13	300	150	Φ12@100	Φ12@100	Φ12@200	—	Φ12@100	
	PB1	E	120	—	—	—	—	—	—	—	—	Φ8@150	Φ8@150	Φ8@150	—	—	

楼梯梁配筋表

楼梯号	梁号	尺寸		梁底筋	梁顶筋	梁箍筋
		b	h	①	②	③
楼梯A	TL1	250	400	3Φ12	3Φ16	Φ8@200

E平台板

梯梁

说明：

1.楼梯混凝土强度等级：C25。
2.位于半平台处的梯梁，若端部无支承，应设混凝土立柱(另详)落于楼面梁上。
3.钢筋长度尚应现场放样确定。
4.本图需配合建施使用，梯级大样，扶手，预埋件详见建施图。

(c) 楼梯构件详图(三)

图 9-16　楼梯平法施工图

（1）图 9-16 中的楼梯为板式楼梯，由梯段板、梯梁和平台板组成，混凝土强度等级为 C25。

（2）梯梁：从图 9-16（a）中得知梯梁的上表面为建筑标高减去 50mm，断面形式均为矩形断面，TL1 矩形断面为 250mm×400mm，下部纵向受力钢筋为 3Φ16，应伸入墙内长度不小于 15d；上部纵向受力钢筋为 3Φ12，伸入墙内应满足锚固长度 l_a 要求；箍筋Φ8@200。

（3）平台板：从图 9-16 断面图中得知平台板与梯梁同标高，两端支承在剪力墙和梯梁上。由图知，该工程平台板厚度 120mm，配筋双层双向Φ8@150，下部钢筋伸入墙内长度不小于 5d；上部钢筋伸入墙内应满足锚固长度 l_a 要求。

（4）楼梯板：楼梯板两端支承在梯梁上，从剖面图和平面图得知，根据形式、跨度和高差的不同，梯板分成 4 种，即 TB1～TB4。识读图 9-16（c）的部分内容如下。

① 类型 A：下部受力筋①通长，伸入梯梁内的长度不小于 5d；下部分布筋为Φ6@200；上部筋②、③伸出梯梁的水平投影长度为净跨的 1/4，末端做 90°直钩顶在模板上，另一端进入梯梁内不小于锚固长度 l_a，并沿梁侧边弯下。

② 类型 B：板倾斜段下部受力筋①通长，至板水平段板顶弯成水平，从板底弯折处起算，钢筋水平投影长度为锚固长度 l_a；下部分布筋为Φ6@200；上部筋②伸出梯梁的水平投影长度不小于净跨的 1/4，末端做 90°直钩顶在模板上，另一端进入梯梁内不小于锚固长度 l_a，并沿梁侧边弯下；上部筋③中部弯曲，既是倾斜段也是水平段的上部钢筋，其倾斜部分长度为斜梯板净跨（L_0）的 1/5，且总长的水平投影长度不小于总净跨（L）的 1/4，末端做 90°直钩顶在模板上，另一端进入梯梁内不小于锚固长度 l_a，并沿梁侧边弯下。

③ 类型 D：下部受力筋①通长，在两水平段转折处弯折，分别伸入梯梁内，长度不小于 5d；板上水平段上部受力筋③至倾斜段上部板顶弯折，既是倾斜段也是上水平段的上部钢筋，其倾斜部分长度为斜梯板净跨（L_0）的 1/5，且总长的水平投影长度不小于总净跨（L）的 1/4，末端做 90°直钩顶在模板上，另一端进入梯梁内不小于锚固长度 l_a，并沿梁侧边弯下；板上水平段下部筋⑤在靠近斜板处弯折成斜板上部筋，延伸至满足锚固长度后截断；下部分布筋为Φ6@200；板下水平段下部筋②至倾斜段上部板顶弯折，既是倾斜段也是下水平段的上部钢筋，其倾斜部分长度为斜梯板净跨（L_0）的 1/5，且总长水平投影长度不小于总净跨（L）的 1/4，末端做 90°直钩顶在模板上，另一端进入下水平段板底弯折，延伸至满足锚固长度后截断；板下水平段上部筋④至斜板底面处弯折，另一端进入梯梁内不小于锚固长度 l_a，并沿梁侧边弯下。

参考文献

[1] 中国建筑标准设计研究院. 22G101-1混凝土结构施工图平面整体表示方法制图规则和构造详图(现浇混凝土框架、剪力墙、梁、板). 北京：中国标准出版社，2022.

[2] 中国建筑标准设计研究院. 22G101-2混凝土结构施工图平面整体表示方法制图规则和构造详图(现浇混凝土板式楼梯). 北京：中国标准出版社，2022.

[3] 中国建筑标准设计研究院. 22G101-3混凝土结构施工图平面整体表示方法制图规则和构造详图(独立基础、条形基础、筏形基础及桩基承台). 北京：中国标准出版社，2022.

[4] 中国建筑科学研究院. GB 50010—2010混凝土结构设计规范[S]. 北京：中国建筑工业出版社，2011.

[5] 中国建筑科学研究院. GB 50011—2010建筑抗震设计规范[S]. 北京：中国建筑工业出版社，2010.

[6] 中国建筑标准设计研究院. 18G901-1混凝土结构施工钢筋排布规则与构造详图(现浇混凝土框架、剪力墙、梁、板). 北京：中国计划出版社，2018.

[7] 中国建筑标准设计研究院. 18G901-2混凝土结构施工钢筋排布规则与构造详图(现浇混凝土板式楼梯). 北京：中国计划出版社，2018.

[8] 中国建筑标准设计研究院. 18G901-3混凝土结构施工钢筋排布规则与构造详图(独立基础、条形基础、筏形基础、桩基础). 北京：中国计划出版社，2018.